Mauerwerk

Bemessung und Konstruktion

Bruno Zimmerli

Joseph Schwartz

Gregor Schwegler

Springer Basel AG

Die Autoren/Herausgeber:

Prof. Dr. Bruno Zimmerli
Ritz Zimmerli Sigrist AG
Steghofweg 2
CH-6005 Luzern

Dr. Joseph Schwartz
Ingenieurbüro Frey & Schwartz
Steinhauserstr. 25
CH-6300 Zug

Dr. Gregor Schwegler
Plüss + Meyer Bauingenieure AG
Landenbergstr. 34
CH-6005 Luzern

Die Deutsche Bibliothek – CIP-Einheitsaufnahme

Zimmerli, Bruno:
Mauerwerk: Bemessung und Konstruktion / Bruno Zimmerli ; Joseph Schwartz ; Gregor Schwegler. – Basel ;
Boston ; Berlin : Birkhäuser, 1999
     ISBN 978-3-0348-9783-9   ISBN 978-3-0348-8816-5 (eBook)
     DOI 10.1007/978-3-0348-8816-5

© 1999 Springer Basel AG
Ursprünglich erschienen bei Birkhäuser Verlag 1999
Softcover reprint of the hardcover 1st edition 1999
Gedruckt auf säurefreiem Papier, hergestellt aus chlorfrei gebleichtem Zellstoff. TCF∞
Umschlaggestaltung: Gröflin Graphic Design, Basel, unter Verwendung eines Fotos von Christian
Lichtenberg und einer Grafik von Frey & Schwartz Ingenieurbüro, Zug, Schweiz.
Gebäude: Verwaltungsgebäude WASAG in Oberentfelden, Schweiz.
Architekt: SSH AG, Liestal, Schweiz

ISBN 978-3-0348-9783-9

9 8 7 6 5 4 3 2 1

Vorwort

Dem Bauingenieur soll ein umfassender Überblick über die Bemessung von Mauerwerksbauten vermittelt werden. Der Text basiert auf aktuellen Ergebnissen der Mauerwerksforschung in der Schweiz und berücksichtigt auch internationale Erfahrungen und Entwicklungen. Viele Unzulänglichkeiten in bestehenden Mauerwerksbauten und in den Bemessungskonzepten haben die Autoren dazu bewogen, eine Übersicht über die Berechnung von Mauerwerkswänden zusammenzutragen.

Im ersten Teil werden die Grundlagen der Statik der Tragsysteme von Mauerwerksgebäuden behandelt. Dabei wird Stoff diskutiert, der auch für Holz- oder Stahlbetonbauten gültig ist. Erfahrene Ingenieure können sich auf den Abschnitt mit den Deckenkurven bzw. Deckencharakteristiken beschränken.

Im zweiten Teil werden die wesentlichen Grundlagen des Tragverhaltens von Mauerwerk diskutiert. Berichtet wird über Versuchsresultate unter verschiedenen Beanspruchungen. Betrachtet werden auch Mauerwerksbauten, die mit Stabbewehrungen und Lamellen verstärkt sind. Die aus den Versuchsresultaten abgeleiteten Bemessungsgrundsätze werden diskutiert und zusammengetragen.

Im dritten Teil werden Mauerwerkswände unter den verschiedenen Beanspruchungen untersucht. Die Normalkräfte wirken zentrisch und exzentrisch bezüglich der Wandebene. Das hängt weitgehend von der Verdrehung der Wandenden durch die Decken ab. Auch die Schubkräfte können zentrisch oder exzentrisch bezüglich der Wandebene angreifen, da unter dieser Beanspruchung ebenfalls die Decken die Wandenden verdrehen können. Dieser letzte Fall entspricht der kombinierten Beanspruchung. Für das unbewehrte Mauerwerk werden zuerst immer einfache Nachweise geführt, soweit solche vorhanden sind. Erst wenn diese nicht genügen, werden auch erweiterte Nachweise einbezogen. Unter den Bewehrungen werden Stahleinlagen aus schlaffem Stahl, Spannsysteme und Faserverbund-Werkstoffe behandelt.

Mit den Fallbeispielen wird der Ablauf eines Nachweises im Zusammenhang dargestellt. Gezeigt wird auch die Berechnung von Verstärkungen, bei denen vor allem die Schubbeanspruchungen wichtig sind. Bei den konstruktiven Problemen wird immer der Bezug zum Verlauf der Kräfte und Beanspruchungen gesucht. In den Fallbeispielen werden auch die Schubbemessungen verschiedener Normen miteinander verglichen. Dieser Abschnitt soll es erlauben, die Gefährdung von Mauerwerksbauten zu beurteilen, die mit alten Normenkonzepten bemessen worden sind.

Bewehrte Wände unter exzentrischer Normalkraft können mit den im Stahlbeton üblichen Verfahren bemessen werden. Für das Mauerwerk ist der Festigkeitsverlauf des unbewehrten Mauerwerks gültig.

Bauphysikalische und materialtechnische Probleme werden nur am Rande behandelt, auch wenn sie für den Mauerwerksbau von größter Bedeutung sind. In der Spezialliteratur und auch in den Schriften der Mauerwerksindustrie sind diese Themen kompetent behandelt.

Dank

Meinen besten Dank möchte ich den Mitautoren Herrn Dr. J. Schwartz und Herrn Dr. G. Schwegler für ihre Beiträge und die kritische Druchsicht des Manuskriptes aussprechen. Unzählige Einzeldiskussionen haben immer wieder Anstöße für neue Entwicklungen in der Bemessung gegeben. Meinen Assistenten, Herrn Ch. Grand, Herrn E. Brun und Herrn J. Melloh danke ich für die Nachrechnung der Beispiele und für die sorgfältige Ausarbeitung der Zeichnungen.

Luzern, Oktober 1998   *Bruno Zimmerli*

Inhaltsverzeichnis

Symbolverzeichnis

Grundformen

Großbuchstaben

A Fläche

B Biegesteifigkeit

C Konstruktionsbeiwert, Bemessungsbeiwert, Baugrundbeiwert, Windbeiwert, ...

D Druckkraft, Diagonalkraft

E Elastizitätsmodul

F Kraft

G Schubmodul, Eigenlast

H Gesamthöhe, Horizontalkraft

J Trägheitsmoment

K Verformungsbeiwert

M konzentriertes Biegemoment

N Normalkraft

P Vorspannung

Q konzentrierte Kraft (Einwirkung)

R Widerstand, Resultierende

S Beanspruchung

T Torsionsmoment, Zugkraft

V Querkraft

W Widerstandsmoment

X überzählige Größe

Z Zugkraft

Kleinbuchstaben

a Abmessung, Teilfläche, Fläche pro Einheit, Beschleunigung, Einbindetiefe

c Druckzone im Mauerwerk, Kohäsion der Lagerfuge

d statische Höhe

e Exzentrizität

f Festigkeit, Frequenz, Pfeilhöhe

g Eigenlast, Erdbeschleunigung

h Höhe

k konstanter Wert

l Länge, Spannweite

m Biegemoment pro Einheit

n Anzahl, Normalkraft pro Einheit

p Vorspannung pro Einheit

q verteilte Kraft (Einwirkung)

r Rissbreite

s Stababstand, -zwischenraum

t Wandstärke, Breitenmaß, Risstiefe

u Umlenkkraft

v horizontale Verschiebung (Auslenkung) eines Wandabschnittes

w Durchbiegung, Auslenkung

x Koordinate, Betondruckzone

y Koordinate

z innerer Hebelarm, Zugkraft pro Einheitsbreite, Koordinate

Sonderzeichen

$\varnothing$ Durchmesser der Stahleinlage

Griechische Sonderzeichen

Großbuchstaben

Δ (Delta) Zuwachs, Differenz, Teilwert

Σ (Sigma) Summe

Φ (Phi) Krümmung

Ψ (Psi) Lastfaktor für Begleiteinwirkung

Kleinbuchstaben

α (alpha) Winkel der Diagonalen

γ (gamma) Beiwert, Lastfaktor

δ (delta) Deformation am Balken

ε (epsilon) Dehnung

ζ (zeta) Faktor in Abhängigkeit der Biegelinie der Wand, Verhältnis der Exzentrizitäten

η (eta) Verformungsbeiwert

ϑ (theta) Drehwinkel des Knotens Decke/Wand

κ (kappa) Verhältnis

μ (my) Reibungsbeiwert

ρ (rho) Bewehrungsgehalt

ρ' (rho') Bewehrungsgehalt auf Druckseite

σ (sigma) Normalspannung

τ (tau) Schubspannung

φ (phi) Reibungswinkel, Kriechzahl

ω (omega) mechanischer Bewehrungsgehalt

Indizes

Großbuchstaben

A   Auflast

B   Balken

D   Drehpunkt

De   Decke

Da   Dach

E   Euler (z. B. Bezugshöhe)

Ek   Eckbereich

L   Lösungspunkt

MSK Medvedev-Sponheuer-Karnik

N   Nutzlast

oN   ohne Nutzlast

P   Platte, Bezugspunkt

Q   Last

R   Widerstand

S   Schwerpunkt, Schnee

T   Torsionsanteil, Zugkraftfeld

TW   Tragwand

Ü   Überlappung

V   Querkraftanteil

Kleinbuchstaben

acc   außergewöhnliche Einwirkung (Erdbeben)

adm   zulässig

c   Beton, lichte Spannweite

cal   rechnerisch, gerechnet

cl   lichte Spannweite

cr   kritisch

d   Bemessungswert, statische Höhe

dyn   dynamisch

ef   effektiv

el   elastisch

erf   erforderlich

f   Feld

ger   gerissen

h   horizontal, Höhenbeiwert

i   Geschoss, Feld, usw.

inf   unten

k   Konstante

kurz Kurzzeit

l   Lamelle

lang Langzeit, Dauerlast

lim   Grenzwert

m   Mittel, Momentenanteil

max   maximal

min   minimal

p   Vorspannung, Spannstahl

pl   plastisch

q   Druck infolge Windlast

qe   Außendruck infolge Windlast

qi   Innendruck infolge Windlast

r   Riss, charakterstischer Wert

red   reduziert, Reduktionsbeiwert für Windlast

rup   gemessener Bruchwert

s   schlaffer Stahl, Schwinden, Bodensteifigkeit

ser Gebrauch

sup oben

t Zug

tot total, gesamt

ü Überlappung

unger ungerissen

v vertikal, Querkraftanteil

vorh vorhanden

w Wand

x,y,z Koordinatenrichtungen

Sonderzeichen

0 Index für Basiswert, Anfangswert, usw.

α Diagonalenrichtung

∞ unendlich

Abkürzungen

aW alle Tragwände

BWK Bauwerksklasse in Normen
    (Erdbeben)

CFK Kohlenstoff-Faserverstärkte Kunst-
     stoffe

FE Finite Elemente (FE-Programme =
    Finite Element-Programme)

GFB Gefährdungsbild

Hand Handrechnung

L2 Lamelle 2

LEF Lasteinzugsfläche

MSK Medvedev-Sponheuer-Karnik

mV mit Schubverformung

oV ohne Schubverformung

TW Tragwand

WA Wandabschnitt, abgegrenzt durch
    abgewinkelte Wände

WQS Wandquerschnitt, abgegrenzt durch
    Öffnungen in einem Wandabschnitt

mN mit Nutzlast

oN ohne Nutzlast

1 Statik der Tragsysteme

Zum Tragsystem eines Gebäudes gehören Außenwände, Innenwände, Stützen, Decken und Fundationen. Allgemein behandelt werden die Decken und die Tragwände. Wichtig ist dabei, wie die Vertikallasten und die Horizontallasten auf die Wände verteilt werden. Die Deformationen der Decken zwingen den Wänden Verdrehungen auf und beeinflussen dadurch maßgebend ihr Tragverhalten.

1.1 Decke und Tragwand

Im Normalfall werden nur die Wände als Mauerwerk ausgeführt. Allerdings sind verschiedentlich Deckensysteme in Mauerwerk erstellt worden. Decken und Tragwände bilden zusammen das räumliche Tragsystem zur Aufnahme der horizontalen Kräfte. Vertikale Einwirkungen werden von den Decken auf die Tragwände und die Stützen übertragen. Stützen, welche im Bruchzustand große Verformungen aufnehmen müssen, werden mit Vorteil in Stahl, Stahlbeton, Holz oder auch bewehrtem Mauerwerk ausgeführt.

1.1.1 Einleitung

Mauerwerksbauten sind gewöhnlich als Tragwandsysteme ausgeführt. Die Horizontalkräfte werden fast ausschließlich durch steife Tragwände in die Fundation übertragen. Eventuell vorhandene Stützen nehmen nur Normalkräfte auf und wirken statisch im allgemeinen als Pendelstützen. Tragwände sind vertikale, in die Fundationen eingespannte Kragträger. Sie verhalten sich bezüglich der Kräfte in der Wandebene wie Biegeträger unter Normalkräften. Der Begriff Schubwand wird in der Umgangssprache häufig verwendet. Er ist jedoch irreführend, da die Schnittkräfte nicht allzu gedrungener Tragwände nicht primär durch die Schubverformungen sondern vor allem durch die Biegeverformungen bestimmt werden (Bild 1.1).

Die horizontalen Einwirkungen werden über die Decken an die Tragwände abgegeben. Die Verteilung der Horizontallasten auf die Tragwände wird im Abschnitt 1.4 behandelt. Die Normalkraft einer Tragwand ist abhängig von der Lasteinzugsfläche und der Eigenlast der Wand. Die Bestimmung der Normalkraft in der Tragwand wird im Abschnitt 1.2 untersucht. Die Schnittkräfte können von oben nach unten in jedem Geschoss bestimmt werden. Aufgrund der Aufteilung der Einwirkungen auf eine Tragwand kann für jede Deckenebene die Normalkraft, die Querkraft und das zugehörige Moment bestimmt werden.

$$N_\text{i},\ V_\text{i},\ M_\text{i,sup},\ M_\text{i,inf} \qquad\qquad \Delta N_\text{i} = q_\text{ve,i} \cdot A_\text{ve}$$

$$N_\text{i} = \sum\left(\Delta N_\text{i} + \Delta N_\text{wi}\right) \qquad\qquad \Delta V_\text{i} = q_\text{hi} \cdot h_\text{w}$$

$$V = \sum \Delta V_\text{i} \qquad\qquad q_\text{h} = q_\text{w} \cdot a_0$$

Bezeichnungen:

ΔN_i Normalkraftzuwachs aus Deckenlasten im Geschoss i

ΔN_wi Normalkraftzuwachs aus Wandlast im Geschoss i

A_ve Lasteinzugsfläche der Wand

q_ve vertikale Einwirkung

h_wi Wandhöhe Geschoss i

l_w Wandlänge

ΔV_i Querkraftzuwachs im Geschoss i

n Anzahl Geschosse

$M_\text{i,sup}$ Moment oberhalb Geschoss i

$M_\text{i,inf}$ Moment unterhalb Geschoss i

a_0 Lasteinzugsbreite für q_w

q_w Windeinwirkung

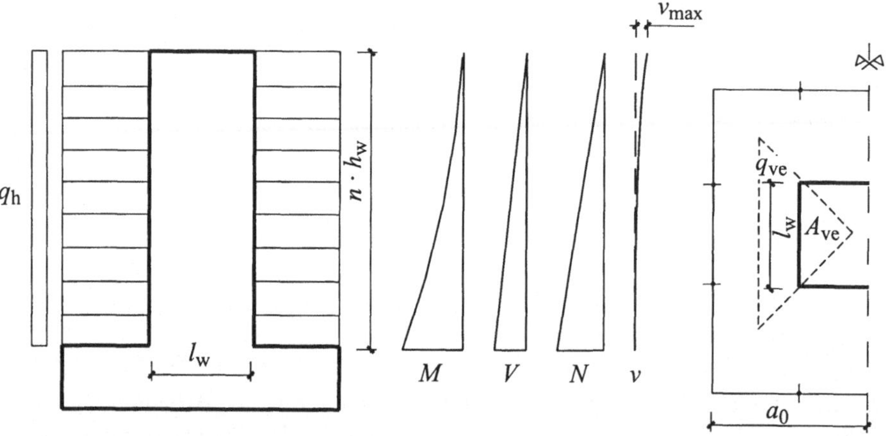

Bild 1.1 System und Schnittkräfte

Beispiel 1.1

Berechnet werden die auf Deckenhöhe gekoppelten Tragwände (Bild 1.2) eines Gebäudes, einmal mit fünf Geschossen und einmal mit einem Geschoss. Dabei wird der Einfluss der Schubverformung auf die Kräfteverteilung untersucht. In jeder Deckenebene greift die gleiche Last an.

$$l_A = 8\ m \qquad l_B = 4\ m \qquad h_w = 3.0\ m$$
$$t = 0.15\ m \qquad E_x = 4.5\ kN/mm^2 \qquad G = 1.4\ kN/mm^2$$
$$\Delta Q_h = 20\ kN \qquad V_{1,tot} = 20\ kN \qquad V_{5,tot} = 100\ kN$$

Bei Vernachlässigung der Schubverformung erfolgt die Aufteilung der Horizontalkräfte nach den Trägheitsmomenten. Die Resultate sind in diesem Fall unabhängig von den Gebäudehöhen.

$$V_{A,1} = 0.889 \cdot V_{1,tot} \qquad V_{B,1} = 0.111 \cdot V_{1,tot} \qquad v_1 = 0.0056\ mm$$
$$V_{A,5} = 0.889 \cdot V_{5,tot} \qquad V_{B,5} = 0.111 \cdot V_{5,tot} \qquad v_5 = 1.67\ mm$$

Unter Berücksichtigung der Schubverformungen sind die Verteilung der Schnittkräfte und die Verformungen von den Gebäudehöhen abhängig.

$$V_{A,1} = 0.734 \cdot V_{1,tot} \qquad V_{B,1} = 0.266 \cdot V_{1,tot} \qquad v_1 = 0.36\ mm$$
$$V_{A,5} = 0.746 \cdot V_{5,tot} \qquad V_{B,5} = 0.254 \cdot V_{5,tot} \qquad v_5 = 2.17\ mm$$

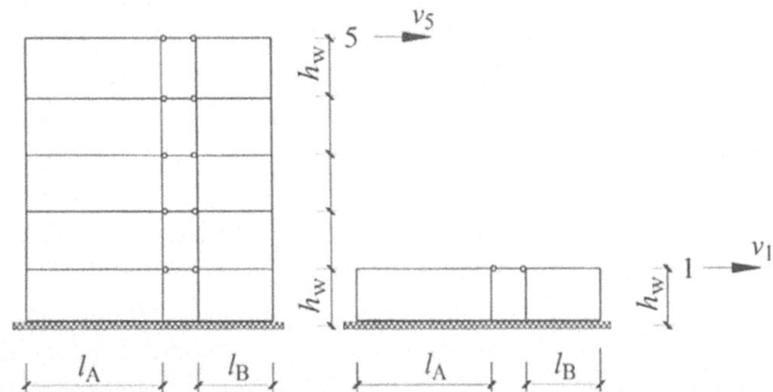

Bild 1.2 *Verhalten der Tragwand*

Die Reduktion der Querkraft in der steiferen Tragwand A ist mit weniger als 20% sowohl beim System mit einem als auch mit fünf Geschossen relativ bescheiden. Hingegen ist die Querkraft in der schlankeren Wand doppelt so groß. Der Einfluss der Schubverformung auf die horizontale Auslenkung ist bei der Wand mit einem Geschoss viel größer als bei der Wand mit fünf Geschossen. Beim ersten System ist der Anteil der Biegeverformung im Vergleich mit der Schubverformung sogar vernachlässigbar, während beim zweiten System die Verformung infolge Biegung durch die Schubverformung nur um 30% größer wird. Ob bei der kürzeren Tragwand mit der Verdoppelung der aufzunehmenden Horizontalkraft das Tragverhalten maßgebend beeinflusst wird, ist weitgehend von der Grösse der Normalkraft abhängig.

Zur Abtragung der Horizontalkräfte sind in den Wänden genügend große Normalkräfte erforderlich. Die resultierenden, diagonalen Kräfte (Bild 1.3a) müssen innerhalb des Wandquerschnittes liegen. Die Normalkräfte in den Tragwänden werden durch die Deckenlasten aufgebaut. Wenn die Vertikallasten über ein zentriertes Hochbaulager eingeführt werden, wirkt die Normalkraft zentrisch. Bei Decken, die in die Wände eingebunden sind, ist jedoch im allgemeinen die Wand durch die Normalkraft exzentrisch beansprucht, da die Decken unter ihren Deformationen infolge der Eigen-, Auf- und Nutzlasten die Wandenden verdrehen.

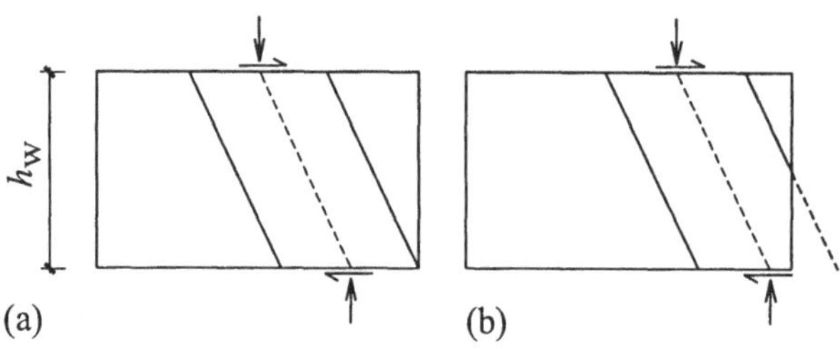

Bild 1.3 Kräfteverlauf in einer Tragwand

Im Bild 1.4 sind die Grundrisse von zwei typischen Schweizer Wohnbauten der späten achtziger und frühen neunziger Jahre aufskizziert. Dargestellt sind nur die tragenden Wände und Pfeiler. Beide Wohnhäuser weisen vier Geschosse über dem Terrain und ein Untergeschoss auf. Tragwände sind in beiden Hauptrichtungen vorhanden. Sie weisen jedoch unterschiedliche Längen auf. Die Häuser werden durch Tragwände ausgesteift, wie das in den Normen für unbewehrtes Mauerwerk verlangt wird. Damit die Tragsicherheit gewährleistet ist, sind im Grundriss mindestens drei Tragwände erforderlich, die sich nicht in einem Punkt schneiden. Bei beiden Systemen sind in einer Richtung durchgehende Tragwände vorhanden. Im Bild 1.4a sind es die zwei Wände A und B, im Bild 1.4b die vier Wände A, B, C und D. Diese können problemlos die in dieser Richtung auftretenden horizontalen Kräfte aufnehmen. In der andern Richtung sind nur wenige, kurze Tragwände vorhanden. Bei entsprechender Zahl der Geschosse stellt sich die Frage, ob sie zur Aufnahme von Wind- und Erdbebenlasten genügen. Die erforderlichen Nachweise werden im Kapitel 3 ausführlich behandelt.

Die rechnerische Tragsicherheit ist bei neueren Wohnbauten durch die bestehenden Mauerwerkstragwände zum Teil nicht mehr gewährleistet. Ein erster Grund liegt sicher bei den horizontalen Einwirkungen. Die Erdbeben- und auch die Windlasten haben in den modernen Normen tendenziell zugenommen. Wichtiger als die etwas höheren Einwirkungen ist jedoch der Einfluss der geänderten Bauweisen, die vor allem aus der Verknappung der Landreserven und aus den schärferen bauphysikalischen Vorschriften entstanden sind. Reihenhäuser werden heute im allgemeinen über einen relativ schmalen Bereich in die Höhe gezogen. Entsprechend führen die durchgehenden Trag- und Trennwände in einer Richtung, mit wenig Lichtzutritt, zu stark aufgelösten Fassaden in der andern Richtung. Zudem sind auch die Innenwände aus Nutzungsgründen im allgemeinen in eher kurze Abschnitte unterteilt.

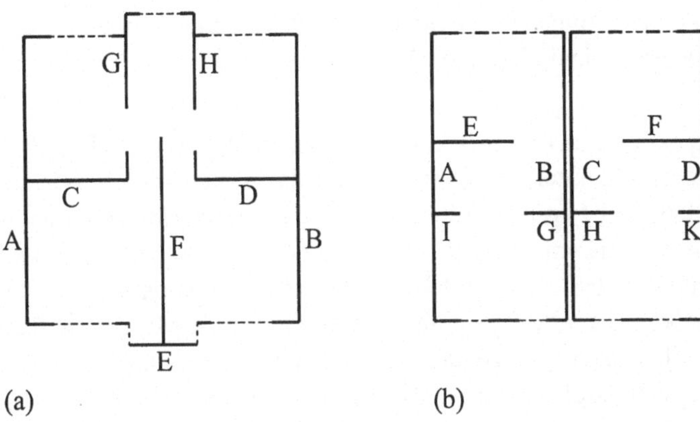

Bild 1.4 Grundrisse von Mauerwerksgebäuden

Da eine unbewehrte, kurze Mauerwerkswand weit weniger Tragwiderstand mobilisieren kann als eine entsprechende Stahlbetonwand, ergeben sich bei der Bemessung zahlreiche neue Probleme, die sich bei den früheren Bauten gar nicht gestellt haben.

Die erhöhte Ausnützung der Baustoffe erfordert bei der Konstruktion von Mauerwerksbauten eine sorgfältige Beachtung der Eigenarten des Mauerwerks. Teilweise sind die bauphysikalischen und konstruktiven Anforderungen gegenläufig. Das führt oft zu bemessungstechnisch schlechten Lösungsansätzen. Die Dauerhaftigkeit des Mauerwerks sollte nicht aus gestalterischen Gründen gefährdet werden.

Wenn Stahlbetondecken auf Lagern aufliegen, sind im allgemeinen nicht nur maximale sondern auch minimale Lagerkräfte bzw. Lagerpressungen einzuhalten.

1.1.2 Decke

Im Mauerwerksbau wird die Decke meistens als Stahlbetonplatte, als Holzdecke oder als Holz-Beton-Verbunddecke ausgeführt. Sie muss nicht nur Vertikallasten übernehmen, sondern auch die Form des Gebäudes erhalten.

Bei den Holzdecken ist die Verteilung der Vertikalkräfte auf die Wände durch die Richtung der Balken bestimmt. Die verwendeten Systeme entsprechen in komplizierteren Fällen einem Trägerrost. Der Einsatz von Holzdecken zusammen mit Mauerwerkswänden schafft Verbindungsprobleme. Eine Holzdecke erfordert eine mechanische Verbindung mit der Wand. Dazu ist je nach Tragsystem ein Ringanker oder ein Ringbalken als Wandabschluss erforderlich. Die Balken werden mit einem der üblichen Holzverbindungselemente an der Wand befestigt. Die Balkenlage einer Holzdecke muss zusammen mit der Bretterlage eine aussteifende Deckenscheibe bilden. Der Begriff Ringanker wird für reine Zugbänder verwendet, während mit dem Begriff Ringbalken die Aufnahme von horizontalen Lasten (Wind, Erdbeben) mit Biegung verbunden ist [35].

Wenn die Scheibenwirkung der Decke ungenügend ist oder unter der Decke eine Gleitschicht angeordnet ist, wird die horizontale Aussteifung der Mauerwerkswände durch einen Ringbalken oder statisch gleichwertige Maßnahmen sichergestellt. Genügend steife Ringbalken verhindern Formänderungen, die zu Folgeschäden im horizontal ausgesteiften Mauerwerk führen. Wenn Ringbalken oder Ringanker in Ortsbeton erstellt werden, ist das unterschiedliche Verformungsverhalten (Schwinden, Kriechen) bemessungstechnisch und konstruktiv zu berücksichtigen.

Verbindungen zwischen Mauerwerk und Holzbalkendecken können aus dem reichen Sortiment des Holzbaus oder aus Anschlussteilen, die speziell für das Mauerwerk entwickelt worden sind, ausgewählt werden. Es ist zu überprüfen, ob sich das System mit den Eigenschaften der zu verbindenden Materialien verträgt. Die Verbindung kann mit Zug- und Druckankern oder mit Profilen (Bild 1.5) sichergestellt werden. Wichtig ist dabei, dass die Wandkrone mit einem Ringbalken biegesteif ausgeführt wird (Bild 1.6). Mit reinen Reibungsverbindungen ist bei Holzdecken infolge der dauernden kleinen Verschiebungen zwischen Decke und Wand mit sichtbaren Rissen im Mauerwerk zu rechnen.

Grundriss   Schnitt

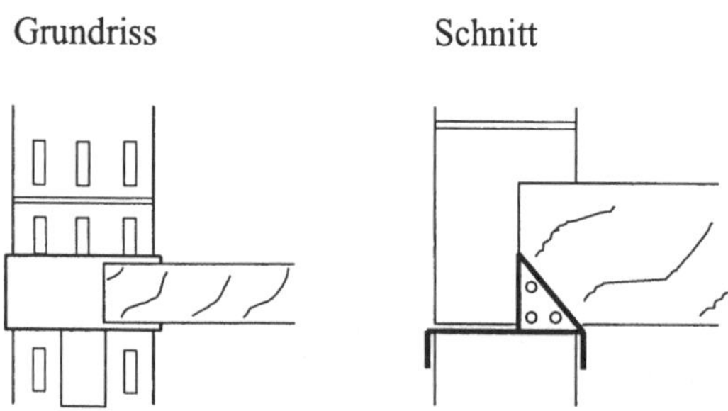

Bild 1.5 Verbindung Wand mit Holzdecke

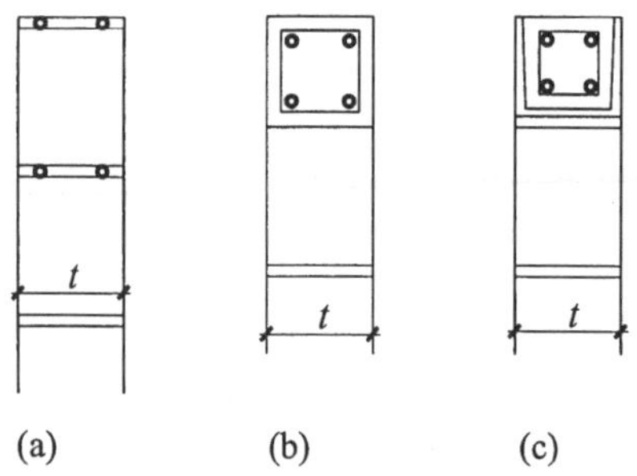

(a)   (b)   (c)

Bild 1.6 Ringanker und Ringbalken

Die Gestaltung der Ringbalken ist von den Kräften abhängig. Wenn die Ringbalken kleine Horizontallasten aus Wind und Erdbeben über kleine Spannweiten übertragen müssen, genügen eventuell Stahleinlagen in den obersten Lagerfugen (Bild 1.6a) der Mauerwerkswand. Bei großen Beanspruchungen müssen die Ringbalken als Stahlbetonträger (Bild 1.6b) oder mit bewehrten Schalungssteinen ausgeführt werden (Bild 1.6c). Damit sind sie in der Lage, als Ersatz einer Deckenscheibe zu wirken. Stahlbetondecken werden meistens als Platten konstanter Stärke ausgeführt. Sie sind durch die Reibungskräfte und die leichte Verzahnung der rauhen Oberflächen mit den Steinen genügend mit dem Mauerwerk verbunden. Sie brauchen keine speziellen Verbindungselemente. Die Decken werden in ihrer Ebene gewöhnlich als starre Scheiben betrachtet. Sie müssen in der Lage sein, die Horizontalkräfte entsprechend den Steifigkeiten der Tragwände auf diese zu verteilen.

Bei der Bemessung muss bekannt sein, wie die Deckenlasten auf die anschließenden Wände verteilt werden. Vorgestellt werden zwei Methoden, die Wandreaktionen zu berechnen. Die Streifenmethode eignet sich vor allem für die Handrechnung. Plattenberechnungen werden mit Vorteil mit Finite-Element-Programmen (FE-Programme) durchgeführt.

Im Gegensatz zu den zentrisch beanspruchten Mauerwerkswänden interessieren bei den Außenwänden mit eingebundenen Decken nebst den Normalkräften die Endverdrehungen der Wände durch die Decken. In der Handrechnung können in Anlehnung an die Streifenmethode die Endverdrehungen der Decken mit der Balkentheorie ermittelt werden. FE-Programme liefern auch die zugehörigen Deformationen. Die durch die Decken aufgezwungenen Verdrehungen haben einen wesentlichen Einfluss auf die Tragsicherheit und die Gebrauchstauglichkeit der Mauerwerkswände.

1.1.3 Tragwand

Stahlbeton- und Mauerwerkswände können im Grundriss (Bild 1.7) beliebige Querschnittsformen aufweisen. Im Gegensatz zu den Stahlbetonwänden (Bild 1.7a) wird bei gewöhnlichen Mauerwerkswänden für die Übernahme der Horizontalkräfte im allgemeinen mit Rechteckquerschnitten gerechnet. Die Verzahnung der im Grundriss senkrecht zueinander gerichteten und teilweise eingebundenen Mauerwerkswände wird somit für die Übertragung der Diagonalkräfte als ungenügend beurteilt. Im Bild 1.7b sind die Mauerwerkswände der x-Richtung und im Bild 1.7c die Mauerwerkswände der y-Richtung getrennt dargestellt. Berücksichtigt werden somit im Mauerwerk jeweils nur Rechteckquerschnitte. Dennoch haben quer verlaufende, eingebundene Wände einen günstigen Einfluss auf das Tragverhalten einer Mauerwerkswand, weil sie diese seitlich halten. Das wirkt sich auf die Normalkraftbeanspruchung und die kombinierte Schubbeanspruchung mit exzentrischer Normalkraft günstig aus. Dieser Einfluss wird in den meisten Berechnungsmodellen nicht erfasst.

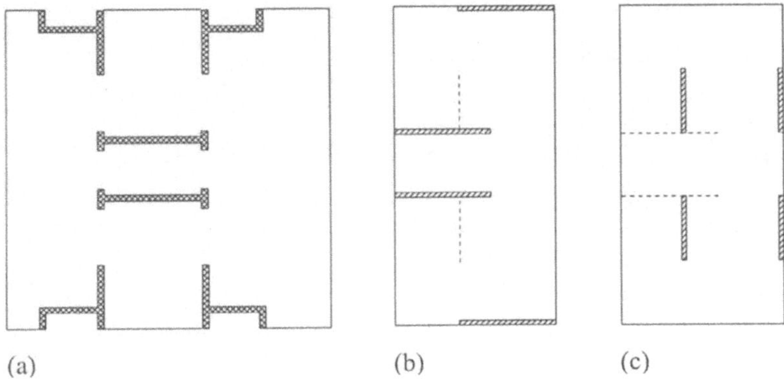

Bild 1.7 Typische Grundrisse

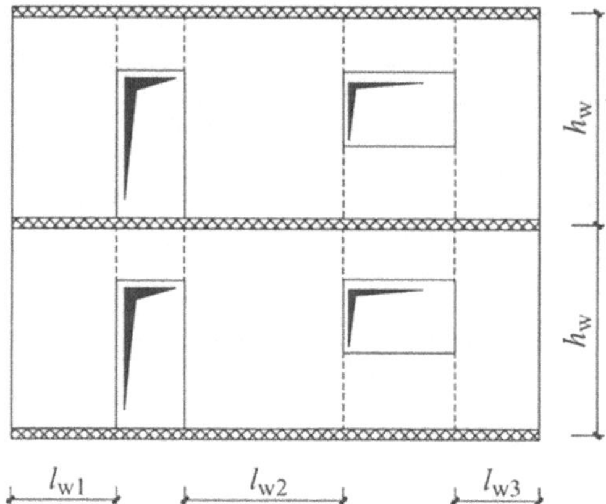

Bild 1.8
Öffnungen in Wänden

Öffnungen wie Fenster und Türen in den Mauerwerkswänden bewirken eine Unterteilung der durchgehenden Wand in mehrere Wandabschnitte (Bild 1.8). Die Gesamtlänge der Wand geht weder bezüglich der Steifigkeit noch bezüglich des Tragwiderstandes in die Berechnung ein. Wird dies erforderlich, so müssen stark bewehrte Verbindungselemente mit hoher Duktilität verwendet werden. Die Stahlbetondecke ist als Verbindungselement viel weicher als die Mauerwerksabschnitte und kann daher nicht als steifer Riegel wirken. Das bestätigen auch die üblichen Erdbebenschadensbilder mit klaffenden Diagonalrissen zwischen den Öffnungen (Bild 1.9). Die Risse können in den kurzen Riegeln oder in den schmalen Wandquerschnitten auftreten.

Bei einem starken Beben ist eine progressive Vergrößerung dieser Risse zu beobachten. Ganze Mauerwerksteile fallen aus dem Verband heraus. Ist eine solche Tragwand mit Öffnungen als durchgehende Wand gerechnet worden, kann sie ohne entsprechende konstruktive Maßnahmen versagen.

Bei der Ermittlung der Normalkräfte ist darauf zu achten, dass infolge der Öffnungen die Vertikallasten auf kürzere Wandquerschnitte konzentriert werden. Das gleiche gilt auch bei geschossweise versetzten Öffnungen (Bild 1.10).

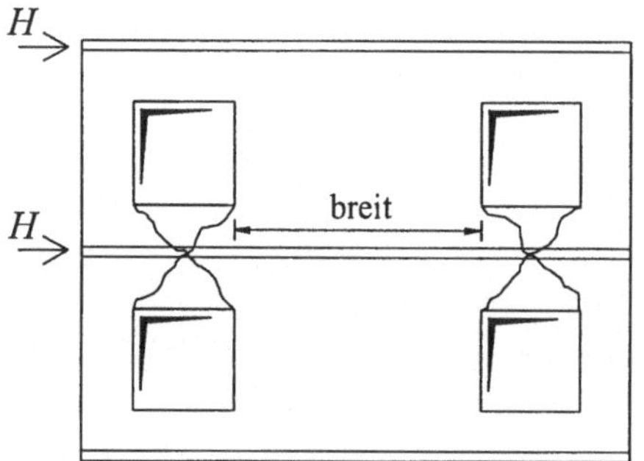

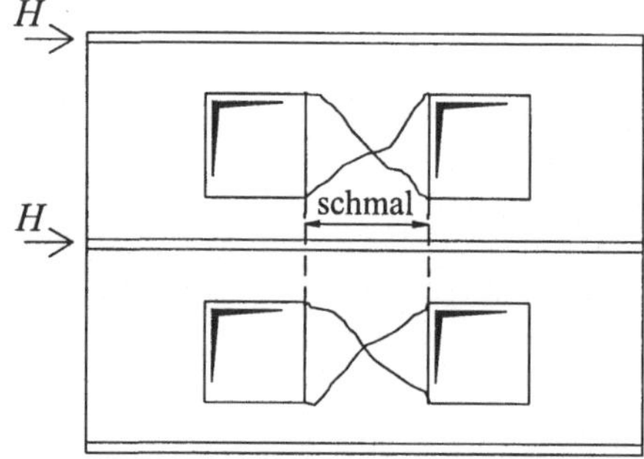

Bild 1.9 Rissbildung in Tragwand

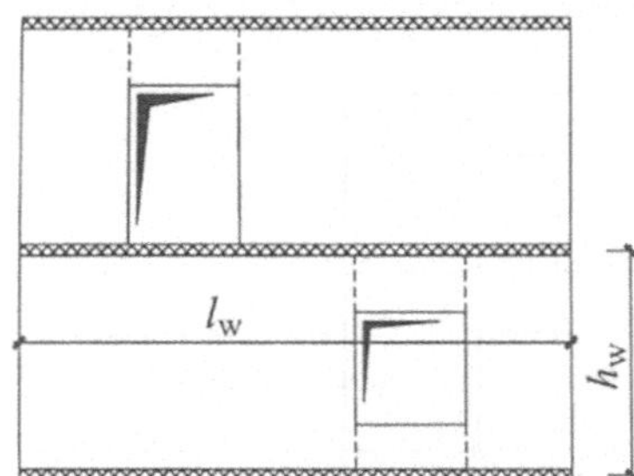

Bild 1.10
Versetzte Öffnungen

Da die Scheibensteifigkeit der Wand viel größer ist als die Biegesteifigkeit der Platte, werden die unterschiedlichen Reaktionen in den Wandquerschnitten über die Höhe weitgehend ausgeglichen. Solange keine größeren Einzellasten auftreten und die Deckenfelder mehr oder weniger ausgeglichen sind, können einfache Modelle für die Lastabtragung verwendet werden. Systeme mit großen Aussparungen und sehr unregelmäßigen Anordnungen der Wände im Grundriss eignen sich für einfache Berechnungsmethoden weniger. Bei komplizierten Formen der Grundrisse und unregelmäßigen Lasten empfiehlt es sich, die Reaktionen und Verformungen der Decken mit Plattenprogrammen zu bestimmen. Der Mehraufwand dürfte in diesen Fällen eher bescheiden sein, weil auch die Stahleinlagen der Platte mit einem Programm [2] zuverlässig bestimmt werden können.

Die Öffnungen in den Wänden beeinflussen die Tragsicherheit unter Schubbeanspruchung. Wenn sie klein sind, können die diagonalen Kräfte eventuell an den Öffnungen vorbei über mehrere Geschosse in die Fundation abgegeben werden. Je nach Situation ändert sich mit der Beanspruchungsrichtung auch die für die Berechnung gültige Geometrie der Tragwand. Im Bild 1.11a kann für die Horizontalkräfte von links nach rechts nur eine reduzierte Wandlänge zwischen den Öffnungen genutzt werden. Die Normalkraft des reduzierten Wandquerschnitts greift im obersten Geschoss zentrisch über der reduzierten Wandlänge an. Für die umgekehrte Lastrichtung greift die totale Normalkraft zentrisch über der gesamten Wandlänge an (Bild 1.11b). Entsprechend sind von links nach rechts kleinere Horizontalkräfte übertragbar als von rechts nach links. Die Lasteinzugsflächen der Normalkräfte sind im Grundriss von Bild 1.12 schematisch dargestellt.

Die Verteilung der Horizontalkräfte auf die Wände kann nur für einfache und regelmäßige Anordnungen der Grundrisse mit Handrechnungen bewältigt werden. Bei über die Höhe stark ändernden Wandquerschnitten empfiehlt sich die Anwendung von Stabprogrammen. Große Wechsel über die Höhe wirken sich unter Erdbebeneinwirkungen sehr ungünstig auf das Verhalten der Tragwände aus. Ein Vorteil der Computerberechnung besteht darin, dass der Einfluss der Schubverformungen auf die Verteilung der Horizontalkräfte berücksichtigt werden kann. Gerade bei Mauerwerkswänden, die meistens sehr gedrungen sind, kann dieser Einfluss bedeutend sein. Während die im Grundriss langen Tragwände leicht entlastet werden, nehmen die Schubkräfte in den kurzen Tragwänden oft um Faktoren zu. Im Beispiel 1.1 ist dieses typische Tragverhalten untersucht worden.

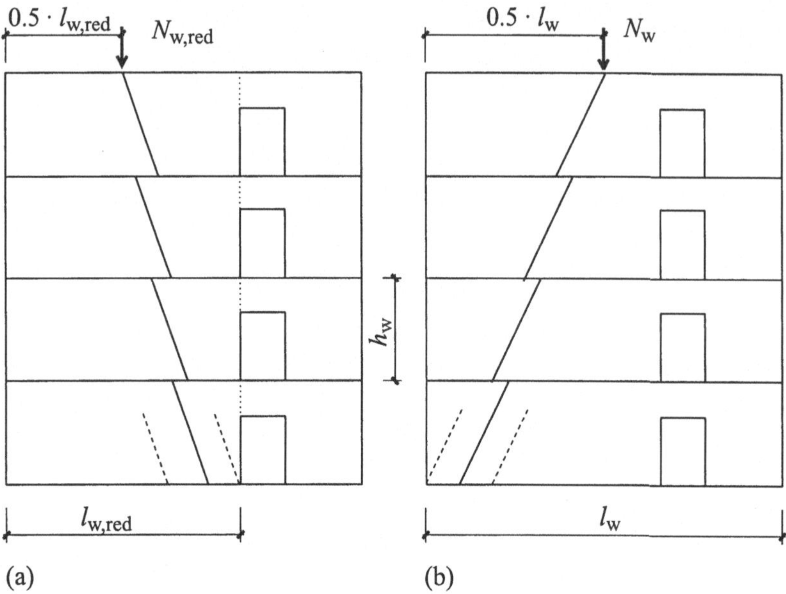

(a)   (b)

Bild 1.11 Tragverhalten einer Wand mit Öffnungen

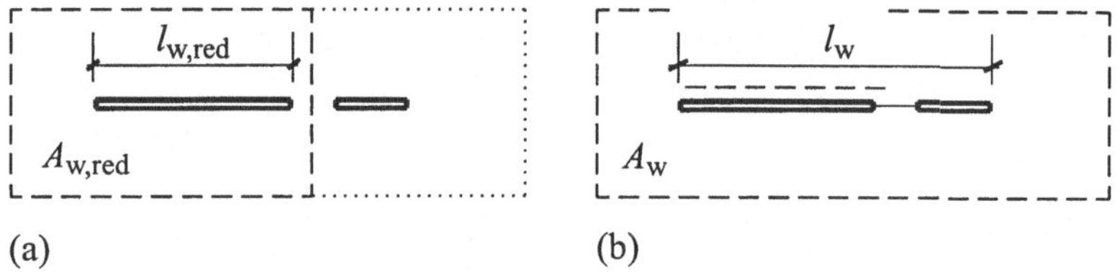

(a)   (b)

Bild 1.12 Lasteinzugsflächen

Bei Holzdecken ist darauf zu achten, dass genügend große Normalkräfte in den Mauerwerkswänden vorhanden sind. Unter Umständen muss die Normalkraft mit einer Vorspannung erhöht werden. Dadurch wird gleichzeitig auch der Gebrauchszustand verbessert. Bei kurzen Wänden genügt eventuell auch die Last einer Stahlbetondecke nicht, um die Horizontalkraft mit der Normalkraft alleine aufzunehmen.

Beim Zweischalenmauerwerk ist im Normalfall die Innenschale die tragende Wand. Das bedeutet, dass die Deckenlasten auf die innenliegenden Wände abgegeben werden. Die außenliegenden Schalen können die horizontalen Kräfte aus Wind und Erdbeben nur lokal übernehmen, weil die Normalkräfte zu klein sind. Sie müssen sich über entsprechende Zug- und Druckanker auf die tragende Innenschale abstützen. Zwängungen zwischen den beiden Schalen können zu Rissen führen. Sie entstehen in vielen Fällen durch unsorgfältige Ausführung der Verbindungen oder der Wärmedämmungen. Die Abstimmung des Mörtels auf die Steine ist sehr wichtig, damit eine genügende Haftfestigkeit zwischen Stein und Mörtel erzielt wird. Beim zweischaligen Mauerwerk sind Außen- und Innenschale sorgfältig voneinander zu trennen. Die Wände im Dachgeschoss sind rissgefährdet, wenn die Dachabschlüsse mit der nichttragenden Außenschale verbunden werden. Ähnliche Probleme ergeben sich bei Balkonanschlüssen und bei vor- und rückspringenden Wandteilen. Die Außenschale darf keinesfalls als Stirnschalung der Decke verwendet werden. Es ist empfehlenswert, Wärmedämmung und Außenschale nachträglich aufzumauern. Allerdings ist auf eine sorgfältige Ausführung der Lagerfuge zu achten. Wenn über große Wandbereiche nur die äußeren drei Viertel der Fuge ausgemörtelt sind, können die in diesen Bereichen exzentrisch angreifenden Normalkräfte zu Rissen, die sich später auch auf dem Putz abzeichnen, in der Außenschale führen. Risseschäden können auch entstehen, wenn das Lehrgerüst beim nachträglichen Aufmauern der Außenschale an diese umgehängt wird. Die Außenschale ist keinesfalls in der Lage, die Zug- und Druckkräfte der Gerüstverankerungen schadlos aufzunehmen. Häufige Rissursachen in Mauerwerkswänden sind behinderte Verformungen [9, 35].

1.1.4 Einwirkungen und Nachweise

Die modernen Tragwerksnormen [3, 4] enthalten verschiedene Arten von Einwirkungen. Im allgemeinen werden die vier Gruppen Eigenlasten des Tragwerks, ständige Einwirkungen, veränderliche Einwirkungen und außergewöhnliche Einwirkungen unterschieden. Nachgewiesen wird die Tragsicherheit für eine bestimmte Gefährdung. Untersucht wird auch die Gebrauchstauglichkeit für eine vereinbarte Nutzung. Einflüsse, die eine Gefährdung für das Tragwerk darstellen können und kritische Situationen für ein Tragwerk werden in Gefährdungsbildern zusammengefasst. Jedes Gefährdungsbild kann durch eine Leiteinwirkung (maßgebende Gefahr) und durch eine oder mehrere Begleiteinwirkungen (begleitende Gefahren) beschrieben werden.

Die Gebrauchstauglichkeit ist für eine vereinbarte Nutzung gegeben, wenn das Tragwerk ein Verhalten zeigt, welches innerhalb genormter oder auch vereinbarter Grenzen liegt. Wichtige Merkmale sind die Funktionstüchtigkeit des Tragwerks (Dichtigkeit, Verformungen, Risse, Schwingungen, bauphysikalische Anforderungen), die Dauerhaftigkeit (Korrosion, Frost, Tausalz, Abrieb) und das Aussehen (Verschmutzungen, Risse, Verformungen).

Zustände, die eine Gefährdung des Tragwerks bedeuten, sind in den Nachweis der Tragsicherheit einzubeziehen. Dazu gehören nebst dem Versagen des Bauwerks auch Resonanzerscheinungen bei Schwingungen, Korrosionseinwirkungen auf die Stahleinlagen und Ermüdungseinwirkungen.

Aus den bisherigen Ausführungen folgt, dass grundsätzlich ein Nachweis der Tragsicherheit und ein Nachweis der Gebrauchstauglichkeit zu führen sind. Auf einen der beiden Nachweise darf verzichtet werden, wenn er offensichtlich nicht maßgebend wird. Dynamische Einwirkungen (Wind, Erdbeben) werden im allgemeinen durch statische Ersatzkräfte ersetzt. Die Nachweise in den Beispielen werden auf der Grundlage der obenstehenden Überlegungen durchgeführt. Daher werden auch beim Tragverhalten des Mauerwerks der Gebrauchs- und der Bruchzustand untersucht.

Der rechnerische Tragwiderstand von Mauerwerkswänden wird mit Bemessungswerten festgelegt. Die Tragsicherheit ist erfüllt, wenn die nachstehende Bedingung erfüllt ist.

$$S_\mathrm{d} \leq R_\mathrm{d}$$

$$R_\mathrm{d} = R_\mathrm{d}(f_\mathrm{xd}, f_\mathrm{yd}, (\tan\varphi)_\mathrm{d}, E_\mathrm{xd}, f_\mathrm{sd}, f_\mathrm{pd}, f_\mathrm{cd}, f_\mathrm{ld}, \ldots)$$

S_d :   Bemessungswert der Beanspruchung

R_d :   Bemessungswert des Tragwiderstandes

Die charakteristischen Werte der Baustoffeigenschaften werden mit dem Widerstandsbeiwert reduziert. Dieser wird den betrachteten Kenngrößen angepasst. Der Widerstandsbeiwert berücksichtigt verschiedene Einflüsse wie Abweichungen des effektiven Tragsystems von dem in der Berechnung verwendeten Modell, Vereinfachungen oder auch Ungenauigkeiten im Widerstandsmodell und Querschnittsungenauigkeiten.

$$\text{Für } f_\mathrm{x}, f_\mathrm{y} \text{ und } E_\mathrm{x}: \qquad \gamma_R = 2.0$$

$$\text{Für } \tan\varphi, f_\mathrm{s}, f_\mathrm{p}, f_\mathrm{l} \text{ und } f_\mathrm{c}: \quad \gamma_R = 1.2$$

Die Gebrauchstauglichkeit wird mit den charakteristischen Baustoffeigenschaften für Langzeit- und Kurzzeiteinwirkungen nachgewiesen. Die Langzeitwerte gelten für die ständigen Einwirkungen und Anteile der veränderlichen Einwirkungen, die während langer Zeit vorhanden sind. Kurzzeitwerte erfassen veränderliche Einwirkungen, die während kurzer Zeit auftreten.

1.2 Verteilung der Vertikallasten auf die Wände

In diesem Abschnitt werden die üblichen Berechnungen der Normalkräfte von Wänden und Stützen eines Hochbaus durchgeführt. Eigenheiten des Mauerwerks werden berücksichtigt.

1.2.1 Streifenmethode

Die Deckenkräfte auf die Wände werden nach H. Bachmann [1] berechnet. Dieses Verfahren entspricht der Streifenmethode. Die Lasten der Decken werden gleichmäßig verteilt auf die Wandabschnitte angenommen. Über den Fenster- und Türstürzen werden die Laufmeterlasten wie bei einem einfachen Balken als Auflagerlasten auf die angrenzenden Wandquerschnitte übertragen und dort ebenfalls gleichmäßig verteilt.

Pro Deckenfeld werden die Lasteinzugsflächen mit Hilfe der Winkelhalbierenden bestimmt (Bild 1.13). Innere Schnittpunkte werden miteinander verbunden. Treffen eingespannte und frei aufliegende Deckenränder zusammen, kann auch die 60°/30°-Regel [1] angewendet werden. Pro Wandabschnitt wird aus der Gesamtlast der Einzugsfläche die gleichmäßige Laufmeterlast bestimmt, wobei Tür- und Fensterstürze zu den Wänden gerechnet werden. Die Öffnungen werden somit vorerst vernachlässigt. Pro Wandquerschnitt, der zwischen den Öffnungen oder zwischen Öffnung und Rand in einem Wandabschnitt liegt, werden die

Laufmeterlasten der Tür- und Fensterstürze (inkl. Eigenlasten) auf die angrenzenden Wandquerschnitte verteilt. Zusätzlich werden auch die Eigenlasten der Wandquerschnitte berücksichtigt.

1.2.2 Plattenmethode

Bei komplizierten Grundrissanordnungen von Wänden und Stützen empfiehlt es sich die Decken mit Rechenprogrammen zu berechnen. Da die Normalkräfte der Reaktionen in einer Wand über die Höhe weitgehend ausgeglichen werden, ist es zweckmäßig die Plattenresultate entsprechend anzupassen. Die zentrisch beanspruchten Wände werden nach der Näherung der Streifenmethode (ohne 60°/30°-Regel) im allgemeinen unterschätzt. Bei den exzentrisch beanspruchten Wänden sind die Werte der Streifenmethode im Vergleich mit der Plattenberechnung zu groß.

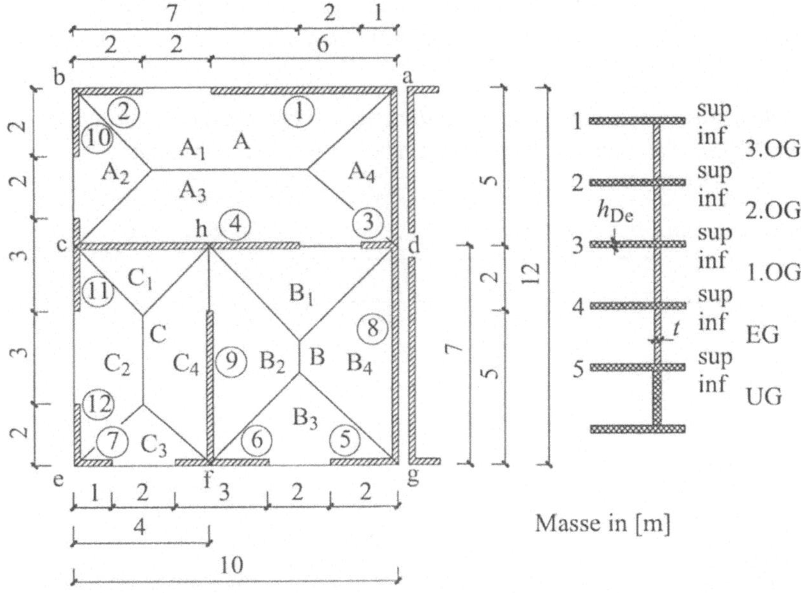

Bild 1.13 *Wohnungsgrundriss bzw. Schnitt mit Tragwänden*

Beispiel 1.2

Das Wohnhaus mit vier Geschossen gemäss Bild 1.13 enthält pro Geschoss zwei Wohnungen mit gleichen Grundrissen. Die Wohnungen sind durch zwei unabhängige Wände getrennt. Die Stahlbetondecken sind wegen den bauphysikalischen Anforderungen nicht durchgehend betoniert. Darin verbergen sich gewisse Gefahren, indem Erfahrungswerte mit früheren, durchgehenden Wandabmessungen heute nicht mehr unbedingt gültig sind. Die Decke wird für die Anwendung der Streifenmethode in die einzelnen Deckenfelder A bis C aufgeteilt. Die zugehörigen Lasteinzugsflächen (LEF) sind in der Tabelle 1.1 zusammengestellt.

Tabelle 1.1 *Lasteinzugsflächen*

Bezeichnung		Fläche m^2
$A_1 = A_3$	$0.5 \cdot (10.0 + 5.0) \cdot 2.5$	18.75
$A_2 = A_4$	$2.5 \cdot 2.5$	6.25
$B_1 = B_3$	$3.0 \cdot 3.0$	9.0
$B_2 = B_4$	$3.0 \cdot 3.0 + 3.0 \cdot 1.0$	12.0
$C_1 = C_3$	$2.0 \cdot 2.0$	4.0
$C_2 = C_4$	$2.0 \cdot 2.0 + 3.0 \cdot 2.0$	10.0
	Summenkontrolle:	60.0

In einem zweiten Schritt werden die spezifischen Lasteinzugsflächen a' der Wandabschnitte (WA) in der Tabelle 1.2 bestimmt. Die Wandabschnitte sind durch Kreuzungspunkte der Wände begrenzt.

In einem dritten Schritt werden in der Tabelle 1.3 die spezifischen Lasteinzugsflächen a der Wandquerschnitte (WQS), die auch als Wand angesprochen werden, berechnet.

Tabelle 1.2 *Lasteinzugsflächen der Wandabschnitte*

WA	LEF		a' (m^2/m)	l_{tot} (m)
a-b	A_1	$18.75/10.0$	1.875	10.0
b-c	A_2	$6.25/5.0$	1.25	5.0
a-d	A_4	$6.25/5.0$	1.25	5.0
c-e	C_2	$10.0/7$	1.429	7.0
c-h	A_3, C_1	$18.75/10.0 + 4.0/4.0$	2.875	4.0
h-d	A_3, B_1	$18.75/10.0 + 9.0/6.0$	3.375	6.0
h-f	C_4, B_2	$10.0/7.0 + 12.0/7.0$	3.143	7.0
d-g	B_4	$12.0/7.0$	1.714	7.0
e-f	C_3	$4.0/4.0$	1.0	4.0
f-g	B_3	$9.0/6.0$	1.5	6.0
		Summenkontrolle $a' \cdot l_{tot}$:	120.00	

Bei der praktischen Bemessung ist es nicht erforderlich, für alle Wandquerschnitte die Schnittkräfte zu bestimmen. Bei der Ermittlung der maßgebenden Wände (WQS) ist zu beachten, das unter exzentrischen Normalkräften für die Tragsicherheit im allgemeinen Wände mit großen und für die Gebrauchstauglichkeit Wände mit kleinen Normalkräften maßgebend sind. Zusammen mit horizontalen Einwirkungen sind kleine Normalkräfte in den Wänden kritisch. Die zweite Kolonne der Tabelle 1.3 zeigt an, ob die Normalkraft zentrisch bzw. beschränkt exzentrisch (Z) oder exzentrisch (E) wirkt. Von den exzentrisch beanspruchten Wänden ist der Wandquerschnitt 2, von den zentrisch beanspruchten der

Wandquerschnitt 3 am stärksten belastet. Bei den exzentrisch beanspruchten Wänden muss für eine vollständige Berechnung auch die Momenten-Verdrehungs-Beziehung der zugehörigen Decke bekannt sein. Dies trifft im allgemeinen auch für beschränkt zentrisch beanspruchte Wände zu. Gleiche Spannweiten ohne Verdrehungen der durchlaufenden Decken erlauben eine einfache Berechnung zentrisch beanspruchter Wände.

Bei der kurzen Wand 3 ist zu überlegen, ob die Vertikalkraft nicht direkt in die Außenwand 8 eingeleitet werden sollte. Die Wand 3 würde in diesem Fall lediglich als Aussteifungselement der Wand 8 wirken. Diese Annahme bedingt eine entsprechende Ausführung, indem die Wand konstruktiv von der Decke getrennt wird. Im vorliegenden Fall wird davon ausgegangen, dass die Wand 3 die zugewiesene Vertikalkraft übernimmt. Die Schneebelastung wird nicht berücksichtigt, da für das Dach eine Nutzlast angesetzt worden ist. Es kann praktisch ausgeschlossen werden, dass beide Lasten gleichzeitig wirken. Diese Angaben werden im Nutzungs- und Sicherheitsplan festgehalten [3, 4].

Einwirkungen:

Eigenlast und Auflast Decke $\qquad q_{De} = 0.22 \cdot 25 + 2.0 = 7.5\ kN/m^2$

Eigenlast und Auflast Tragwand $\quad q_w = 0.18 \cdot 18 + 0.6 = 3.84\ kN/m^2$

Nutzlast Dach und Decke $\qquad\quad q_{rN} = 2.0\ kN/m^2$

$$q_{ser,lang} = 0.5\ kN/m^2$$

Für den Nachweis der Tragsicherheit wird das Gefährdungsbild mit der Nutzlast als Leiteinwirkung untersucht.

Dach und Decke $\qquad\qquad q_{d,De} = 1.3 \cdot 7.5 + 1.5 \cdot 2.0 = 12.75\ kN/m^2$

Wand $\qquad\qquad\qquad\quad q_{d,w} = 1.3 \cdot 3.84 = 5.0\ kN/m^2$

Tabelle 1.3 *Spezifische Lasteinzugsflächen der Wandquerschnitte*

WQS	Art	Abschnitte		$a\ (m^2/m)$	$l\ (m)$
1	E	a-b	$1.875 \cdot (1 + 6)/6$	2.1875	6.0
2	E	a-b	$1.875 \cdot (2 + 1)/2$	2.8125	2.0
3	Z	h-d	$3.375 \cdot (1 + 1)/1$	6.75	1.0
4	Z	c-h, h-d, h-f	$\{2.875 \cdot 4 + 3.375(3 + 1) + 3.143 \cdot 1\}/7$	4.0204	7.0
5	E	f-g	$1.5 \cdot (2 + 1)/2$	2.25	2.0
6	E	e-f, f-g	$\{1.0 \cdot (1 + 1)/1 + 1.5 \cdot (2 + 1)\}/3$	2.1667	3.0
7	E	e-f	$1.0 \cdot (1 + 1)/1$	2.0	1.0
8	E	a-d, d-g	$(1.25 \cdot 5 + 1.714 \cdot 7)/12$	1.5207	12.0
9	Z	h-f	$3.143 \cdot (5 + 1)/5$	3.7716	5.0
10	E	b-c	$1.25 \cdot (2 + 1)/2$	1.875	2.0
11	E	b-c, c-e	$\{1.25 \cdot (1 + 1) + 1.429 \cdot (2 + 1.5)\}/3$	2.5005	3.0
12	E	c-e	$1.429 \cdot (2 + 1.5)/2$	2.5008	2.0

Summenkontrolle $a \cdot l$: 120.0

Für den Nachweis der Gebrauchstauglichkeit müssen die Einwirkungen der Dauerlasten bekannt sein.

Dach und Decke $q_{ser,De,min} = 7.5 \ kN/m^2$

$q_{ser,De,max} = 7.5 + 0.5 = 8.0 \ kN/m^2$

Wand $q_{ser,w} = 3.84 \ kN/m^2$

Die Deckenreaktionen der Streifenmethode (Index B) sind in der Tabelle 1.4 nur für das Bemessungsniveau festgehalten. Die Rechenprogrammwerte (Index P) [2] der Tabelle 1.4 sind aus den Balkendiagrammen gemittelt worden. Die Werte im Gebrauchszustand sind nur für die Wände 1, 8 und 9 bestimmt worden.

Die Normalkräfte in den Wänden ergeben sich aus den Deckenreaktionen und den Eigenlasten der Tragwände. Die Deckenreaktionen werden der Tabelle 1.4 entweder für das Streifenmodell (Index B) oder für das Plattenmodell (Index P) entnommen.

$$\Delta N_{xd,w} = h_w \cdot q_{d,w} = 2.5 \cdot 5.0 = 12.5 \ kN/m \qquad (Bemessungsniveau)$$

$$\Delta N_{xser,w} = h_w \cdot q_{ser,w} = 2.5 \cdot 3.84 = 9.6 \ kN/m \qquad (Gebrauchsniveau)$$

Tabelle 1.4 *Wandnormalkräfte einer Decke in kN/m*

WQS	1 E	2 E	3 Z	4 Z	5 E	6 E	7 E	8 E	9 Z	10 E	11 E	12 E
$\Delta N_{xd,B}$	27.9	35.9	86.1	51.3	28.7	27.6	25.5	19.4	48.1	23.9	31.9	31.9
$\Delta N_{xd,P}$	25.1	23.8	91.7	69.4	27.3	14.5	23.2	13.9	64.0	25.4	15.5	25.3
$\Delta N_{xser,P}$	16.8							8.7	39.4			

In der Tabelle 1.5 sind die Normalkräfte einiger ausgewählter Wandquerschnitte zusammengefasst. Für die Wand 3 werden die Lösungen der Streifenmethode (ohne 60°/30°-Regel) und der Plattenmethode auf dem Bemessungsniveau miteinander verglichen.

Tabelle 1.5 *Normalkräfte ausgewählter Wandquerschnitte*

Schnitt	1,inf	2,sup	2,inf	3,sup	3,inf	4,sup	4,inf	5,sup	
$N_{xd,B2}$	35.9	48.4	84.3	96.8	132.7	145.2	181.1	193.6	kN/m
$N_{xd,B3}$	86.1	98.6	184.7	197.2	283.3	295.8	381.9	394.4	kN/m
$N_{xd,P3}$	91.7	104.2	195.9	208.4	300.1	312.6	404.3	416.8	kN/m
$N_{xser,P1}$	16.8	26.4	43.2	52.8	69.6	79.2	96.0	105.6	kN/m
$N_{xser,P8}$	8.7	18.3	27.0	36.6	45.3	54.9	63.6	73.2	kN/m
$N_{xd,P9}$	59.2	71.1	130.9	143.4	202.6	215.1	274.3	286.8	kN/m
$N_{xser,P9}$	39.4	49.0	88.4	98.0	137.4	147.0	186.4	196.0	kN/m

Die Umwandlung der Werte der Balkendiagramme in Wandnormalkräfte ist im Bild 1.14 schematisch dargestellt. Die Aufteilung der Lasten über der Öffnung ist markiert.

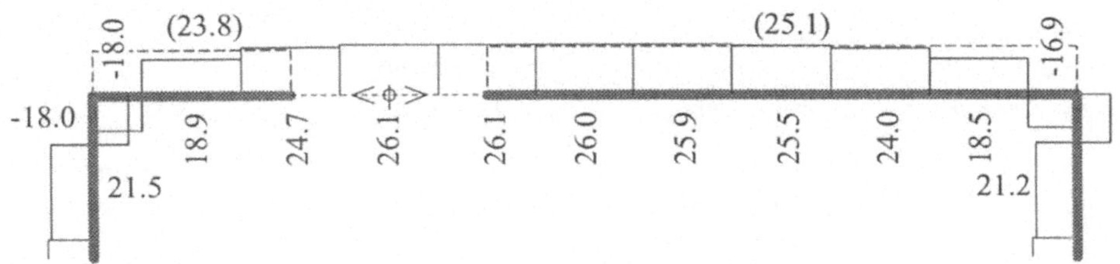

Bild 1.14 *Ausgleich der Deckenreaktionen*

1.3 Verdrehung der Decke

Wenn die Decken direkt auf den Mauerwerkswänden gelagert und in diesen eingebunden sind, beeinflussen sie mit ihren Randverdrehungen die Biegelinie und damit auch die Krümmungen der Wände.

1.3.1 Einleitung

Bei den **erweiterten** Nachweisen von Mauerwerkswänden muss auch die Deckenverdrehung in Funktion der Randmomente bekannt sein (Deckencharakteristik). Es interessieren die Verdrehungen der Decken unter Berücksichtigung der durch die Wände erzeugten Einspannmomente. Die Deckenkurve ist unter der Annahme homogen elastischen Materialverhaltens durch zwei Punkte beschrieben. Die Verdrehung ohne Randmoment entspricht der freien Auflage der Decke auf der Wand. Wenn die Decke am Rand eingespannt ist, resultiert für diesen verdrehungsfreien Zustand das zugehörige Einspannmoment. Die beiden gerechneten Punkte linear miteinander verbunden ergeben die Deckenkurve bei linear elastischem Materialverhalten. Zusätzlich muss noch kontrolliert werden, ob mit den gerechneten Momenten der Biegewiderstand an der 'Einspannstelle' oder im 'Feld' nicht überschritten wird.

1.3.2 Deckenkurven

Die Deckencharakteristik (Verformungsverhalten) ist abhängig von der Spannweite einer Decke, den Randbedingungen und dem Bewehrungsgehalt.

Beispiel 1.3

Das Verhalten der Decken wird am System von Bild 1.13 untersucht. Betrachtet werden verschiedene Wände. Die Deckenverformungen für den Nachweis der Tragsicherheit werden mit der um den Widerstandsbeiwert reduzierten Biegesteifigkeit berechnet. Da es sich teilweise um Langzeitverformungen handelt, wird auch der Einfluss des Kriechens berücksichtigt.

$$h = 0.22 \, m \qquad f_c = 16 \, N/mm^2 \qquad E_c = 35 \, kN/mm^2$$
$$\varphi = 1.5 \, bis \, 2.0 \qquad \varepsilon_{cs} = -0.2 \cdot 10^{-3} \qquad f_{ct} = 2.5 \, N/mm^2$$
$$d_x = 190 \, mm \qquad d_y = 170 \, mm \qquad d_m = 180 \, mm$$

Da die rechnerischen Zugfestigkeiten zu tief angesetzt sind, wird das Rissmoment in den nachfolgenden Berechnungen direkt als Bemessungsrissmoment verwendet.

$$m_r = m_{rd} = W_c \cdot f_{ct} = \frac{1.0 \cdot 0.22^2}{6} \cdot 2.5 = 20.2 \, kNm/m$$

Effektive Verdrehungen:

Die Berechnung von Verdrehungen ist für teilweise gerissene Decken analog den Berechnungen von Durchbiegungen mit erheblichem Aufwand verbunden. Es lohnt sich daher bewährte Näherungsformeln zu verwenden. Die effektiven Verdrehungen werden sinngemäß nach [5, 6] abgeschätzt. In den Formeln werden die Durchbiegungen durch die Verdrehungen der Decke beim untersuchten Decken-Wand-Anschluss ersetzt.

Decke ungerissen:

$$\vartheta_{ser} = (1 + \varphi) \cdot \vartheta_c \qquad \varphi = 2.0$$

Decke gerissen:

Bei gerissenen Decken müssen die Stahleinlagen für die Bestimmung des Verformungsbeiwertes (Tabelle 1.6) bekannt sein [5, 6].

$$\vartheta_{ser} = \left(\frac{h}{d_m}\right)^3 \cdot \eta \cdot \left(1 - 20 \cdot \rho_d'\right) \cdot \vartheta_c \qquad (\textit{Berücksichtigung von } \rho_d' \textit{ nur falls } \rho_d' > 0.5\%)$$

ϑ_c : *Deckenverdrehung für homogene, ungerissene Decke, berechnet mit E_c*

η :   *Verformungsbeiwert unter Berücksichtigung des Kriechens [6]*

d_m : *mittlere statische Höhe der Stahleinlagen in der Decke*

Tabelle 1.6 *Verformungsbeiwert*

ρ_d	0.15	0.2	0.3	0.5	0.75	1.0	1.5
η	10.0	8.0	6.0	4.0	3.0	2.5	2.0

Die Verformungsbeiwerte nach [6] sind nur für die Kriechzahl 2.5 gegeben. Für Kurzzeiteinwirkungen und kleinere Kriechzahlen ist der Wert nicht bekannt. Nach [7] müßte die Bemessungsbiegesteifigkeit mit dem Widerstandsbeiwert reduziert werden. Da sich die beiden Wirkungen (geringeres Kriechen und kleinere Steifigkeit) weitgehend kompensieren, wird in den nachfolgenden Berechnungen die Biegesteifigkeit nicht reduziert. Die Biegemomente und die Deckenverdrehungen werden aus dem Plattenprogramm [2] entnommen.

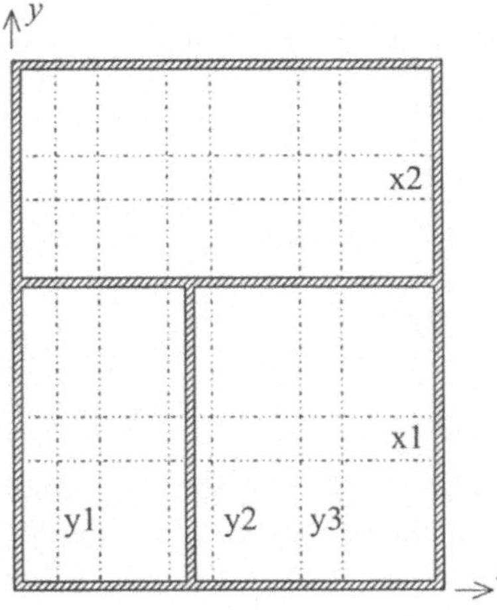

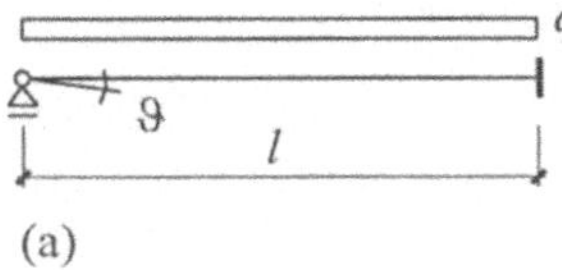

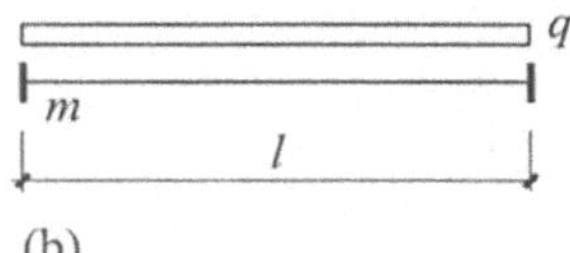

(a)   (b)

Bild 1.15
Streifen der Bewehrungsmomente

Schnitt y1 (Bild 1.15):

Diese Werte sind für eine ungünstig angeordnete Kurzzeitlast bestimmt worden.

$$m_{d,De,inf,P} = 16.9 \ kNm/m \ < \ m_r = m_{rd}$$

$$m_{d,De,sup,P} = 21.9 \ kNm/m \ > \ m_r = m_{rd}$$

Die Einspannung der Decke durch die Wände ist noch nicht bekannt. Die Decke könnte auf dem Bemessungsniveau über der Innenwand gerissen sein. Das Balkenmodell ist für den Schnitt y1 nahe am Rand zu ungünstig. Dennoch soll als Vergleich mit der Plattenberechnung die Decke als Balkenmodell untersucht werden. Am betrachteten Balken ist das gegenüberliegende Ende eingespannt (Bild 1.16). Die größten Momente einer Platte entstehen im Feld und über der Innenwand, wenn die Decke auf der Außenwand frei aufgelegt ist. Die Einspannung der Decke durch die Außenwände verkleinert beide Biegemomente.

$$m_{d,De,inf,B} = \frac{9}{128} \cdot q_d \cdot l^2 = \frac{9}{128} \cdot 12.75 \cdot 5^2 = 22.4 \ kNm/m \ > \ m_{rd}$$

$$m_{d,De,sup,B} = \frac{q_d \cdot l^2}{8} = \frac{12.75 \cdot 5^2}{8} = 39.8 \ kNm/m \ > \ m_{rd}$$

Beim Balkenmodell sind die Risse im Feld und über der Innenwand zu erwarten. Für die Platte werden die Momente für die Stahleinlagen in den Streifen von Bild 1.15 ermittelt.

Schnitt y2:

$$m_{d,De,inf,P} = 21.3 \ kNm/m \ > \ m_{rd} \qquad m_{d,De,sup,P} = 25.9 \ kNm/m \ > \ m_{rd}$$

Schnitt y3:

$$m_{d,De,inf,P} = 19.4 \ kNm/m \ < \ m_{rd} \qquad m_{d,De,sup,P} = 36.6 \ kNm/m \ > \ m_{rd}$$

Schnitt x1:

$$m_{d,De,inf,P} = 16.5 \ kNm/m \ < \ m_{rd} \qquad m_{d,De,sup,P} = 29.2 \ kNm/m \ > \ m_{rd}$$

Stahleinlagen und Biegewiderstände:
Die unteren Stahleinlagen einer Decke entsprechen in der Praxis oft einer Mindestbeweh-
rung. Im Randstreifen der Platte genügen die unteren Stahleinlagen nach den Resultaten
der FE-Berechnung auch als obere. Im Deckeninnern über der Wand 4 sind größere obere
Stahleinlagen erforderlich. Mit dem Biegewiderstand der Mindestbewehrung kann auch
das Moment der festen Einspannung über dem Außenrand aufgenommen werden. Andern-
falls wird der Momentenverlauf der Deckenkurve entsprechend begrenzt.

$$A_s(\varnothing \ 10, \ s = 20) = 393 \ mm^2/m$$
$$z_R = 180.8 \ kN/m$$
$$0.8 \cdot x \approx 12 \ mm$$
$$m_{yR} = z_R \cdot (d_y - 0.4 \cdot x) = 180.8 \cdot (0.18 - 0.006) = 31.4 \ kNm/m$$

$$A_s(\varnothing \ 12, \ s = 20) = 565 \ mm^2/m$$
$$z_R = 259.9 \ kN/m$$
$$0.8 \cdot x \approx 16 \ mm$$
$$m_{yR} = z_R \cdot (d_y - 0.4 \cdot x) = 259.9 \cdot (0.18 - 0.008) = 44.7 \ kNm/m$$

Kontrolle der Biegewiderstände der Platte:

$$m_{yRd,sup} = \frac{44.7}{1.2} = 37.2 \ kNm/m \ > \ m_{d,De,sup,P} = 36.6 \ kNm/m$$

$$m_{yRd,inf} = m_{yRd,sup,E} = \frac{31.4}{1.2} = 26.2 \ kNm/m \ > \ m_{d,De,inf,P} = 21.3 \ kNm/m$$

Kontrolle der Biegewiderstände des Balkenmodells:

$$m_{yRd,inf} + 0.5 \cdot m_{yRd,sup} = 44.8 \ kNm/m > \frac{q_d \cdot l^2}{8} = 39.8 \ kNm/m$$

Das bedeutet, dass für das Balkenmodell im Schnitt y1 keine größeren Stahleinlagen für die
Biegung erforderlich sind als für das Plattenmodell. Aufgrund der Biegebemessung ist es
möglich, die Gehalte der Stahleinlagen und die zugehörigen Verformungsbeiwerte nach [6]
zu bestimmen.

Platte oben und unten gerissen:

$$\rho_{yd,m} = \frac{393+565}{2\cdot 1000\cdot 180} = 0.27\ \% \qquad\qquad \eta = 6.6\ (\textit{nach Tabelle 1.6})$$

Platte nur oben gerissen:

$$\rho_{yd,sup} = \frac{565}{1000\cdot 80} = 0.31\ \% \qquad\qquad \eta = 5.9\ (\textit{nach Tabelle 1.6})$$

Deckenanschluss Wand 1

Für den Wandquerschnitt 1 wird die Deckenkurve nur für die Gebrauchstauglichkeit ermittelt. Dabei wird die Kurzzeitlast in ungünstigster Stellung eingeführt. Das maßgebende Biegemoment wird mit dem Rissmoment verglichen.

$$m_{ser,De,sup,P} = 23.5\ kNm/m\ >\ m_r = 20.2\ kNm/m$$

Die Decke ist nur über der Innenwand 4 gerissen. Entsprechend wird der zugehörige Verformungsbeiwert nur mit den Stahleinlagen über der Innenwand bestimmt. Ermittelt werden das Festeinspannmoment und die freie Verdrehung am Deckenrand. Der Ingenieur entscheidet über welche Wandlänge bzw. über wieviele Elemente Momente und Verdrehungen gemittelt werden. Beide müssen jedoch einander entsprechen.

$$m_{1,ser,De,P}\ (\vartheta = 0) = 18.3\ kNm/m$$

$$\vartheta_{1,ser,P}\ (m = 0) = \left(\frac{220}{180}\right)^{3}\cdot 5.9\cdot 0.71\cdot 10^{-3} = 7.6\cdot 10^{-3}$$

Deckenanschluss Wand 2

Verdrehungen und Momente werden für das Balken- und das Plattenmodell berechnet. Die Einspannung der Decke durch die Wände ist noch unbekannt. Dennoch ist erkennbar, dass auf dem Bemessungsniveau die Decke beim Balkenmodell über der Innenwand und im Feld gerissen sein könnte, während beim Plattenmodell nur über der Innenwand Risse zu erwarten sind. Die Deckenkurve wird für das Balkenmodell und das Plattenmodell in einem Moment-Verdrehungs-Diagramm (Bild 1.17) eingezeichnet. Dazu werden die freie Verdrehung und das Festeinspannmoment am Deckenrand benötigt. Da homogene, ungerissene Balken und Platten untersucht werden, müssen die Verdrehungen entsprechend korrigiert werden.

Verdrehung und Festeinspannmoment des Balkens bzw. der Platte:

$$\vartheta_{2,cd,B}(m = 0) = \frac{q_d\cdot l^3}{48\cdot EJ} = \frac{12.75\cdot 5^3}{48\cdot 35\cdot 10^6\cdot 887.33\cdot 10^{-6}} = 1.1\cdot 10^{-3}$$

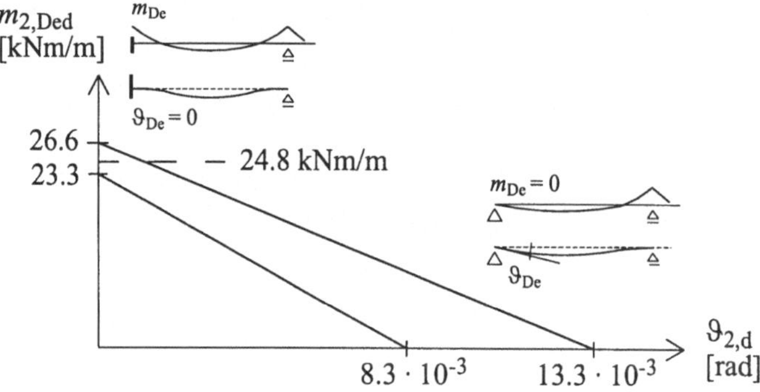

Bild 1.17 *Deckenkurven bzw. Deckencharakteristik*

$$m_{2,Dd,B}(\vartheta = 0) = \frac{q_d \cdot l^2}{12} = \frac{12.75 \cdot 5^2}{12} = 26.6 \; kNm/m$$

$$\vartheta_{2,cd,P}(m = 0) = 0.77 \cdot 10^{-3}$$

$$m_{2,Dd,P}(\vartheta = 0) = 23.3 \; kNm/m$$

Die Deckenverdrehung wird für das Balkenmodell unter der Annahme ermittelt, dass die Decke im Feld und über der Innenwand gerissen ist. Beim Plattenmodell wird die Decke nur über der Innenwand als gerissen angenommen. Entsprechend werden die Verformungsbeiwerte eingesetzt. Diese Annahmen sind nach vollständig abgeschlossener Berechnung zu überprüfen.

$$m_{d,De,inf,B} = 22.4 \; kNm/m \; > \; m_{rd} \qquad m_{d,De,sup,B} = 39.8 \; kNm/m \; > \; m_{rd}$$

$$\vartheta_{2,d,B}(m = 0) = \left(\frac{h}{d_m}\right)^3 \cdot \eta \cdot \vartheta_c = \left(\frac{220}{180}\right)^3 \cdot 6.6 \cdot 1.1 \cdot 10^{-3} = 13.3 \cdot 10^{-3}$$

$$m_{d,De,inf,P} = 16.9 \; kNm/m \; < \; m_{rd} \qquad m_{d,De,sup,P} = 21.9 \; kNm/m \; > \; m_{rd}$$

$$\vartheta_{2,d,P}(m = 0) = \left(\frac{h}{d_m}\right)^3 \cdot \eta \cdot \vartheta_c = \left(\frac{220}{180}\right)^3 \cdot 5.9 \cdot 0.77 \cdot 10^{-3} = 8.3 \cdot 10^{-3}$$

Deckenanschluss Wand 8

Die zum Wandquerschnitt 8 gehörende Deckencharakteristik wird mit dem FE-Programm [2] ermittelt. Damit entschieden werden kann, ob die Decke gerissen ist, wird die Kurzzeitlast in ungünstigster Stellung eingeführt.

$$m_{ser,De,sup,P} = 18.3 \ kNm/m \ < \ m_r = 20.2 \ kNm/m$$

$$m_{8,ser,De,P}(\vartheta = 0) = 20.2 \ kNm/m$$

$$\vartheta_{8,ser,P}(m = 0) = (1 + 2.5) \cdot 0.65 \cdot 10^{-3} = 2.3 \cdot 10^{-3}$$

Deckenanschluss Wand 9

Die Deckencharakteristik wird mit dem Plattenprogramm [2] bestimmt. Die freie Verdrehung der Decke über der Wand 9 ist mit einem Linienlager als Deckenauflager gewährleistet. Zusätzlich wird eine Deckenberechnung mit einer Einspannung über der Wand 9 durchgeführt. Daraus resultiert das Einspannmoment bei verhinderter Deckenverdrehung. Die Lasten werden so gewählt, dass nur im Feld B von Bild 1.13 die Nutzlast wirkt. Im Nachweis der Tragsicherheit wird die Decke über der Innenwand als gerissen betrachtet. Die entsprechenden Verformungsbeiwerte werden aus der Deckenberechnung der Wand 2 übernommen. Im Nachweis der Gebrauchstauglichkeit wird die Decke als ungerissen betrachtet.

$$m_{d,De,sup,P} = 29.2 \ kNm/m \ > \ m_{rd} = 20.2 \ kNm/m$$

$$m_{d,De,inf,P} = 18.7 \ kNm/m \ < \ m_{rd} = 20.2 \ kNm/m$$

$$\vartheta_{9,d,P}(Linienlager) = \left(\frac{220}{180}\right)^3 \cdot 5.9 \cdot 0.33 \cdot 10^{-3} = 3.55 \cdot 10^{-3}$$

$$m_{9,d,De,P}(\vartheta = 0) = 21.0 \ kNm/m$$

$$m_{ser,De,sup,P} = 18.4 \ kNm/m \ < \ m_r = 20.2 \ kNm/m$$

$$m_{ser,De,inf,P} = 15 \ kNm/m \ < \ m_r = 20.2 \ kNm/m$$

$$\vartheta_{9,ser,P}(Linienlager) = 1.2 \cdot (1 + 2.0) \cdot 0.16 \cdot 10^{-3} = 0.58 \cdot 10^{-3}$$

$$m_{9,ser,De,P}(\vartheta = 0) = 10.4 \ kNm/m$$

Deckenanschluss Wand 4

Da für die Wand 4 die Schubbeanspruchung für eine Erdbebeneinwirkung untersucht werden soll, wird die Deckencharakteristik nur mit den Eigenlasten, Auflasten und einem reduzierten Wert der Nutzlast bestimmt. Dies ermöglicht im Kapitel 3 einen Nachweis für die Schubbeanspruchung mit exzentrischer Normalkraft zu führen.

$$q_{acc} = 7.5 + 0.6 = 8.1 \ kN/m^2$$

Die Deckencharakteristik wird mit dem FE-Programm [2] berechnet. Die Decke wird aufgrund der Untersuchung für den Deckenanschluss der Wand 1 als gerissen betrachtet.

$\vartheta_{4,cd,P}(Linienlager) = 0.16 \cdot 10^{-3}$

$m_{4,Ded,P}(\vartheta = 0) = 19\ kNm/m$

$$\vartheta_{4,d,P}(Linienlager) = \left(\frac{h}{d_m}\right)^3 \cdot \eta \cdot \vartheta_c = \left(\frac{220}{180}\right)^3 \cdot 5.9 \cdot 0.16 \cdot 10^{-3} = 1.7 \cdot 10^{-3}$$

1.4 Verteilung der Horizontallasten auf die Wände

Im Wohnungsbau werden die Horizontallasten fast ausschließlich durch Tragwände aufgenommen. Die Kombination Stahlbetonrahmen und Mauerwerkstragwände ist aufgrund der unterschiedlichen Duktilitätseigenschaften nicht zu empfehlen.

1.4.1 Grundlagen

Zuerst wird die Verteilung der äußeren Horizontallasten auf die verschiedenen Tragwände bestimmt. Es wird die Annahme getroffen, dass Mauerwerkswände, die sich kreuzen, nicht zusammenwirken. Im Gegensatz zum Stahlbeton werden die Flanschquerschnitte vernachlässigt. Allerdings kann die Normalkraft durch die Betondecken direkt auf die Flansche übertragen werden. Dadurch kann die Mauerwerkswand mit einem Flanschquerschnitt im Vergleich zum Rechteckquerschnitt größere Normalkräfte und damit auch größere Momente aufnehmen. Der Stegfläche muss in jedem Fall die Normalkraft zugewiesen werden, die für die Querkraftaufnahme notwendig ist. Bei den einfachen Verfahren, die bei Handrechnungen angewendet werden, muss das Verhältnis der Steifigkeiten über die Höhe betrachtet konstant sein (Bild 1.18). Die hier verwendete Berechnungsmethode ist von H. Bachmann [1] ausführlich beschrieben worden.

$$\frac{J_{1A}}{J_{1B}} = \frac{J_{2A}}{J_{2B}}$$

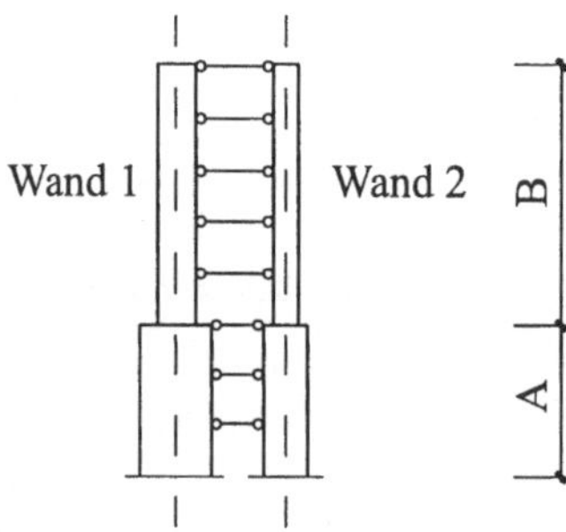

Bild 1.18
Abgestufte Tragwände

Das bedeutet, dass Schubmittelpunkt und Schwerpunkt in allen Geschossen am gleichen Ort sind und somit auf einer vertikalen Achse liegen. Eine in die x-Richtung gerichtete Kraft, die im Steifigkeitszentrum (Schubmittelpunkt) angreift, erzeugt nur eine Translation. Damit sind die Durchbiegungen der Tragwände in der untersuchten Richtung gleich groß, da die Wände in jedem Geschoss durch die Decken starr verbunden sind.

Die im Zentrum S angreifenden Querkräfte und das Torsionsmoment werden in den Drehpunkt D, der auch als Steifigkeitszentrum oder Schubmittelpunkt bezeichnet wird, verschoben (Bild 1.19).

$$T_D = T_z + V_x \cdot y_D - V_y \cdot x_D$$

Das Torsionsmoment im Schubmittelpunkt erzeugt eine reine Rotation der starren Deckenscheibe um diesen Punkt. Sämtliche Wände müssen somit die gleiche Rotation ausführen. Die Auslenkungen der Wandkragarme sind somit proportional zu den Abständen der Wände vom Schubmittelpunkt. Mit dieser Bedingung kann der Schubmittelpunkt bzw. der Drehpunkt bestimmt werden.

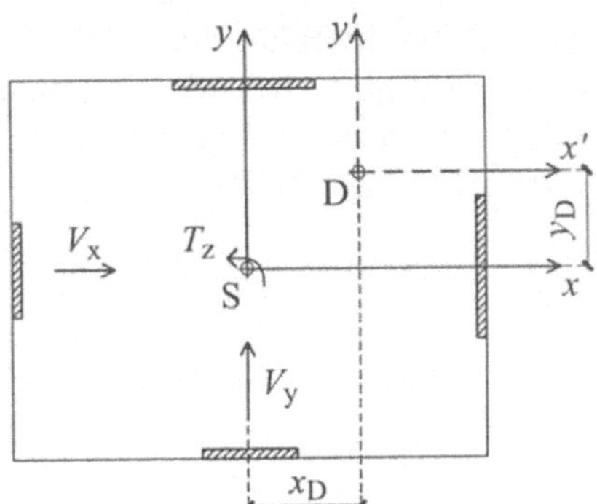

Bild 1.19
Tragwände im Grundriss

1.4.2 Schubmittelpunkt

Greift die Horizontalkraft im Schubmittelpunkt an, dreht sich der Deckenquerschnitt nicht. Das bedeutet, dass die horizontalen Auslenkungen der gleich gerichteten Wände (Bild 1.18) in jedem Geschoss die gleichen Durchbiegungen erfahren. Die Auslenkungen der Wände sind proportional zu den Trägheitsmomenten, da angenommen worden ist, dass nur diese die Verformungen beeinflussen. Bei gedrungenen Gebäuden, die im Wohnungsbau dominieren, kann auch die Schubverformung bedeutend sein. Wenn die Schubverformung berücksichtigt werden soll, sind mit Vorteil FE-Programme einzusetzen. Anstelle des Systemschwerpunktes S kann auch ein beliebiger Bezugspunkt P gewählt werden. Der Schubmittelpunkt wird auch als Drehpunkt bezeichnet.

$$x_{\mathrm{D}} \cdot \sum J_{\mathrm{xi}} = \sum J_{\mathrm{xi}} \cdot x_{\mathrm{i}} \qquad\qquad y_{\mathrm{D}} \cdot \sum J_{\mathrm{yi}} = \sum J_{\mathrm{yi}} \cdot y_{\mathrm{i}}$$

$$x_{\mathrm{D}} = \frac{\sum J_{\mathrm{xi}} \cdot x_{i}}{\sum J_{\mathrm{xi}}} \qquad\qquad y_{\mathrm{D}} = \frac{\sum J_{\mathrm{yi}} \cdot y_{i}}{\sum J_{\mathrm{yi}}}$$

$$x_{\mathrm{PD}} \cdot \sum J_{\mathrm{xi}} = \sum J_{\mathrm{xi}} \cdot x_{\mathrm{Pi}} \qquad\qquad y_{\mathrm{PD}} \cdot \sum J_{\mathrm{yi}} = \sum J_{\mathrm{yi}} \cdot y_{\mathrm{Pi}}$$

$$x_{\mathrm{PD}} = \frac{\sum J_{\mathrm{xi}} \cdot x_{\mathrm{Pi}}}{\sum J_{\mathrm{xi}}} \qquad\qquad y_{\mathrm{PD}} = \frac{\sum J_{\mathrm{yi}} \cdot y_{\mathrm{Pi}}}{\sum J_{\mathrm{yi}}}$$

1.4.3 Statisch bestimmte Tragwandsysteme

Drei Tragwände, deren Achsen sich im Grundriss nicht in einem Punkt schneiden (Bild 1.20a), bilden ein statisch bestimmtes Tragwandsystem. Die Achsen der Wände in den Bildern 1.20b und 1.20c hingegen schneiden sich in einem Punkt. Im Bild 1.20c liegt dieser Punkt im Unendlichen. Beide Systeme sind instabil. Die Steifigkeit und der Widerstand quer zu den Wänden sind beide zu gering, entsprechende Beanspruchungen aufzunehmen.

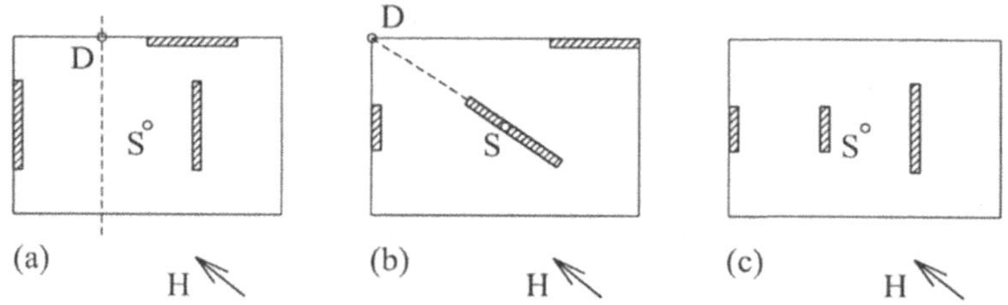

Bild 1.20 Stabilität der Tragwände im Grundriss

Die Verteilung der Querkräfte der einzelnen Wände ist beim statisch bestimmten Tragwandsystem von Bild 1.21 unabhängig vom Drehpunkt. Sie wird mit den Gleichgewichtsbedingungen ermittelt.

$$V_{\mathrm{x}} = \sum V_{\mathrm{xi}} \qquad\qquad V_{\mathrm{y}} = \sum V_{\mathrm{yi}}$$

$$T_{\mathrm{z}} = \sum V_{\mathrm{yi}} \cdot x_{\mathrm{i}} - \sum V_{\mathrm{xi}} \cdot y_{\mathrm{i}}$$

$x_{\mathrm{i}}, y_{\mathrm{i}}$ Drehpunktabstand der Einzelwände vom Systemschwerpunkt
$V_{\mathrm{xi}}, V_{\mathrm{yi}}$ Querkräfte der einzelnen Tragwände

Das bedeutet, dass Schubmittelpunkt und Schwerpunkt in allen Geschossen am gleichen Ort sind und somit auf einer vertikalen Achse liegen. Eine in die x-Richtung gerichtete Kraft, die im Steifigkeitszentrum (Schubmittelpunkt) angreift, erzeugt nur eine Translation. Damit sind die Durchbiegungen der Tragwände in der untersuchten Richtung gleich groß, da die Wände in jedem Geschoss durch die Decken starr verbunden sind.

Die im Zentrum S angreifenden Querkräfte und das Torsionsmoment werden in den Drehpunkt D, der auch als Steifigkeitszentrum oder Schubmittelpunkt bezeichnet wird, verschoben (Bild 1.19).

$$T_{\mathrm{D}} = T_{\mathrm{z}} + V_{\mathrm{x}} \cdot y_{\mathrm{D}} - V_{\mathrm{y}} \cdot x_{\mathrm{D}}$$

Das Torsionsmoment im Schubmittelpunkt erzeugt eine reine Rotation der starren Deckenscheibe um diesen Punkt. Sämtliche Wände müssen somit die gleiche Rotation ausführen. Die Auslenkungen der Wandkragarme sind somit proportional zu den Abständen der Wände vom Schubmittelpunkt. Mit dieser Bedingung kann der Schubmittelpunkt bzw. der Drehpunkt bestimmt werden.

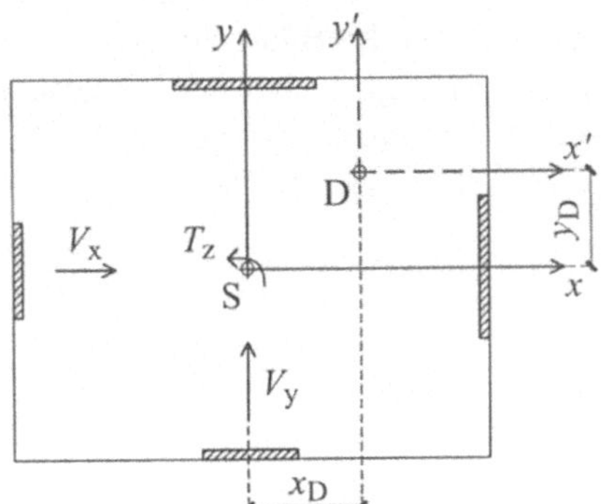

Bild 1.19
Tragwände im Grundriss

1.4.2 Schubmittelpunkt

Greift die Horizontalkraft im Schubmittelpunkt an, dreht sich der Deckenquerschnitt nicht. Das bedeutet, dass die horizontalen Auslenkungen der gleich gerichteten Wände (Bild 1.18) in jedem Geschoss die gleichen Durchbiegungen erfahren. Die Auslenkungen der Wände sind proportional zu den Trägheitsmomenten, da angenommen worden ist, dass nur diese die Verformungen beeinflussen. Bei gedrungenen Gebäuden, die im Wohnungsbau dominieren, kann auch die Schubverformung bedeutend sein. Wenn die Schubverformung berücksichtigt werden soll, sind mit Vorteil FE-Programme einzusetzen. Anstelle des Systemschwerpunktes S kann auch ein beliebiger Bezugspunkt P gewählt werden. Der Schubmittelpunkt wird auch als Drehpunkt bezeichnet.

$$x_D \cdot \sum J_{xi} = \sum J_{xi} \cdot x_i \qquad\qquad y_D \cdot \sum J_{yi} = \sum J_{yi} \cdot y_i$$

$$x_D = \frac{\sum J_{xi} \cdot x_i}{\sum J_{xi}} \qquad\qquad y_D = \frac{\sum J_{yi} \cdot y_i}{\sum J_{yi}}$$

$$x_{PD} \cdot \sum J_{xi} = \sum J_{xi} \cdot x_{Pi} \qquad\qquad y_{PD} \cdot \sum J_{yi} = \sum J_{yi} \cdot y_{Pi}$$

$$x_{PD} = \frac{\sum J_{xi} \cdot x_{Pi}}{\sum J_{xi}} \qquad\qquad y_{PD} = \frac{\sum J_{yi} \cdot y_{Pi}}{\sum J_{yi}}$$

1.4.3 Statisch bestimmte Tragwandsysteme

Drei Tragwände, deren Achsen sich im Grundriss nicht in einem Punkt schneiden (Bild 1.20a), bilden ein statisch bestimmtes Tragwandsystem. Die Achsen der Wände in den Bildern 1.20b und 1.20c hingegen schneiden sich in einem Punkt. Im Bild 1.20c liegt dieser Punkt im Unendlichen. Beide Systeme sind instabil. Die Steifigkeit und der Widerstand quer zu den Wänden sind beide zu gering, entsprechende Beanspruchungen aufzunehmen.

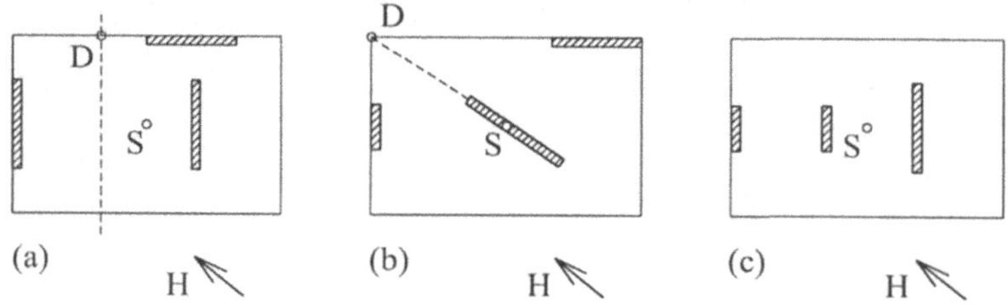

Bild 1.20 Stabilität der Tragwände im Grundriss

Die Verteilung der Querkräfte der einzelnen Wände ist beim statisch bestimmten Tragwandsystem von Bild 1.21 unabhängig vom Drehpunkt. Sie wird mit den Gleichgewichtsbedingungen ermittelt.

$$V_x = \sum V_{xi} \qquad\qquad V_y = \sum V_{yi}$$

$$T_z = \sum V_{yi} \cdot x_i - \sum V_{xi} \cdot y_i$$

x_i, y_i Drehpunktabstand der Einzelwände vom Systemschwerpunkt
V_{xi}, V_{yi} Querkräfte der einzelnen Tragwände

Beispiel 1.4

Im Grundriss des statisch bestimmten Tragwandsystem von Bild 1.21 soll der Drehpunkt und die Verteilung der Wandquerkräfte infolge der Beanspruchungen im Schwerpunkt bestimmt werden. Alle drei Mauerwerkswände haben die gleiche Wandstärke. Die Längen der Wandquerschnitte sind im Bild 1.21 vermaßt. Es werden drei verschiedene Fälle von Beanspruchungen untersucht und die Resultate miteinander verglichen.

(a) $V_x = 100\ kN$ $V_y = 100\ kN$ $T_z = 200\ kNm$

(b) $V_x = 100\ kN$ $V_y = 100\ kN$ $T_z = -200\ kNm$

(c) $V_x = 100\ kN$ $V_y = 100\ kN$ $T_z = 0\ kNm$

Trägheitsmomente der Wände:

$$J_{y1} = J_{y2} = l_1^3 \cdot k = 343 \cdot k$$

$$J_{x3} = l_3^3 \cdot k = 1728 \cdot k$$

Drehpunkt:

$$x_D = \frac{\sum J_{xi} \cdot x_i}{\sum J_{xi}} = \frac{1728 \cdot 5}{1728} = 5.0\ m$$

$$y_D = \frac{\sum J_{yi} \cdot y_i}{\sum J_{yi}} = \frac{343 \cdot 6 - 343 \cdot 1}{686} = 2.5\ m$$

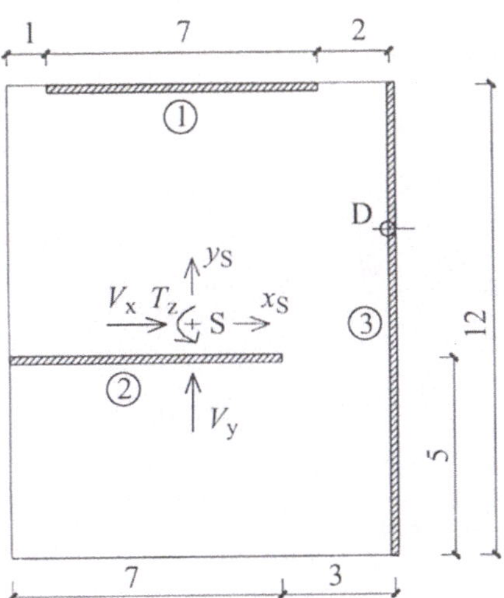

Bild 1.21
Grundriss mit drei Tragwänden

Drehpunkt:

$$x_D = \frac{\sum J_{xi} \cdot x_i}{\sum J_{xi}} = \frac{1728 \cdot 5}{1728} = 5.0 \, m$$

$$y_D = \frac{\sum J_{yi} \cdot y_i}{\sum J_{yi}} = \frac{343 \cdot 6 - 343 \cdot 1}{686} = 2.5 \, m$$

Gleichgewicht:

$$V_x = 100 \, kN = \sum V_{ix} = V_{x1} + V_{x2}$$

$$V_y = 100 \, kN = \sum V_{yi} = V_{y3}$$

(a) $T_z = 200 \, kNm = \sum V_{yi} \cdot x_i - \sum V_{xi} \cdot y_i = 100 \cdot 5 \, kNm - V_{x1} \cdot 6 \, m + (V_x - V_{x1}) \cdot 1 \, m$

$$V_{x1} \cdot 7 \, m = (500 + 100 - 200) \, kNm$$

$$V_{x1} = \frac{400}{7} \, kN \qquad V_{x2} = \frac{300}{7} \, kN \qquad V_{y3} = 100 \, kN$$

(b) $V_{x1} \cdot 7 \, m = (500 + 100 + 200) \, kNm$

$$V_{x1} = \frac{800}{7} \, kN \qquad\qquad\qquad V_{x2} = -\frac{100}{7} \, kN$$

(c) $T_z = 0 = 100 \cdot 5 \, kNm - V_{x1} \cdot 6 \, m + (V_x - V_{x1}) \cdot 1 \, m = 600 \, kNm - V_{x1} \cdot 7 \, m$

$$V_{x1} \cdot 7 \, m = 600 \, kNm$$

$$V_{x1} = \frac{600}{7} \, kN \qquad V_{x2} = \frac{100}{7} \, kN \qquad V_{y3} = 100 \, kN$$

Kontrollen:

(a) $200 \, kNm = 100 \cdot 5 - \frac{400}{7} \cdot 6 + \frac{300}{7} \cdot 1 = 500 - \frac{2400 - 300}{7} = 200 \, kNm$

(b) $-200 \, kNm = 100 \cdot 5 - \frac{800}{7} \cdot 6 - \frac{100}{7} \cdot 1 = 500 - \frac{4800 + 100}{7} = -200 \, kNm$

(c) $0 = 100 \cdot 5 - \frac{600}{7} \cdot 6 + \frac{100}{7} \cdot 1 = 500 - \frac{3600 - 100}{7} = 0$

Im Beispiel 1.5c ohne Torsionsmoment ist die Wand 1 höher beansprucht als im Beispiel 1.5a mit Torsionsmoment. Die größte Querkraft in der Wand 1 entsteht, wenn das Tor-

*sionsmoment in der umgekehrten Richtung (Beispiel 1.5b) wirkt. Grundsätze für erdbeben-
sicheres Entwerfen von Hochbauten verlangen eine regelmäßige und möglichst symmetri-
sche Anordnung der Tragwände im Grundriss. Diese Forderung wird in vielen modernen
Gebäuden mit zwei und drei Geschossen (analog dem Bild 1.21) nicht erfüllt.*

1.4.4 Statisch unbestimmte Tragwandsysteme

Es wird davon ausgegangen, dass die Systemquerkräfte und das Torsionsmoment im
Schubmittelpunkt angreifen. Der Schubmittelpunkt wird gleich wie für das statisch bestimmte Tragwandsystem gerechnet.

$$x_\mathrm{D} = \frac{\sum J_{xi} \cdot x_i}{\sum J_{xi}} \qquad y_\mathrm{D} = \frac{\sum J_{yi} \cdot y_i}{\sum J_{yi}}$$

Aufteilung der Querkräfte

Eine Querkraft im Schubmittelpunkt bewirkt nur eine translatorische Verschiebung der
Tragwände. Entsprechend nehmen die Tragwände die Querkräfte proportional zu den
Trägheitsmomenten auf, da für alle Wände das gleiche statische System des Kragarms
gültig ist. Die Querkraft wird somit proportional zu den Trägheitsmomenten der einzelnen
Wände verteilt.

$$V_{xi,\mathrm{V}} = \frac{J_{yi}}{\sum J_{yi}} \cdot V_x \qquad V_{yi,\mathrm{V}} = \frac{J_{xi}}{\sum J_{xi}} \cdot V_y \qquad (E = \text{konstant})$$

Aufteilung der Querkräfte infolge Torsion

Das Torsionsmoment bewirkt im Schubmittelpunkt eine reine Verdrehung der Decken. Die
Querkräfte der einzelnen Tragwände infolge Torsion sind proportional zu den Trägheitsmomenten der Wände und zu den Abständen der Wände vom Schubmittelpunkt.

$$V_{xi,\mathrm{T}} = -k \cdot J_{yi} \cdot y_i' \qquad V_{yi,\mathrm{T}} = +k \cdot J_{xi} \cdot x_i'$$

y', x': Abstand der Schubmittelpunkte der Einzelwände vom Schubmittelpunkt des Systems

k: Wert, der in allen Formeln gleich ist

Das Torsionsmoment im Schubmittelpunkt lässt sich aus den Anteilen der Einzelwände
zusammensetzen. Damit sind die Anteile der einzelnen Wände am Torsionsmoment bekannt.

$$T_\mathrm{D} = -\sum \left(V_{xi,\mathrm{T}} \cdot y_i' \right) + \sum \left(V_{yi,\mathrm{T}} \cdot x_i' \right) = k \cdot \left\{ \sum J_{yi} \cdot y_i'^2 + \sum J_{xi} \cdot x_i'^2 \right\}$$

$$= k \cdot \sum \left\{ J_{yi} \cdot y_i'^2 + J_{xi} \cdot x_i'^2 \right\}$$

$$T_{xi} = T_D \frac{y_i'^2 \cdot J_{yi}}{\sum \left(y_i'^2 \cdot J_{yi} + x_i'^2 \cdot J_{xi}\right)} \qquad T_{yi} = T_D \frac{x_i'^2 \cdot J_{xi}}{\sum \left(y_i'^2 \cdot J_{yi} + x_i'^2 \cdot J_{xi}\right)}$$

$$V_{xi,T} = -\frac{T_{xi}}{y_i} = -\left(T_z + V_x \cdot y_D - V_y \cdot x_D\right) \cdot \frac{y_i'^2 \cdot J_{yi}}{\sum \left(y_i'^2 \cdot J_{yi} + x_i'^2 \cdot J_{xi}\right)}$$

$$V_{yi,T} = \frac{T_{yi}}{x_i} = \left(T_z + V_x \cdot y_D - V_y \cdot x_D\right) \cdot \frac{x_i'^2 \cdot J_{xi}}{\sum \left(y_i'^2 \cdot J_{yi} + x_i'^2 \cdot J_{xi}\right)}$$

Die gesamte Querkraft einer Tragwand ergibt sich aus der Summe der Querkraft- und Torsionsanteile der einzelnen Wand.

$$V_{xi} = V_{xi,V} + V_{xi,T} \qquad\qquad V_{yi} = V_{yi,V} + V_{yi,T}$$

Beispiel 1.5

Im Bild 1.22 sind die maßgebenden Tragwände, die sich für die Aufnahme der Horizontalkräfte eignen, aus dem Beispiel 1.2 aufgezeichnet. Da alle Wände die gleichen Wanddicken und Materialeigenschaften aufweisen, ist die Verteilung der Horizontalkräfte nur von der Wandlänge abhängig.

$$J \sim l^3 \qquad J = k \cdot l^3$$

Bei statisch unbestimmten Wandsystemen können die Wände, deren Länge weniger als 50% der längsten Wand der gleichen Richtung beträgt, näherungsweise vernachlässigt werden. Allerdings muss gewährleistet sein, dass sie den Verformungen der längeren Wände folgen können. Zusätzlich müssen Wände berücksichtigt werden, die erheblich an der Torsionsaufnahme beteiligt sind. Das gilt auch dann, wenn die Länge weniger als 50% der längsten Wand ist (z.B. Wand 9). Berücksichtigt werden somit die Wände 1, 4, 8 und 9. Alle andern werden für die Aufnahme der Horizontalkräfte vernachlässigt.

Einsteinmauerwerk:

$$E_{xd} = 2.5 \; kN/mm^2 \quad E_x = 5.0 \; kN/mm^2 \quad G = 1.2 \; kN/mm^2$$

$$h_w = 2.5 \; m \qquad\qquad t = 0.18 \; m$$

Trägheitsmomente der maßgebenden Wände:

$$J_{y1} = 216 \cdot k \qquad J_{y4} = 343 \cdot k \qquad \sum J_y = 559 \cdot k$$

$$J_{x8} = 1728 \cdot k \qquad J_{x9} = 125 \cdot k \qquad \sum J_x = 1853 \cdot k$$

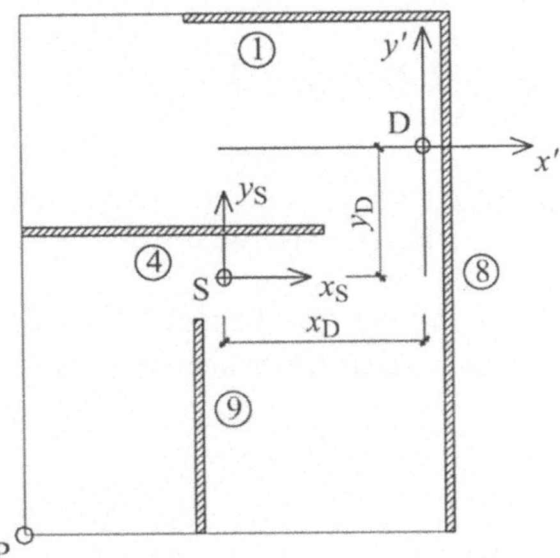

Bild 1.22 *Tragwände für Horizontalkräfte*

Schubmittelpunktskoordinaten (Bild 1.22):

$$y_P \cdot \Sigma\, J_y = y_P \cdot 559 \cdot k = 216 \cdot 12 \cdot k + 343 \cdot 7 \cdot k = 4993 \cdot k \qquad y_P = 8.932\ m$$

$$x_P \cdot \Sigma\, J_x = x_P \cdot 1853 \cdot k = 1728 \cdot 10 \cdot k + 125 \cdot 4 \cdot k = 17780 \cdot k \quad x_P = 9.5953\ m$$

$$y_D = 8.9320 - 6.0 = 2.9320\ m \qquad x_D = 9.5953 - 5 = 4.5953\ m$$

$$x_8{}' = 5 - 4.5953 = 0.4047\ m \qquad x_9{}' = -1 - 4.5953 = -5.5953\ m$$

$$y_1{}' = 6 - 2.9320 = 3.068\ m \qquad y_4{}' = 1 - 2.9320 = -1.9320\ m$$

Aufteilung der Querkräfte

Zuerst werden die einzelnen Wandquerkräfte aus den totalen, im Schubmittelpunkt wirkenden Querkräften der x- und y-Richtung bestimmt.

$$V_{xi,V} = \frac{J_{yi}}{\sum J_{yi}} \cdot V_x \qquad\qquad V_{yi,V} = \frac{J_{xi}}{\sum J_{xi}} \cdot V_y$$

x-Richtung und y-Richtung:

$$V_{x1,V} = \frac{216}{559} \cdot V_x = 0.3864 \cdot V_x \qquad\qquad V_{x4,V} = \frac{343}{559} \cdot V_x = 0.6136 \cdot V_x$$

$$V_{y8,V} = \frac{1728}{1853} \cdot V_y = 0.9325 \cdot V_y \qquad\qquad V_{y9,V} = \frac{125}{1853} \cdot V_y = 0.0675 \cdot V_y$$

Torsionsmoment im Drehpunkt:

$$T_D = T_S + V_x \cdot y_D - V_y \cdot x_D = V_x \cdot y_D - V_y \cdot x_D = - \sum (V_{xi} \cdot y_i') + \sum (V_{yi} \cdot x_i')$$

$$V_{xi,T} = -T_D \cdot \frac{y_i'^2 \cdot J_{yi}}{\sum \left(y_i'^2 \cdot J_{yi} + x_i'^2 \cdot J_{xi} \right)} \qquad V_{yi,T} = T_D \cdot \frac{x_i'^2 \cdot J_{xi}}{\sum \left(y_i'^2 \cdot J_{yi} + x_i'^2 \cdot J_{xi} \right)}$$

Aus der Abhängigkeit zwischen dem Torsionsmoment und der Querkraft der Einzelwand können die Querkraftanteile aus der Torsion bestimmt werden. Untersucht wird nur eine Horizontalkraft in der x-Richtung.

$$T_D = V_x \cdot y_D = -\sum (V_{xi} \cdot y_i') + \sum (V_{yi} \cdot x_i')$$

$$V_{xi,T} = -V_x \cdot y_D \cdot \frac{y_i' \cdot J_{yi}}{\sum \left(y_i'^2 \cdot J_{yi} + x_i'^2 \cdot J_{xi} \right)}$$

$$V_{yi,T} = \frac{T_{yi}}{x_i'} = V_x \cdot y_D \cdot \frac{x_i' \cdot J_{xi}}{\sum \left(y_i'^2 \cdot J_{yi} + x_i'^2 \cdot J_{xi} \right)}$$

$$\sum (y_i'^2 \cdot J_{yi} + x_i'^2 \cdot J_{xi}) = 3.0680^2 \cdot 216 + 1.9320^2 \cdot 343 + 0.4047^2 \cdot 1728 + 5.593^2 \cdot 125$$
$$= 7509.855$$

$$V_{x1,T} = - 2.932 \cdot \frac{3.068 \cdot 216}{7509.855} \cdot V_x = - 0.2587 \cdot V_x$$

$$V_{x4,T} = + 2.932 \cdot \frac{1.932 \cdot 343}{7509.855} \cdot V_x = 0.2587 \cdot V_x \qquad \sum V_{xi,T} \approx 0$$

$$V_{y8,T} = + 2.932 \cdot \frac{0.4047 \cdot 1728}{7509.855} \cdot V_x = 0.2731 \cdot V_x$$

$$V_{y9,T} = - 2.932 \cdot \frac{5.5953 \cdot 125}{7509.855} \cdot V_x = - 0.2731 \cdot V_x \qquad \sum V_{yi,T} \approx 0$$

Damit ist die Summe der Querkräfte für jede Wand bestimmt.

$$V_{x1} = (0.3864 - 0.2587) \cdot V_x = 0.1277 \cdot V_x$$

$$V_{x4} = (0.6136 + 0.2587) \cdot V_x = 0.8723 \cdot V_x$$

$$V_{y8} = 0.2731 \cdot V_x$$

$$V_{y9} = - 0.2731 \cdot V_x$$

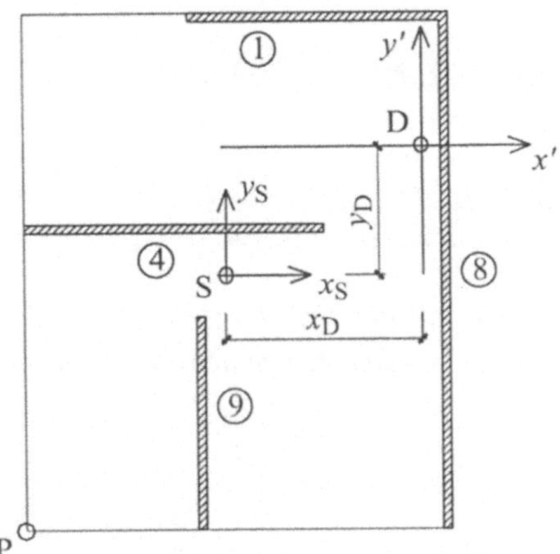

Bild 1.22 *Tragwände für Horizontalkräfte*

Schubmittelpunktskoordinaten (Bild 1.22):

$$y_P \cdot \Sigma J_y = y_P \cdot 559 \cdot k = 216 \cdot 12 \cdot k + 343 \cdot 7 \cdot k = 4993 \cdot k \qquad y_P = 8.932 \ m$$

$$x_P \cdot \Sigma J_x = x_P \cdot 1853 \cdot k = 1728 \cdot 10 \cdot k + 125 \cdot 4 \cdot k = 17780 \cdot k \quad x_P = 9.5953 \ m$$

$$y_D = 8.9320 - 6.0 = 2.9320 \ m \qquad x_D = 9.5953 - 5 = 4.5953 \ m$$

$$x_8' = 5 - 4.5953 = 0.4047 \ m \qquad x_9' = -1 - 4.5953 = -5.5953 \ m$$

$$y_1' = 6 - 2.9320 = 3.068 \ m \qquad y_4' = 1 - 2.9320 = -1.9320 \ m$$

Aufteilung der Querkräfte

Zuerst werden die einzelnen Wandquerkräfte aus den totalen, im Schubmittelpunkt wirken-
den Querkräften der x- und y-Richtung bestimmt.

$$V_{xi,V} = \frac{J_{yi}}{\Sigma J_{yi}} \cdot V_x \qquad\qquad V_{yi,V} = \frac{J_{xi}}{\Sigma J_{xi}} \cdot V_y$$

x-Richtung und y-Richtung:

$$V_{x1,V} = \frac{216}{559} \cdot V_x = 0.3864 \cdot V_x \qquad\qquad V_{x4,V} = \frac{343}{559} \cdot V_x = 0.6136 \cdot V_x$$

$$V_{y8,V} = \frac{1728}{1853} \cdot V_y = 0.9325 \cdot V_y \qquad\qquad V_{y9,V} = \frac{125}{1853} \cdot V_y = 0.0675 \cdot V_y$$

Torsionsmoment im Drehpunkt:

$$T_D = T_S + V_x \cdot y_D - V_y \cdot x_D = V_x \cdot y_D - V_y \cdot x_D = -\sum (V_{xi} \cdot y_i') + \sum (V_{yi} \cdot x_i')$$

$$V_{xi,T} = -T_D \cdot \frac{y_i'^2 \cdot J_{yi}}{\sum \left(y_i'^2 \cdot J_{yi} + x_i'^2 \cdot J_{xi} \right)} \qquad V_{yi,T} = T_D \cdot \frac{x_i'^2 \cdot J_{xi}}{\sum \left(y_i'^2 \cdot J_{yi} + x_i'^2 \cdot J_{xi} \right)}$$

Aus der Abhängigkeit zwischen dem Torsionsmoment und der Querkraft der Einzelwand können die Querkraftanteile aus der Torsion bestimmt werden. Untersucht wird nur eine Horizontalkraft in der x-Richtung.

$$T_D = V_x \cdot y_D = -\sum (V_{xi} \cdot y_i') + \sum (V_{yi} \cdot x_i')$$

$$V_{xi,T} = -V_x \cdot y_D \cdot \frac{y_i' \cdot J_{yi}}{\sum \left(y_i'^2 \cdot J_{yi} + x_i'^2 \cdot J_{xi} \right)}$$

$$V_{yi,T} = \frac{T_{yi}}{x_i'} = V_x \cdot y_D \cdot \frac{x_i' \cdot J_{xi}}{\sum \left(y_i'^2 \cdot J_{yi} + x_i'^2 \cdot J_{xi} \right)}$$

$$\sum (y_i'^2 \cdot J_{yi} + x_i'^2 \cdot J_{xi}) = 3.0680^2 \cdot 216 + 1.9320^2 \cdot 343 + 0.4047^2 \cdot 1728 + 5.593^2 \cdot 125$$
$$= 7509.855$$

$$V_{x1,T} = -2.932 \cdot \frac{3.068 \cdot 216}{7509.855} \cdot V_x = -0.2587 \cdot V_x$$

$$V_{x4,T} = +2.932 \cdot \frac{1.932 \cdot 343}{7509.855} \cdot V_x = 0.2587 \cdot V_x \qquad \sum V_{xi,T} \approx 0$$

$$V_{y8,T} = +2.932 \cdot \frac{0.4047 \cdot 1728}{7509.855} \cdot V_x = 0.2731 \cdot V_x$$

$$V_{y9,T} = -2.932 \cdot \frac{5.5953 \cdot 125}{7509.855} \cdot V_x = -0.2731 \cdot V_x \qquad \sum V_{yi,T} \approx 0$$

Damit ist die Summe der Querkräfte für jede Wand bestimmt.

$$V_{x1} = (0.3864 - 0.2587) \cdot V_x = 0.1277 \cdot V_x$$

$$V_{x4} = (0.6136 + 0.2587) \cdot V_x = 0.8723 \cdot V_x$$

$$V_{y8} = 0.2731 \cdot V_x$$

$$V_{y9} = -0.2731 \cdot V_x$$

Ergänzung

Die Querkräfte der Wände werden auch mit dem FE-Programm [2] berechnet. Die Werte der Hand- und Computerberechnung werden im untersten Geschoss in der Tabelle 1.7 miteinander verglichen. Die Angabe erfolgt in Anteilen einer Einheitsquerkraft in der x-Richtung an der Basis des Gebäudes. Wenn die Schubverformungen berücksichtigt werden (mV), ergeben sich beachtliche Umverteilungen im Vergleich mit den Berechnungen ohne Schubverformung (oV). Zudem werden die kürzeren Wandquerschnitte etwas stärker belastet. Diese Tendenz lässt sich auch beobachten, wenn alle Tragwände (aW) in der Berechnung berücksichtigt werden. Teilweise tritt das Maximum der Querkräfte im zweiten Geschoss auf (max G2). Die entsprechenden Werte sind in der Tabelle 1.7 in Klammern vermerkt.

Tabelle 1.7 *Querkraftvergleich*

WQS	Hand	PC oV	PC mV	PC oV, aW	PC mV, aW (max G2)
1	0.13	0.13	0.19	0.225	0.268
2	–	–	–	0.008	0.044
3	–	–	–	0.002	0.012
4	0.87	0.87	0.81	0.653	0.438
5	–	–	–	0.025	0.071
6	–	–	–	0.084	0.152
7	–	–	–	0.003	0.015
8	0.27	0.27	0.32	0.185	0.107 (0.122)
9	– 0.27	– 0.27	– 0.32	– 0.116	– 0.041 (– 0.062)
10	–	–	–	– 0.013	– 0.015
11	–	–	–	– 0.043	– 0.036 (– 0.036)
12	–	–	–	– 0.013	– 0.015

Das Problem kann auch dynamisch mit dem Programm [2] mit der Methode der Antwortspektren gelöst werden. Bei der Modellbildung ist darauf zu achten, dass nicht Schwingungsfreiheitsgrade eingeführt werden, die im wirklichen System gar nicht auftreten können. Diese Gefahr besteht vor allem, wenn wegen der Größe des Systems nur die wichtigsten Tragwände und die zugehörigen Deckenverbindungen eingegeben werden. Die Eigenschwingungen der Decken haben keinen Einfluss auf die Horizontalkräfte und sind deshalb durch entsprechende Bindungen aus der Berechnung zu eliminieren.

Erdbebenberechnung

Das Gebäude mit fünf Geschossen steht nach [3] in der Erdbebenzone 1 auf einem steifen Boden und gehört zur Bauwerksklasse I (Bild 1.23). Die mittleren Vertikallasten sind aus dem Beispiel 1.2 bekannt.

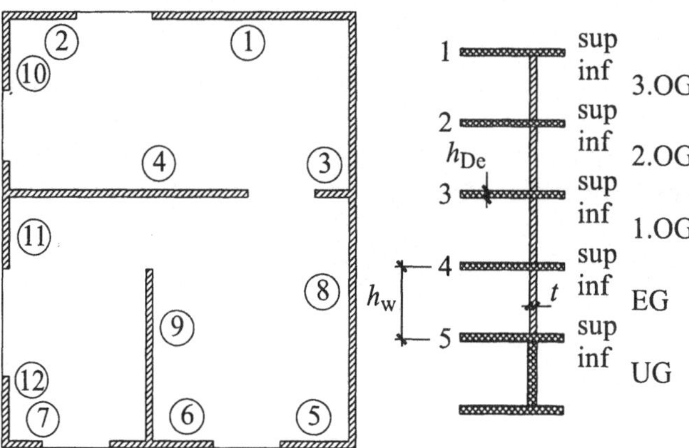

Bild 1.23 *Tragsystem des Gebäudes*

Eigenlast und Auflast pro Geschoss:

$$h_{De} = 0.22\ m \qquad\qquad g_{m,De} = 0.22 \cdot 25 = 5.5\ kN/m^2 \qquad q_{rA} = 2\ kN/m^2$$

$$G_{m,De} = A \cdot (g_{m,De} + q_{rA}) = 120 \cdot (5.5 + 2) = 900\ kN$$

Die Aufteilung in tragende und nicht tragende Wände (inkl. Brüstungen und Stürze) wird aufgrund des Grundrisses vorgenommen. Dabei muss der grundsätzliche Aufbau der Fassaden und Wände bekannt sein.

Wandlast bzw. Nutzlast pro Geschoss, totale Vertikallast:

$$G_{m,w} \approx 530\ kN$$

$$Q_{rN} = A \cdot q_{rN} = 120 \cdot 2 = 240\ kN \qquad \psi_{acc} = 0.3 \qquad \psi_{acc} \cdot Q_{rN} = 72\ kN$$

$$\Sigma(G_m + \psi_{acc} \cdot Q_r) = 5 \cdot (900 + 530 + 72) = 5 \cdot 1502 = 7510\ kN$$

Die Abschätzung der Grundfrequenz führt schon für die kürzere Abmessung des Gebäudes zum Größtwert der Beschleunigung. Dieser wird als Bemessungsgröße gewählt.

$$f_0 = 13 \cdot C_s \cdot \frac{\sqrt{l}}{h} = 13 \cdot 1 \cdot \frac{\sqrt{10}}{5 \cdot 2.5} = 3.3\ s^{-1}$$

$$\frac{a_h}{g} = 0.127 \qquad\qquad C_d = 0.65 \qquad\qquad K = 1.2 \qquad\qquad C_k = \frac{C_d}{K} = 0.54$$

$$Q_{acc} = \frac{a_h}{g} \cdot C_k \cdot (G_m + \psi_{acc} \cdot Q_r) = 0.127 \cdot 0.54 \cdot 7510 \approx 515\ kN$$

Die Normalkräfte der untersuchten Wände werden nach dem Abschnitt 1.2 bestimmt. Die entsprechende spezifische Lasteinzugsfläche a wird der Tabelle 1.3 entnommen.

$$\Delta N_{xd,De} = a \cdot l_w \cdot 8.1 \ kN/m^2 \qquad\qquad \Delta N_{xd,w} = l_w \cdot 8.8 \ kN/m$$

Wand 4

Die Schnittkräfte M, N und V der Tragwand 4 werden in jedem Geschoss bestimmt.

$$a = 4.0204 \ m^2/m \qquad\qquad l_w = 7.0 \ m \qquad\qquad q_{acc,De} = 8.1 \ kN/m^2$$

$$\Delta N_{xd} = a \cdot l_w \cdot q_{acc,De} + l_w \cdot q_{m,w} = 4.02 \cdot 7 \cdot 8.1 + 7 \cdot 8.8 \ kN = 228.0 + 61.6$$

$$= 289.6 \ kN$$

Tabelle 1.8 *Einwirkungen und Schnittgrößen*

	Ersatzkraft über Höhe			Schnittkräfte		
	$G_m + \psi_{acc} \cdot Q_r$	h_i	$Q_{acc,i}$	V_d	N_{xd}	M_{zd}
Dimension	kN	m	kN	kN	kN	kNm
1	1448	12.5	171.7			0
1-2				149.8	289.6	
2	1448	10.0	137.3			374.5
2-3				269.5	579.2	
3	1448	7.5	103.0			1048.3
3-4				359.4	868.8	
4	1448	5.0	68.7			1946.8
4-5				419.3	1158.4	
5	1448	2.5	34.3			2995.0
Kontrolle	7240	37.5	515.0	449.2	–	–

Die horizontale Ersatzkraft wird nach den Regeln in [3] über die Gebäudehöhe verteilt. Dabei wird berücksichtigt, dass die Lasten der Geschosse konstant sind. Die Berechnung ist in der Tabelle 1.8 durchgeführt.

$$Q_{acc,i} = Q_{acc} \cdot \frac{\left(G_{mi} + \psi_{acc} \cdot Q_{ri}\right) \cdot h_i}{\sum \left\{\left(G_{mi} + \psi_{acc} \cdot Q_{ri}\right) \cdot h_i\right\}} = Q_{acc} \cdot \frac{h_i}{\sum h_i}$$

$$\Delta V_d = 0.8723 \cdot Q_{acc,i} \qquad\qquad V_d = \sum \Delta V_d \qquad\qquad N_{xd} = \sum \Delta N_{xd}$$

2 Grundlagen des Tragverhaltens

Das Verständnis für das Tragverhalten des Mauerwerks ist wesentlich für die Herleitung und Anwendung der Bemessungsvorschriften. Wichtig für das Verhalten des Mauerwerks ist das Zusammenwirken der Baustoffe. Behandelt werden ausgewählte Beanspruchungen. Entscheidend sind die Normalkräfte, die Schubkräfte und die Querbelastungen.

2.1 Baustoffe

Im Mauerwerksbau existiert eine außerordentliche Produktevielfalt. In der Folge werden einige wesentliche Aspekte geordnet dargestellt. Neuere Entwicklungen werden regelmäßig im Mauerwerkskalender (z.B. [9]) beschrieben.

2.1.1 Einleitung

Mauerwerk ist ein Verbundwerkstoff aus Stein und Mörtel. Bei Verwendung von konventionellem Mauermörtel sind die Lagerfugen ungefähr 10 mm dick. Bei gewissen Steinen mit sehr ebenen Oberflächen wird mit Dünnbettmörteln von 2 bis 3 mm Fugenstärke gearbeitet. Fehlt der Mörtel, handelt es sich um ein Trockenmauerwerk. Den Mörtelfugen ist die Aufgabe zugedacht, die Steine einzubinden, die Kräfte gleichmäßig auf die Steine zu übertragen, Unebenheiten der Steine auszugleichen und Spannungskonzentrationen zu verhindern.

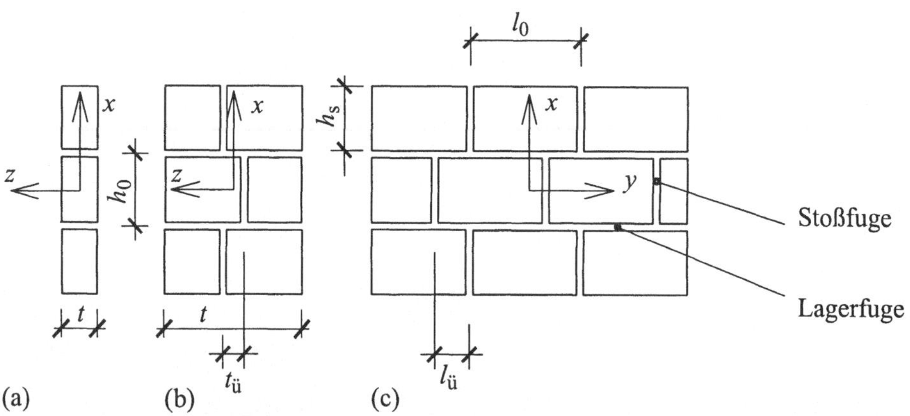

Bild 2.1 Aufbau des Mauerwerks [7]

Eine Mauerwerkswand wird im allgemeinen im Verband ausgeführt. Dabei kann es sich um ein Einsteinmauerwerk (Bild 2.1a), bei dem die Steine nur in der Längsrichtung überlappen, oder ein Verbandmauerwerk (Bild 2.1b) handeln, dessen Steine in Quer- und in Längsrichtung übergreifen. Die Stoßfugen der Steine sind schichtweise um ein Mindestmaß (Bild 2.1c) versetzt. Der Verband garantiert die Kraftübertragung durch die gegenseitige Verzahnung [7].

$$l_{\ddot{u}} \geq \frac{l_0}{5} \quad \text{bzw.} \quad \geq 60 \, \text{mm} \;, \quad t_{\ddot{u}} \geq 40 \, \text{mm}$$

mit

l_0: Steinlänge
$l_{\ddot{u}}$: Überlappung in Längsrichtung
$t_{\ddot{u}}$: Überlappung in Querrichtung

2.1.2 Stein

Im Handel existiert eine außerordentliche Vielfalt von Steinen. Dabei lassen sich die Hauptgruppen Backsteine, Zementsteine, Kalksandsteine und Porenbetonsteine unterscheiden. Die natürlichen Steine, die bezüglich Form verschiedene Bearbeitungsgrade aufweisen, werden nicht behandelt. Die Formate der künstlichen Steine sind weitgehend vereinheitlicht.

Die Druckfestigkeit der Mauersteine ist auch ein gutes Maß für die Zugfestigkeit, die sich nur relativ aufwendig prüfen lässt. Einfacher, bei Lochsteinen jedoch wenig aussagesicher ist die Prüfung der Spaltzugfestigkeit. Die Prüfergebnisse unterscheiden sich wesentlich in den Hauptrichtungen der Steine. Das trifft vor allem bei den gelochten zu. Steinfestigkeit und Mauerwerksfestigkeit stehen nicht in unmittelbarer Beziehung zueinander. Wichtiger Parameter für die Druckfestigkeit des Mauerwerks ist der Querdehnungsmodul der Steine und das Verformungsverhalten des Mörtels. Je geringer der Unterschied der Querdehnungsmoduli der Steine und des Mörtels ist, desto positiver wird die Druckfestigkeit des Mauerwerks beeinflusst. Die Verformungseigenschaften werden durch den Elastizitätsmodul und die Kriechzahl bestimmt. Gemessene Werte streuen stark.

2.1.3 Mörtel

Auf der Baustelle werden vor allem Zementmörtel mit Zusatzmitteln eingesetzt. Ein typischer Vertreter ist der Langzeit-Transportmörtel, der in Fahrmischern auf die Baustellen geliefert wird. Dieser Mörtel bleibt während rund 30 Stunden verarbeitbar. Der Erhärtungsprozess beginnt mit dem Wasserentzug in der Fuge. Verzögerung und Erhärtung sind von der Temperatur, der Konsistenz, dem Bindemittel, dem Sand, der Witterung, der Lagerung, dem Zusatzmittel und den Steineigenschaften abhängig.

Ein anderer Vertreter ist der Trockenmörtel, der in Silowagen trocken auf die Baustelle geliefert, in Silos zwischengelagert und unter Zugabe von Wasser aufbereitet wird.

Für Porenbetonsteine, deren Abmessungen nur unwesentlich streuen, wird Dünnbettmörtel verwendet. Wie die Steine zu verarbeiten sind, wird im allgemeinen durch die Hersteller geregelt. Generell wird der Dünnbettmörtel mit einem Zahnspachtel gleichmäßig mit einer Stärke von minimal 1 mm bis maximal 3 mm auf die von Staub gereinigten Stoß- und Lagerfugenflächen aufgetragen.

Leichtmörtel (Wärmedämm-Mauermörtel) wird zusammen mit Steinen verwendet, die einen verbesserten Wärmeschutz aufweisen. Die geringere Trockenrohdichte ergibt kleinere Festigkeiten. Der verlängerte Mörtel (Kalk-Zement) und der Kalkmörtel werden heute vor allem bei Instandsetzungen historischer Gebäude aus Natursteinmauerwerk verwendet.

Die Qualität des Mörtels spielt für die Tragsicherheit und die Gebrauchstauglichkeit des Mauerwerks eine wesentliche Rolle. Wichtige Parameter sind die Druckfestigkeit, das Querverformungsverhalten, die Verarbeitbarkeit und die Dichtigkeit. Diese Eigenschaften werden durch das Saugverhalten des Steins beeinflusst. Grundsätzlich ist der Querdehnungsmodul des Mörtels kleiner als der des Steins. Deshalb entstehen durch die grösseren Querverformungen des Lagerfugenmörtels Querzugspannungen im Stein. Aus diesem Grunde ist die Mauerwerksdruckfestigkeit kleiner als die Steindruckfestigkeit.

2.1.4 Mauerwerk

Die Haftung zwischen Mörtel und Stein beeinflusst die Zug-, Biegezug- und Schubtragfähigkeit des Mauerwerks. Sie ist von der Art und der Zusammensetzung des Mörtels, sowie vom Saugverhalten des Steins abhängig. Für die Verbundeigenschaften liegen generell wenige, stark streuende Versuchswerte vor.

Schwinden und Kriechen des Mörtels (Kriechzahl entspricht ungefähr den Werten des Betons) können das Rissverhalten des Mauerwerks ebenfalls beeinflussen. Rasch einsetzendes, großes Schwinden führt an der Mörteloberfläche zu Ablösungen des Fugenmörtels vom Stein. Für Versuchskörper aus Steinen und Mörtel liegen viele Druckversuche vor. Teilweise sind für die experimentell ermittelten Mauerwerksdruckfestigkeiten empirische Formeln hergeleitet worden. Diese sind im allgemeinen nur innerhalb der durch die Versuche abgedeckten Parameter gültig. Für neue Produkte sind daher Versuche unumgänglich.

Die Zugfestigkeit bzw. die Biegezugfestigkeit ist in vielen Fällen maßgebend für das Rissverhalten der Mauerwerkswände. Für die Zugfestigkeit senkrecht zu den Lagerfugen liegen bislang nur wenige Versuchswerte vor. Die Zugfestigkeit parallel zu den Lagerfugen kann in guter Näherung aus der Steinzugfestigkeit und der Haftung abgeschätzt werden. Die vorhandenen Formeln [9] für die Biegezugfestigkeiten sind brauchbar, sie berücksichtigen jedoch nicht den Einfluss der Druckkräfte senkrecht zu den Lagerfugen. Die Prüfungen neuerer Normen führen direkt zu den Biegezugfestigkeiten des Mauerwerks [7, 8]. Diese unterscheiden sich wesentlich in den beiden Hauptrichtungen.

Das Verformungsverhalten wird durch den Elastizitätsmodul, die Feuchtedehnung (Quellen, Schwinden), das Kriechen und den Wärmedehnungskoeffizienten bestimmt.

2.1.5 Bewehrungen

Die Bestrebung, das Mauerwerk zu bewehren, hat zu unterschiedlichen Entwicklungen geführt. Einerseits sind Systeme entwickelt worden mit Formsteinen [9], die so große Aussparungen aufweisen, dass die Bewehrungen genügend überdeckt sind und auch die Kräfte problemlos von den Bewehrungen auf das Mauerwerk übertragen werden (Bild 2.2). Die vertikalen Stahleinlagen sind auf eine einwandfreie Verankerung in den Stahlbetondecken angewiesen.

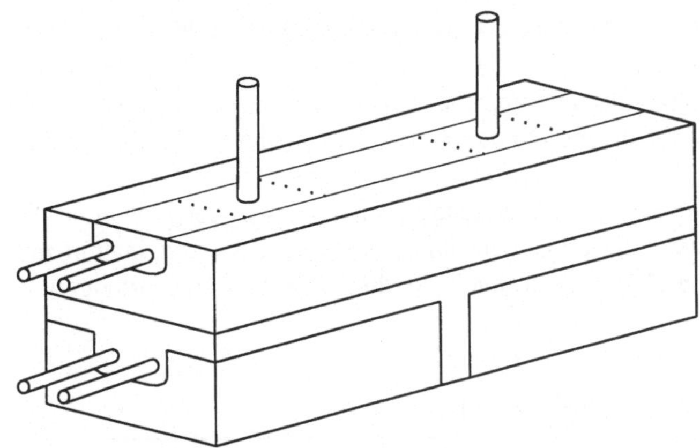

Bild 2.2 Bewehrung in Formsteinen

Andere Systeme sind nur von schmalen Mörtelstreifen umgeben (Bild 2.3). Sie eignen sich daher nur für kleinere Bewehrungsdurchmesser. Mit Lagerfugenbewehrungen [10] soll die Rissentwicklung günstig beeinflusst werden. Die Drahtdurchmesser sind im allgemeinen auf 4 und 5 mm beschränkt (Bild 2.3a). Bei der Verarbeitung ist darauf zu achten, dass die Drähte vollständig im Mörtel eingebettet sind [39]. Viele Lagerfugenrisse sind auf den Kontakt der Bewehrungen mit den Steinen zurückzuführen. Der Verbund zwischen Stein und Mörtel ist auf der Kontaktfläche gestört.

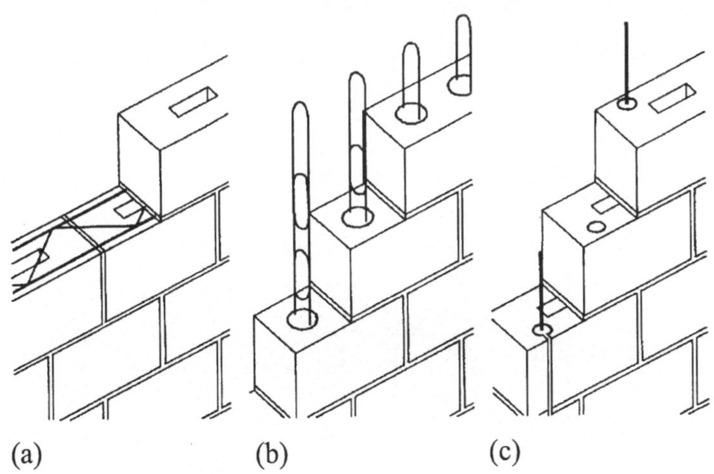

Bild 2.3 Bewehrungssysteme [10,11,12]

Eine Weiterentwicklung stellt das orthogonale System von Bild 2.3b dar [11]. Durch die Überlappung der vertikalen Bewehrungsschlaufen kann beschränkt eine vertikale Zugkraft in der Wand aufgebaut werden. Die Decken werden mit einem speziellen Bewehrungskorb angeschlossen. Die Bewehrung darf ungeschützt in den Mörtel eingelegt werden, wenn das entsprechende Bauteil dauernd trocken gelagert ist. In allen andern Fällen ist ein entsprechender Korrosionsschutz vorzusehen. Als neuere Entwicklung [12] ist ein Bewehrungssystem zu erwähnen, das durchgehende vertikale Öffnungen in den Steinen erfordert (Bild 2.3c). Es können normale Baustähle oder nichtrostende Stähle verwendet werden. Es sind zwei verschiedene Methoden beim Aufmauern möglich. Bei der ersten wird die Bewehrung nachträglich in die aufgemauerte Wand eingeführt. Bei der zweiten werden die vorbereiteten Schlitze der Steine mit dem Schrothammer herausgebrochen. Anschließend werden die Steine um die vormontierte Bewehrung eingedreht und gesetzt. In der Kombination mit einer Lagerfugenbewehrung nach [10] entsteht auch für dieses System eine orthogonale Bewehrung.

Tabelle 2.1 Richtwerte für CFK-Lamellen (Mindestwerte)

Typ Faser (Modul)	Zugfestigkeit f_l (N/mm²) längs	quer	E-Modul (kN/mm²)	Bruchdehnung ε_{rup} (%)
C-Faser (standard)	~ 2'800	~ 45	165	> 1.7
C-Faser (mittel)	~ 2'400	~ 35	210	> 1.2
C-Faser (hoch)	~ 1'300	~ 35	300	> 0.45
Stahl FeE 235	235	235	210	> 5.0

Beim vertikal vorgespannten Mauerwerk [13] müssen die Ankerelemente in Stahlbeton ausgeführt werden (Bild 2.4). Während der Aufmauerung werden Hüllrohre aus verzinktem Stahlrohr von jeweils einem Meter Länge vormontiert. Die Steine werden über diese eingefädelt. Die Litzen werden nachträglich eingezogen und vorgespannt.

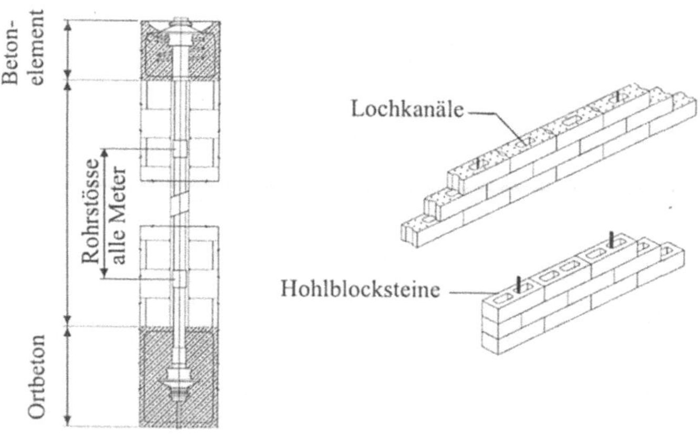

Bild 2.4 Vorgespanntes Mauerwerk [13]

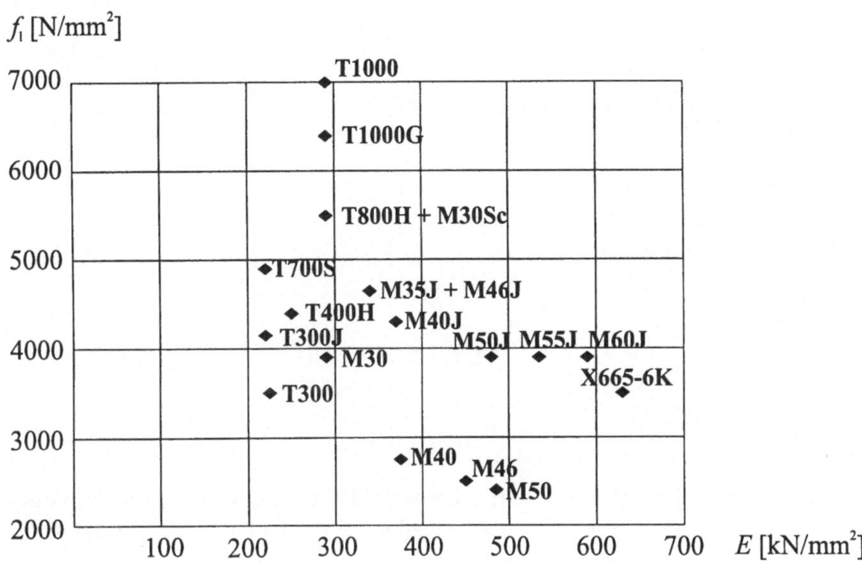

Bild 2.5 Mechanische Eigenschaften von CFK [15]

CFK weisen hohe Festigkeiten und auch große Steifigkeiten in der Faserlängsrichtung auf. Das Ermüdungsverhalten ist ausgezeichnet und die Rohdichte sehr gering. Die Fasern werden im allgemeinen parallel zueinander (in der gleichen Richtung) angeordnet. Solche Lamellen weisen senkrecht zur Faserrichtung sehr geringe Festigkeiten auf. Die Kräfte dieser Querrichtungen werden nur durch die zwischen den Fasern liegende Matrix übertragen (Tabelle 2.1). Die Festigkeit der Lamellen wird in erster Linie durch die Fasern bestimmt. Sie lassen sich in drei Hauptgruppen einteilen [14]. Die erste Gruppe bilden die N-Fasern (normal), die zweite Gruppe sind die HT-Fasern (*high tenacity*) mit extrem hohen Festigkeiten und die dritte Gruppe bilden die HM-Fasern (*high modulus*), die sich durch speziell hohe Elastizitätsmoduli auszeichnen. Festigkeitswerte von verschiedenen CFK sind im Bild 2.5 festgehalten. Im Mauerwerksbau wird wie im Stahlbeton die handelsübliche CFK-Lamelle mit der N-Faser eingesetzt. Da Mauerwerk speziell unter Schubbeanspruchung ein spröderes Verhalten als Stahlbeton zeigt, sollte für Mauerwerksverstärkungen eine CFK-Lamelle mit der hohen Steifigkeit einer HM-Faser verwendet werden. Diese hochmoduligen Lamellen sind allerdings teurer. Das linear elastische Spannungs-Dehnungs-Verhalten der CFK-Lamellen ist im Bild 2.6 aufgezeichnet. Die plastischen Verformungsreserven des Stahles fehlen. Die Bruchdehnungen liegen bei 0.6 bis 1.8%. Durch eine geeignete Anordnung der Lamellen auf dem zu verstärkenden Bauteil kann jedoch auch mit dem spröden Baustoff CFK eine genügende Systemduktilität erreicht werden.

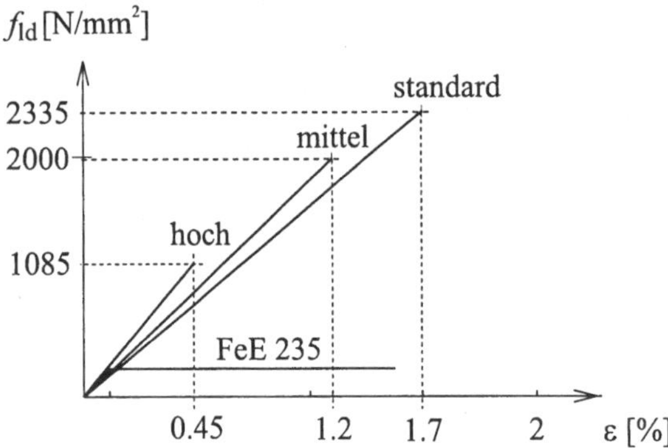

Bild 2.6 Spannungs-Dehnungs-Diagramme

Da die CFK-Lamellen im Strangziehverfahren hergestellt werden, können die Lamellen endlos produziert und auf Rollen transportiert werden. Im Vergleich zu Stahllamellen haben sie den Vorteil, dass sie nicht korrodieren und sehr leicht sind. Sie verhalten sich auch besser unter Ermüdungseinwirkungen und weisen eine sehr hohe Festigkeit auf. Mit hybriden CFK-Lamellen mit unterschiedlichen C-Fasern können die mechanischen Eigenschaften den Bedürfnissen des Planers angepasst werden. Die CFK-Lamellen werden mit normalen Klebern auf Epoxidharzbasis auf das Mauerwerk aufgeklebt. Mit thixotropen Klebstoffen wird auch über Kopf gearbeitet. Die handelsüblichen Kleber für Stahleinlagen zeigen bereits bei 50 °C einen beträchtlichen Abfall des Schubmoduls und der Schubfestigkeit. Unter starker Sonnenbestrahlung kann deshalb eine hoch beanspruchte Klebverbindung versagen.

2.2 Beanspruchung des Mauerwerks

Tragwände können in ihrer Ebene und senkrecht dazu beansprucht sein. Die Unterscheidung der Beanspruchungen dient dazu, gleiche oder ähnliche Bemessungsfälle zusammenzufassen.

2.2.1 Grundlagen

Die Lagerfugen verlaufen in der Regel horizontal. Die x-Koordinate wird senkrecht zur Lagerfuge gewählt, während die y-Achse parallel zu dieser in der Wandebene verläuft (Bild 2.7). Die z-Achse steht senkrecht zur Wandebene. Bei speziellen Ausführungen, wie Gewölben, sind die Lagerfugen möglichst rechtwinklig zu den maximalen Druckspannungen anzuordnen.

Die Normalkraft ist als Druckkraft positiv, die Druckspannungen jedoch sind negativ eingeführt. Die Biegemomente haben auf den positiven Schnittflächen in Koordinatenrichtung ein positives Vorzeichen (Bild 2.7).

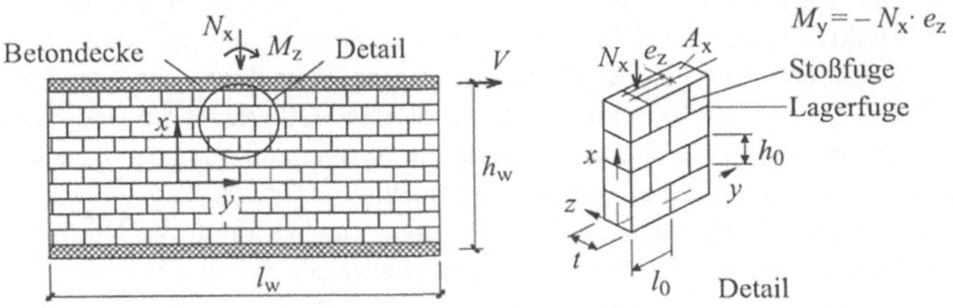

Bild 2.7 Koordinatensystem

2.2.2 Arten der Beanspruchung

Die Vertikallasten werden durch die Decken ins Mauerwerk eingeleitet. Eine Verdrehung der Decke gemäß Bild 2.8a bewirkt eine exzentrische Normalkraftbeanspruchung und eine Verformung der Mauerwerkswand. Bei fehlender Längsbewehrung überträgt die Mauerwerkswand nur Biegemomente, wenn genügend große Normalkräfte vorhanden sind. Wird die Normalkraft durch ein Hochbaulager zentrisch in die Wand eingeleitet oder verdreht sich die Decke über der Wand nicht, ist die Wand rein zentrisch beansprucht (Bild 2.8b). Diese klaren Randbedingungen ergeben sich in der Praxis selten. Näherungsweise treten sie jedoch auf und gestatten so eine einfachere Berechnung.

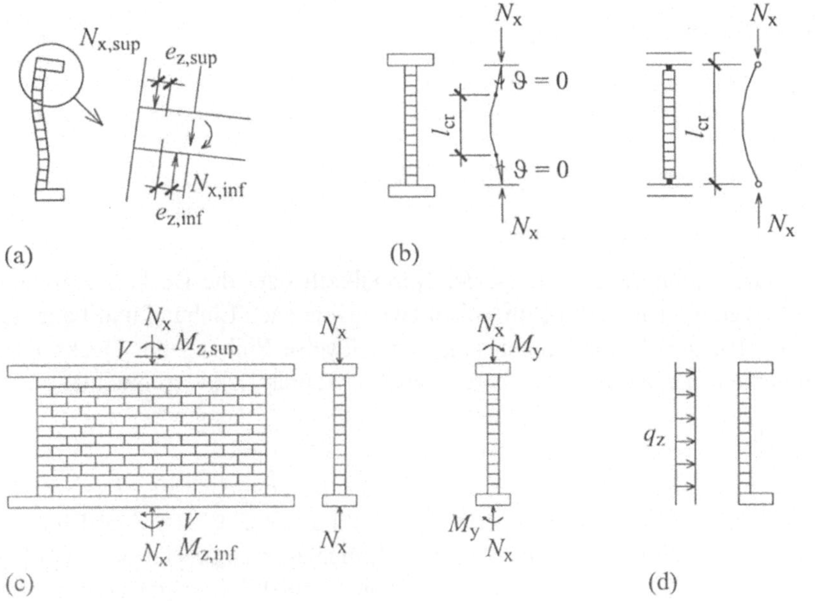

Bild 2.8 Beanspruchungen des Mauerwerks

Horizontalkräfte aus Wind und Erdbeben bewirken bei den stabilisierenden Wänden (Bild 2.8c) nebst der Querkraft in der Wandebene auch ein Biegemoment, das die Tragwand wie einen Kragarm beansprucht. Die von der Decke übertragene Normalkraft wirkt zusammen mit diesen beiden Schnittgrößen. Nur eine genügende Normalkraft erlaubt die Übertragung der Kräfte ohne Bewehrung in die Fundation. Wirkt die Normalkraft quer zur Wandebene zentrisch, handelt es sich um den Fall Schubbeanspruchung mit zentrischer Normalkraft. Wird der Wand durch die Decke eine Verdrehung aufgezwungen, greift die Normalkraft exzentrisch an. Diese kombinierte Beanspruchung wird auch als Schub mit Querbiegung bezeichnet und erscheint in der Bemessung unter dem Begriff Schubbeanspruchung mit exzentrischer Normalkraft.

Eine weitere Beanspruchung ergibt sich aus Horizontalkräften, die senkrecht auf die Oberfläche der Mauerwerkswände wirken (Bild 2.8d). Bei einem Erdbeben sind es die Trägheitskräfte der Massen, beim Wind ist es der dynamische Staudruck. Beide Einwirkungen werden im Mauerwerksbau als statische Ersatzkräfte eingeführt. Im allgemeinen wird der Begriff der querbelasteten Wand verwendet.

Die im Bild 2.8 zusammengestellten Beanspruchungsarten, exzentrische Normalkraft, Schubbeanspruchung mit Normalkraft und Querbelastung treten für Mauerwerkswände oft gleichzeitig auf. In reiner Form sind die behandelten Beanspruchungen selten vorhanden. Dennoch lassen sich innerhalb gewisser Grenzen die gleichzeitig wirkenden Beanspruchungen in vielen Situationen getrennt behandeln. Die Mauerwerkswände sind durch Decken und Tragwände am oberen und unteren Ende gehalten. Voraussetzung ist allerdings, dass sich mindestens drei Wände im Grundriss nicht in einem Punkt schneiden. Verschiebliche Mauerwerksrahmen sind im Gegensatz zu Stahlbetonrahmen unüblich und sollten nur bewehrt ausgeführt werden.

Zentrische Normalkraftbeanspruchung

Verschwindet die Verdrehung der Decken an den Wandenden oder wird die Normalkraft zentrisch eingeleitet (Bild 2.8b), handelt es sich um zentrische Normalkraftbeanspruchung.

$$N_x, \; M_y = 0, \; \vartheta_{inf} = \vartheta_{sup} = 0 \quad \text{bzw.} \quad e_{z,sup} = e_{z,inf} = 0$$

Exzentrische Normalkraftbeanspruchung

Die Exzentrizität kann durch die Einleitung der Normalkraft oder die Deckenverdrehung (Bild 2.8a) bewirkt werden. Die Stahlbetondecken zwingen je nach Einbund und Lagerung (Bild 2.9) den Wänden ihre Verdrehungen auf. Der teilweise Einbund der Decke (Bild 2.9b) führt im allgemeinen dazu, dass die obere Exzentrizität praktisch verschwindet.

$$N_x, \; M_y, \; \vartheta \quad \text{bzw.} \quad e_z$$

Bei einem Hochbaulager ist die Wandverdrehung, die aus der vorgegebenen Exzentrizität entsteht, klein (Bild 2.9c). Eine darüberliegende Wand ohne Lager wird wie im Bild 2.9a von der Decke verdreht. Wird ein Hochbaulager als Linienlager eingesetzt, ist darauf zu achten, dass sowohl obere als auch untere Grenzen für die Normalkraft eingehalten werden. Wird die untere Grenze unterschritten, kann ein Linienlager durchaus als Gleitlager wirken. In diesem Fall sind in den Mauerwerkswänden Schäden durch Risse zu erwarten.

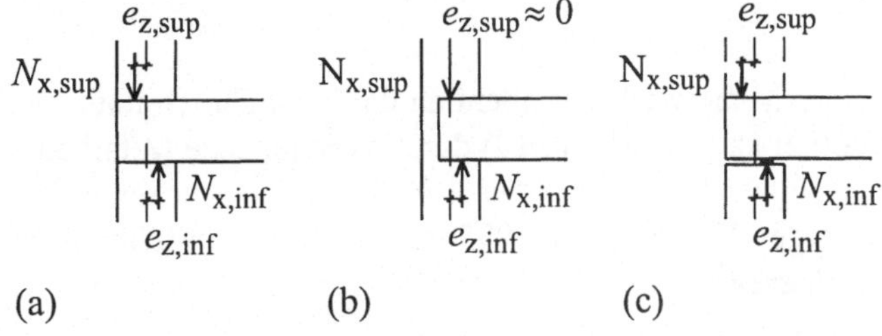

Bild 2.9 Verbindung Wand/Stahlbetondecke

Schubbeanspruchung mit zentrischer Normalkraft

Die Querkraft bildet zusammen mit der Normalkraft eine geneigte Resultierende, die nur aufgenommen werden kann, wenn sie auf genügender Breite innerhalb der Wand verläuft (Bild 2.8c).

$$N_x, \quad V, \quad M_z, \quad \vartheta_{inf} = \vartheta_{sup} = 0 \quad \text{bzw.} \quad e_{z,sup} = e_{z,inf} = 0$$

Schubbeanspruchung mit exzentrischer Normalkraft

Wenn die Normalkraft exzentrisch angreift (Bild 2.8c), weil die Wand durch die Decken verdreht wird, ist der Lösungsansatz für die Querkraftaufnahme eine Kombination des Modells für die exzentrische Normalkraftbeanspruchung gemäss Bild 2.8a und des Modells für die Tragwandwirkung gemäss Bild 2.8c.

$$N_x, \quad V, \quad M_z, \quad \vartheta \quad \text{bzw.} \quad M_y$$

Querbelastung

Wirken äußere Kräfte direkt auf die Mauerwerksoberfläche (Bild 2.8d) und werden sie für die Bemessung maßgebend, wird die Berechnung erschwert. Ohne Bewehrung und ohne Berücksichtigung der Zugfestigkeit können die Gleichgewichtsbedingungen mit gewölbten Spannungsfeldern innerhalb der Mauerwerkswand erfüllt werden. Mit einer Bewehrung können Querbelastungen auch durch Biegung übertragen werden. Es ist darauf zu achten, dass die Verankerung der Druckgewölbe oder der Bewehrungen an den Rändern sichergestellt ist.

Verhalten und Bemessung der Mauerwerkswände zu den oben erwähnten Beanspruchungen werden in den folgenden Abschnitten ausführlich behandelt.

2.3 Verhalten des Mauerwerks

Bemessungsgrundlagen müssen auf Versuche und einfache theoretische Modelle, die das physikalische Verhalten der Tragwände wirklichkeitsnah beschreiben, abgestützt werden.

2.3.1 Einleitung

In den letzten fünfzehn Jahren ist das Mauerwerk vor allem an der ETH Zürich unter der Leitung von B. Thürlimann, P. Marti et al. [16, 17, 18, 19] durch verschiedene Mitarbeiter intensiv untersucht worden. Die Resultate haben sich zuerst in den Schweizerischen Bemessungsvorschriften [20, 21] niedergeschlagen. Ende 1995 ist eine neue Empfehlung für die Bemessung von Mauerwerk erschienen [7].

Das Bauen mit Mauerwerk ist einfach, kostengünstig und deshalb in vielen Ländern eine wichtige Bauweise. Im Hochbau bestehen viele Trag- und Ausbauelemente aus Mauerwerk. Deshalb ist auch die Erhaltung und Erneuerung von Bedeutung. Bestehende Gebäude werden oft mit Stahlnetzen verstärkt, die auf bestehenden Wänden befestigt und anschließend mit Spritzmörtel eingebettet werden. Problematisch ist bei diesen Anwendungen das Korrosionsproblem sowie die Haftung des Spritzmörtels auf der Maueroberfläche. Der Tragwiderstand kann auch mit externer Vorspannung, die Normalkräfte erzeugt, erhöht werden. Tragwände können neu auch mit aufgeklebten Stahl- oder CFK-Lamellen verstärkt werden. Die erwähnten Verstärkungsmethoden haben alle ihre Vor- und Nachteile.

2.3.2 Exzentrische Normalkraftbeanspruchung

Für geschosshohe Mauerwerkswände ist in Versuchen unter exzentrischer Normalkraft (Bild 2.10) die Rotationsfähigkeit von Mauerwerk durch R. Furler [16] und J. Schwartz [18] untersucht worden.

Die Wand wird in der Versuchsanordnung auf eine Betonplatte, die eine Decke simuliert, aufgemauert. Oben wird die Normalkraft zentrisch über ein Linienkipplager in die Wand eingeleitet. Unter der Betonplatte befindet sich ebenfalls ein Linienkipplager. Dadurch wirkt die Normalkraft im unverdrehten Zustand der Betonplatte zentrisch in der Mauerwerkswand. Bei der Verdrehung der Betonplatte durch den Kolben in C wird die Kraft und der zugehörige Verdrehungswinkel gemessen. Mit den Gleichgewichtsbedingungen ist die Größe der Exzentrizität in B bekannt.

Die Normalkraft wird in den Versuchen konstant gehalten. Die Verdrehung wird schrittweise gesteigert. Bei einigen Versuchen wird die Fußverdrehung zyklisch (wechselweise) aufgebracht. Aus Gleichgewichtsgründen ergeben sich bei den Linienkipplagern horizontale Reaktionen. Diese werden bei konventionellen Wand-Decken-Anschlüssen problemlos durch die Decken übernommen und an die quer verlaufenden Wände übertragen.

$$N = N_B + N_C \qquad N \cdot e_B = N_C \cdot a \qquad e_B = a \cdot \frac{N_C}{N}$$

$$H \cdot h = N_C \cdot a \qquad H = N_C \cdot \frac{a}{h}$$

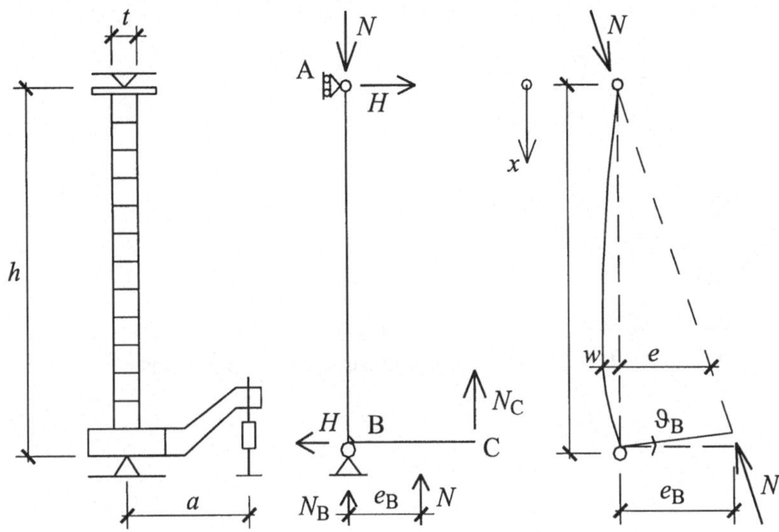

Bild 2.10 Versuchsanlage

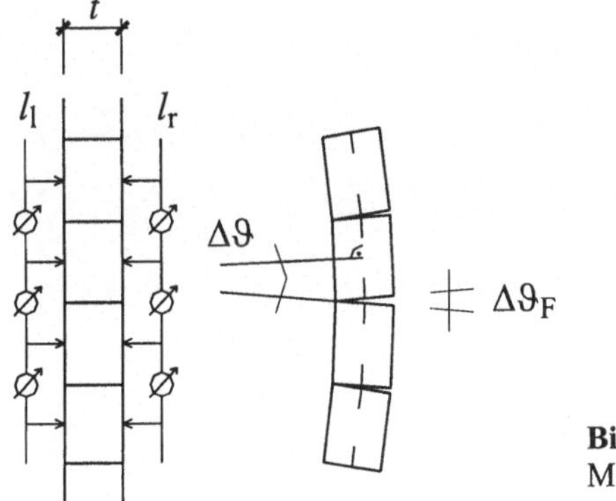

Bild 2.11
Messeinrichtung

Gemessen werden der Verdrehungswinkel, die Exzentrizität der resultierenden Normalkraft am unteren Rand der Wand, die vertikalen Deformationen in den Fugen und in den Steinen auf den beiden Wandoberflächen (Bild 2.11), die horizontalen Auslenkungen sowie das Riss- und Bruchverhalten der Versuchskörper.

Die Lage der größten totalen Auslenkung in der Höhe ist bei den einzelnen Wänden nicht gleich, sondern von der Größe der Normalkraft abhängig. Im Bild 2.12 ist das Moment bzw. die Exzentrizität der konstanten Normalkraft in Abhängigkeit von der Deckenverdrehung aufgetragen. Die Verformungskurve der Wand ist im Bild 2.13 dargestellt.

$$e_{\text{tot}} = e + w = e_{\text{B}} \cdot \frac{x}{h} + w \qquad M = N \cdot e_{\text{tot}}$$

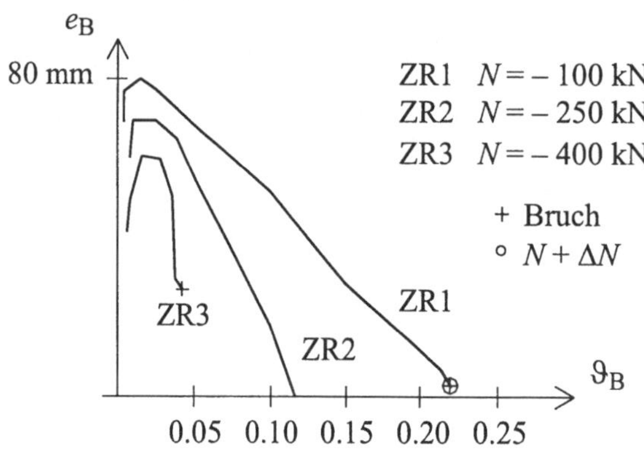

Bild 2.12
Exzentrizitäts-Verdrehungs-Verlauf

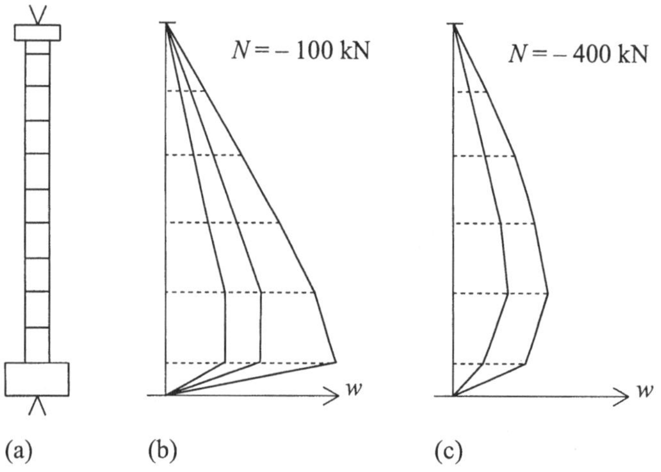

Bild 2.13 Verformungskurven der Wände

Das Verhalten der Wände bis zum Bruch wird vor allem durch die Größe der Normalkraft bestimmt. Mit der Normalkraft nimmt auch die Verdrehung zu, bei der erste Risse auftreten, während die Wand bei immer kleineren Verdrehungen (Bild 2.13) versagt. Bei kleiner Normalkraft ist die Krümmung der Biegelinie in einer der unteren Lagerfugen (meistens in der Lagerfuge unmittelbar über der Decke) konzentriert (Bild 2.13b) und es ergeben sich große Rissweiten. Bei großer Normalkraft verteilen sich die Krümmungen (Bild 2.13c) besser über die Wandhöhe. Entsprechend verteilen sich auch die Risse auf mehrere Lagerfugen und sind deshalb feiner. Bei gleichbleibender Normalkraft nehmen die Bruchkrümmung mit der Steinfestigkeit und die Konzentration der Krümmung im unteren Wandbereich zu.

Der Lochflächenanteil und das Lochbild der Steine haben keinen großen Einfluss auf das Tragverhalten. Auch unter hoher Normalkraft ist bei einer aufgezwungenen Verdrehung des Wandfußes die Zunahme der horizontalen Auslenkung infolge Kriechens gering.

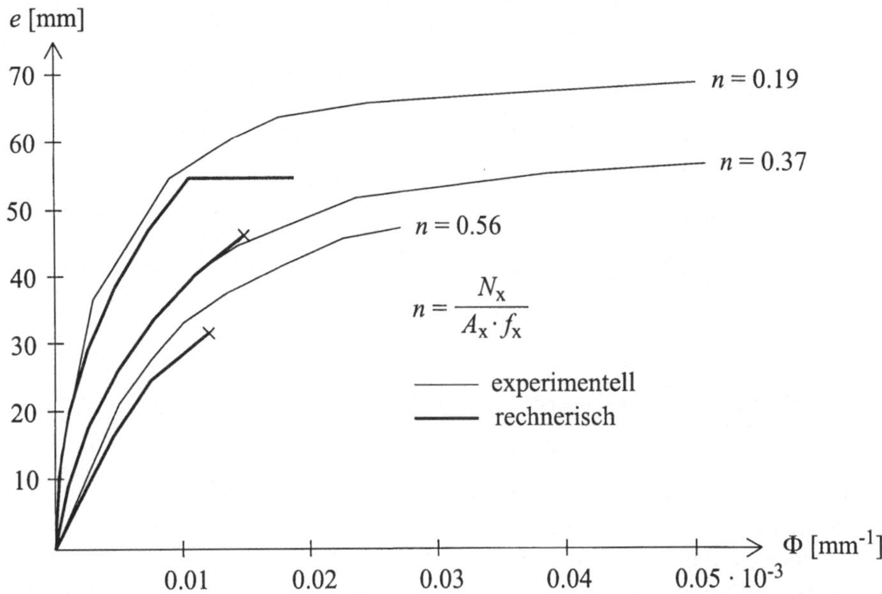

$$n = \frac{N_\mathrm{x}}{A_\mathrm{x} \cdot f_\mathrm{x}}$$

Bild 2.14 Exzentrizitäts-Krümmungs-Verlauf

Bei zyklischer Verdrehung ist der Bruchverdrehungswinkel um ein Vielfaches kleiner als bei monotoner Verdrehung. Ursache ist die progressive Zerstörung der Steine. Dieses Verhalten ist bei der Erdbebeneinwirkung zu beachten. Ohne genügende Bewehrung in vertikaler und horizontaler Richtung kann beim Mauerwerk nur mit kleinen Duktilitätsfaktoren bzw. Verformungsbeiwerten gerechnet werden.

Im Bild 2.14 sind die gemessenen Krümmungen gegen die Exzentrizität der Normalkraft aufgezeichnet. Die Normalkräfte sind in normierter Form angeschrieben. Diese Exzentrizitäts-Krümmungs-Kurven verlaufen anfänglich linear. Sobald die ersten Risse entstehen, flachen die Kurven stark ab und nehmen bei kleinen Normalkräften mehr oder weniger einen horizontalen Verlauf an. Im Bild 2.14 sind auch von J. Schwartz [18] vorgeschlagene rechnerische e-Φ-Kurven dargestellt, welche gut mit den experimentell ermittelten übereinstimmen.

R. Furler [16] hat in seinen Experimenten nachgewiesen, dass die Randbruchstauchung am Querschnittsrand eine Funktion der Größe der Normalkraft ist. Viele Versuchswände weisen unter kleiner Normalkraft eine unbeschränkte Duktilität auf. Bei einer mittleren Normalkraft wird ungefähr eine Bruchstauchung von 0.3% erreicht. Bei großen Normalkräften reduziert sich dieser Wert auf die Bruchstauchung von 0.1% des zentrisch gedrückten Mauerwerks. Daraus ist ersichtlich, dass auch unter der Annahme eines nicht linear elastischen Spannungs-Dehnungs-Verhaltens das Tragverhalten der unbewehrten Mauerwerkswand nur unbefriedigend beschrieben werden kann.

Die mehrachsigen Spannungszustände im Stein und im Mörtel sind für das Verformungs- und Bruchverhalten von Mauerwerk entscheidend. Abhängig von der Normalkraft treten in einer Mauerwerkswand verschiedene Brucharten auf. Im Bild 2.15 sind die inneren Kräfte einer Wand im Bereich der Lagerfuge unter exzentrischer Normalkraft schematisch nach J. Schwartz [18] dargestellt.

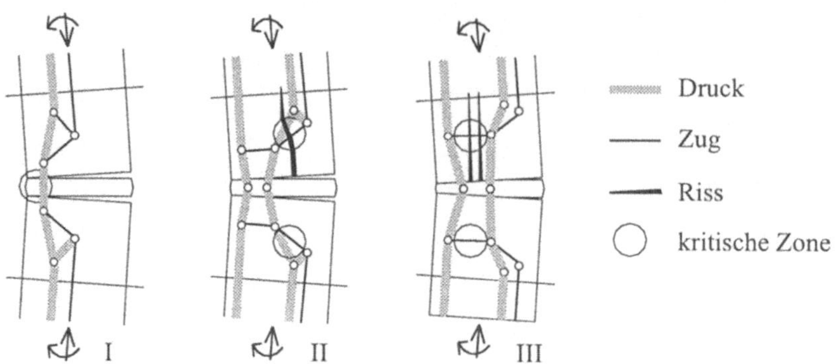

Bild 2.15 Kräfteverlauf im Lagerfugenbereich

Im allgemeinen ist ein Kräfteverlauf gemäß der Bruchart II vorhanden. Da die Querdehnungszahl des Steins kleiner ist als die des Mörtels, möchte sich die Fuge unter Druck
stärker in der Querrichtung ausdehnen als der Stein. Dadurch wird die Fuge in dieser
Richtung gedrückt, während der Stein gleichzeitig auf Zug beansprucht ist. Unter zunehmender Normalkraft führt dieser Zug zum Spaltbruch des Steins. Bei der Bruchart III wird
der Stein unter großer Normalkraft in der Querrichtung entfestigt und die Wand wird durch
die sich abtrennenden Lamellen instabil. Die in den Stein eingeleitete Normalkraft wird in
diesem ausgebreitet. Dies führt zu einer zusätzlichen Zugbeanspruchung im Stein. In Fu-
gennähe resultiert eine beachtliche Komponente in horizontaler Richtung. Diese kann
ebenfalls zum Bruch des Steins führen (Bruchart II). Der am rechten Steinrand vertikal
verlaufende Zuggurt ist mit den parallelen Druckgurten zu überlagern. Dadurch bleibt der
Stein in der Regel überdrückt und reisst nicht.

Unter kleiner Normalkraft sind nach dem Reissen des Mauerwerks alle Zugbeanspruchungen im Stein klein (Bruchart I). Die Exzentrizität der Normalkraft verschiebt sich stark
gegen den Steinrand. Die Druckzone im Fugenbereich ist sehr schmal. Gleichzeitig ist die
Behinderung der Querdehnung im Fugenmörtel sehr groß. Dadurch ist das Verformungs-
vermögen in den Lagerfugen wie in einem Betongelenk sehr groß. Ob die Bruchart II zwischen den Extremen von I und III maßgebend wird, hängt von der Steingeometrie (Lochbild, Lochflächenanteil, Abmessung) sowie vom Material der Steine und des Mörtels ab
(Differenz der Querdehnungszahl der beiden Materialien).

Eine qualitative Begrenzung ist durch die Regimes I bis III gegeben (Bild 2.16). Im Regime I kann die Steinfestigkeit erreicht werden, wenn sich unter einer kleinen Normalkraft
eine extrem schmale Druckzone bildet. Der Mörtel in der Lagerfuge ist dabei voll plastifi-
ziert. Die Querdehnung des Lagerfugenmörtels wird durch die angrenzenden Steine behin-
dert. Die Zugbeanspruchungen im Stein sind wegen der kleinen Normalkraft nicht maßgebend.

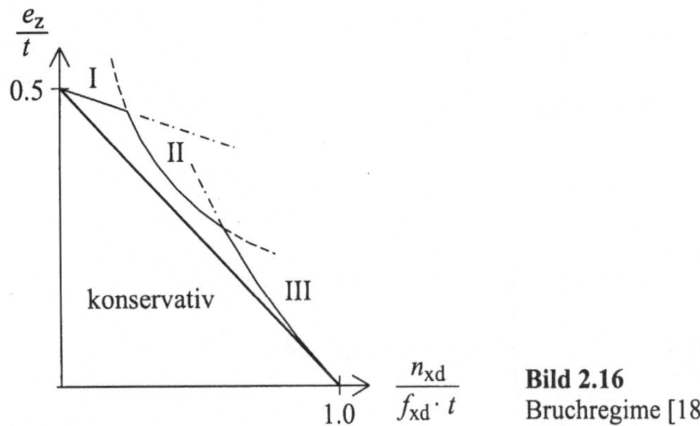

Bild 2.16
Bruchregime [18]

Die praktisch zentrische Bruchnormalkraft entspricht dem Regime III. Die Normalkraft wird in diesem Fall über die ganze Steinbreite übertragen. Die seitliche Behinderung des Fugenmörtels durch die Steine führt schließlich zu deren Bruch auf Querzug. Die Steine spalten sich in Lamellen auf. Das Regime II im Übergang der Regimes I und III muss nicht zwingend vorkommen. Die Steingeometrie mit den Abmessungen, dem Lochbild und dem Lochflächenanteil sowie das Stein- und Mörtelmaterial sind die maßgebenden Parameter. Alle drei Kurven liegen außerhalb der rechnerischen Interaktionsgeraden für den Bruch.

Der rechnerische Bruchzustand im Querschnitt der Mauerwerkswand ist im Bild 2.17 dargestellt. Er entspricht dem rechteckförmigen Spannungszustand mit der Mauerwerksfestigkeit senkrecht zur Lagerfuge. Für diesen Spannungszustand kann die Normalkraft und das Biegemoment bestimmt werden. Wenn die Abmessung der Druckzone eliminiert wird, resultiert die Moment-Normalkraft-Interaktion. Diese ist als normierte Parabel im Bild 2.17a dargestellt.

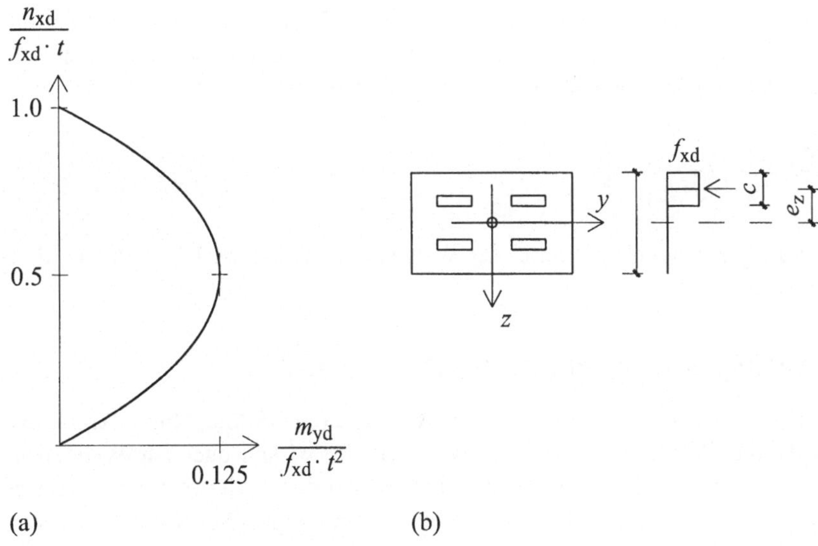

(a)   (b)

Bild 2.17 Moment-Normalkraft-Interaktion

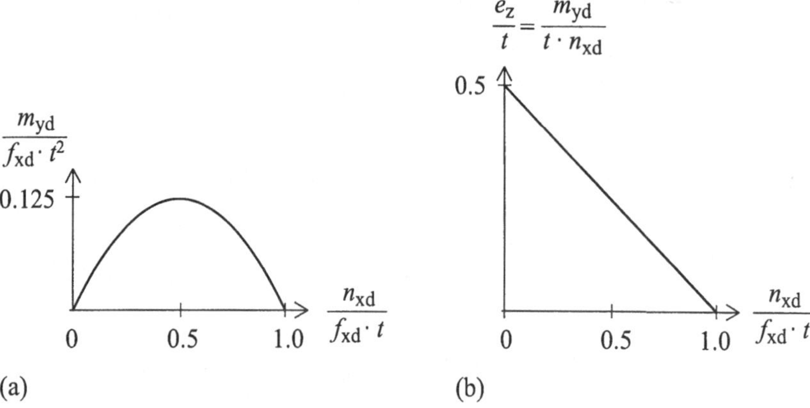

Bild 2.18 Exzentrizität-Normalkraft-Interaktion

$$n_{xd} = f_{xd} \cdot c \qquad m_{xd} = f_{xd} \cdot c \cdot \left(\frac{t}{2} - \frac{c}{2}\right) = n_{xd} \cdot \frac{1}{2} \cdot \left(t - \frac{n_{xd}}{f_{xd}}\right)$$

$$\frac{m_{yd}}{f_{xd} \cdot t^2} = \frac{1}{2} \cdot \frac{n_{xd}}{f_{xd} \cdot t} \cdot \left(t - \frac{n_{xd}}{f_{xd} \cdot t}\right)$$

mit

f_{xd}: Bemessungswerte der Druckfestigkeit senkrecht zur Lagerfuge

Die Interaktionsbeziehung kann auch in Funktion der Exzentrizität der Normalkraft ausgedrückt werden. In diesem Fall reduziert sich die Interaktion auf eine Gerade (Bilder 2.16 und 2.18b). Interessant ist dabei die Tatsache, dass diese Gerade trotz der Annahme der rechteckförmigen Spannungsverteilung eine konservative Näherung darstellt, denn die Versuchsresultate der Wände liegen alle außerhalb dieser Geraden.

$$\frac{m_{yd}}{n_{xd} \cdot t} = \frac{e_z}{t} = \frac{1}{2} \cdot \left(t - \frac{n_{xd}}{f_{xd} \cdot t}\right)$$

Sobald die Druckzone nur noch ein Viertel der Wandstärke beträgt, verhält sich das Mauerwerk duktil (Regime I).

2.3.3 Schubbeanspruchung mit zentrischer Normalkraft

H.R. Ganz [17] hat Versuche mit Kräften in der Wandebene (Querkräfte, Normalkräfte und Kragmomente) durchgeführt (Bild 2.19). Die Normalkräfte wirken quer zur Wandebene zentrisch. Diese Versuche sind mit Experimenten ergänzt worden, in denen die zweiachsige Beanspruchung von Mauerwerk an Kleinkörpern untersucht wurde. Die Resultate der Versuche werden qualitativ zusammengefasst.

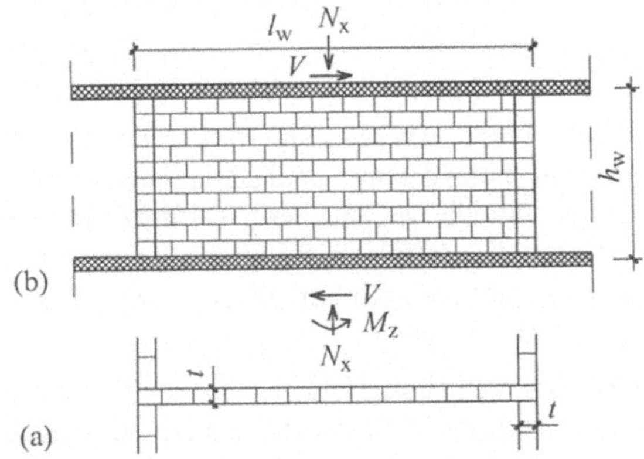

Bild 2.19 Schubbeanspruchte Mauerwerkswand

Die Scheiben verhalten sich bis zur halben Bruchlast elastisch. Sie sind generell sehr steif. Die Bruchquerkraft ist vor allem eine Funktion der Normalkraft. Sie nimmt bis zu einer bestimmten Grenze mit steigender Normalkraft zu. Die Duktilität der Wände ist von der Größe der Normalkraft und der Lagerfugenbewehrung abhängig. Unter kleinen Normalkräften verhalten sich auch unbewehrte Wände duktil. Mit steigender Normalkraft nimmt die Bruchverschiebung stark ab und die Wände zeigen ein sprödes Verhalten. Mit einer gut verankerten Lagerfugenbewehrung wird die Horizontalverschiebung im Bruch stark erhöht. Die aufnehmbare Bruchquerkraft hingegen wird durch die Lagerfugenbewehrung nicht verändert. Greift die Normalkraft in der Wandebene exzentrisch an, wird dadurch die Bruchquerkraft in der Wandebene entsprechend reduziert, da für die kombinierte Beanspruchung nur noch die gedrückte Wandbreite zur Verfügung steht.

$$t_\mathrm{ef} = t_\mathrm{red} \leq t$$

Zyklische Belastungen haben bis zur halben Bruchlast keinen Einfluss auf das Verhalten der Wand. Die Bruchlast wird im Vergleich mit der Wand unter monoton gesteigerter Last um etwa 10 bis 15% reduziert. Die Duktilität der zyklisch belasteten Wand nimmt stark ab. Eine Wand mit kleiner Normalkraft kann unter zyklischer Belastung bedeutend mehr Energie dissipieren als eine Wand mit großer Normalkraft. Der Bruch der zyklisch belasteten Wände wird vor allem durch die Zerstörung der Steine in Wandmitte eingeleitet. Die Erdbebensicherheit wird somit durch die Höhe der Normalkraft bestimmt. Der Rissbeginn liegt bei allen Versuchen ungefähr bei der halben Bruchlast.

Die Flanschen einer Mauerwerkswand übernehmen keine Querkräfte, hingegen nehmen sie Normalkräfte auf. Bei sehr großen Normalkräften vergrößern sie daher die Querkraftaufnahme der Wand indirekt. Für kleinere Normalkräfte kann das Spannungsfeld flacher geneigt sein. Mit einer flacheren Diagonalenneigung kann ein größerer Querkraftwiderstand erzeugt werden. Bei kleinen Normalkräften hat der Flansch keinen nennenswerten Einfluss auf den Schubwiderstand. Die Resultate der Versuche sind im Diagramm von Bild 2.20 dargestellt. Die Normalkräfte der Wände sind in den Versuchen konstant gehalten worden (Tabelle 2.2). Der Verlauf der Querkraft in Funktion der Auslenkung ist im Bild 2.20 für jede Wand ersichtlich. Das Verformungsverhalten der Wände W1, W3 und W4 (kleine

Normalkraft) unterscheidet sich deutlich von demjenigen der Wände W2 und W7 (große Normalkraft).

Zwölf Kleinkörper mit nur 1.20 m Seitenlänge sind unter konstanten Verhältnissen der Horizontal- zur Vertikalkraft bis zum Bruch belastet worden (Bild 2.21). Die Resultate dieser Versuche ermöglichen es, die Bruchbedingung eines zweiachsig beanspruchten Mauerwerkelementes zu ermitteln. Im Versuch wird die Neigung der Lagerfugen zur Horizontalen variiert. Gemessen wurden die Lasten, die Verformungen in der Scheibenebene und die Risse. Versuchsparameter im Bild 2.21 sind somit das Verhältnis Horizontallast zu Vertikallast und die Neigung der Lagerfuge zur Horizontalen.

Die Bruchspannungen sind stark abhängig vom Verhältnis Horizontallast zu Vertikallast und von der Neigung der Lagerfugen zur resultierenden Lastrichtung. Eine zweiachsige Druckbeanspruchung schief zu den Lagerfugen kann bedeutend höhere Bruchspannungen ergeben als eine einachsige Druckbeanspruchung. Das Tragverhalten ist im allgemeinen spröd. Das Rissbild wird in erster Linie von der Neigung der Lagerfuge bestimmt, während der Rissbeginn vom Lastverhältnis abhängig ist.

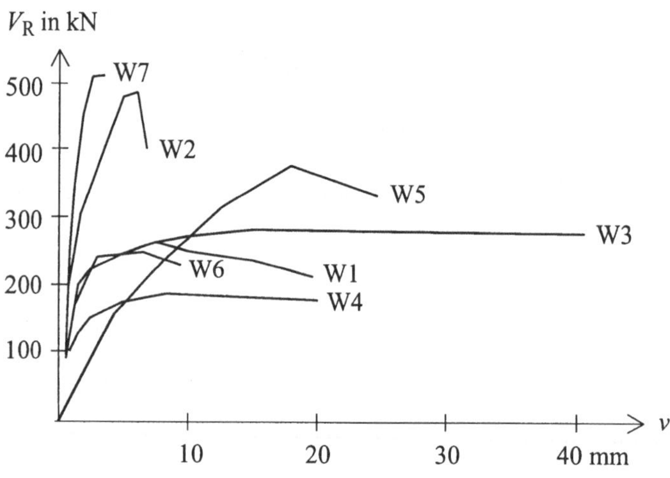

Bild 2.20 Schubkraft-Auslenkungs-Diagramm

Tabelle 2.2 Wandversuche

Wand	W1	W2	W3	W4	W5	W6	W7
Normalkraft in kN	415	1287	415	423	424	418	1290
Lage Normalkraft	zentrisch	zen.	zen.	exzen.	exzen.	zen.	zen.
V-Steigerung	progressiv	progr.	progr.	progr.	progr.	zyklisch	zykl.

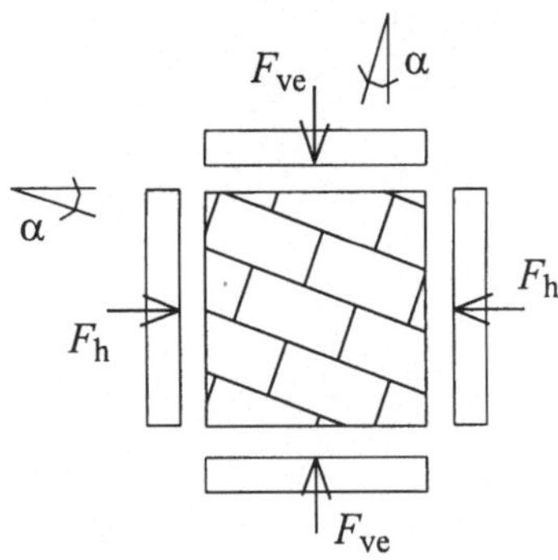

Bild 2.21 Versuch am Wandelement

Die Bruchbedingung für unbewehrtes Mauerwerk ist von H.R. Ganz [17] hergeleitet worden (Bild 2.22a). Neuere Erkenntnisse bezüglich der Stoßfuge von N. Mojsilovic [19] sind in diesen Beziehungen nicht berücksichtigt.

(I): $\quad \tau_{xy}^2 - \sigma_x \cdot \sigma_y \leq 0$

(II): $\quad \tau_{xy}^2 - \left(\sigma_x + f_x\right) \cdot \left(\sigma_y + f_y\right) \leq 0$

(III): $\quad \tau_{xy}^2 + \sigma_y \cdot \left(\sigma_y + f_y\right) \leq 0$

(IVa): $\tau_{xy}^2 - \left(c - \sigma_x \cdot \tan\varphi\right)^2 \leq 0$

(IVb): $\tau_{xy}^2 + \sigma_x \cdot \left\{\sigma_x + 2 \cdot c \cdot \tan\left(\dfrac{\pi}{4} + \dfrac{\varphi}{2}\right)\right\} \leq 0$

mit

f_x bzw. f_y: einachsige Druckfestigkeit senkrecht bzw. parallel zur Lagerfuge

c: Kohäsion in der Lagerfuge

φ: Winkel der inneren Reibung in der Lagerfuge

Die Bedingung (I) folgt aus dem Zugversagen des Mauerwerks, die Bedingungen (II) und (III) entsprechen dem Druck- bzw. Schubversagen der Steine. Zweiachsig beanspruchte Querschnittsteile sind durch (II) und einachsig beanspruchte Querschnittsteile sind durch (III) erfasst (Bild 2.23). Mit den Bedingungen (IVa) und (IVb) wird das Gleiten bzw. der Trennbruch der Lagerfugen beschrieben. Die Fließbedingungen werden, damit sie in den Nachweisen einfacher verwendet werden können, in die Hauptspannungen transformiert.

$$\sigma_x = \sigma_2 \cdot \left(\cos^2 \alpha + \frac{\sigma_1}{\sigma_2} \cdot \sin^2 \alpha \right) \qquad \sigma_y = \sigma_2 \cdot \left(\sin^2 \alpha + \frac{\sigma_1}{\sigma_2} \cdot \cos^2 \alpha \right)$$

$$\tau_{xy} = \sigma_2 \cdot \left(\frac{\sigma_1}{\sigma_2} - 1 \right) \cdot \sin \alpha \cdot \cos \alpha$$

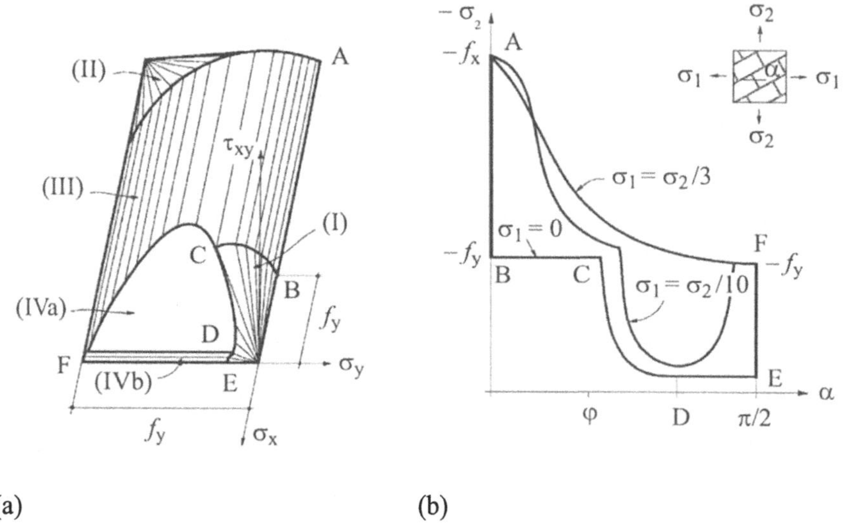

Bild 2.22 Bruchbedingung für unbewehrtes Mauerwerk

Die Druckfestigkeit lässt sich in Funktion der Neigung der Lagerfuge (Bild 2.22b) darstellen. Als Kurvenparameter wird das Verhältnis der beiden Hauptspannungen gewählt. In der Praxis wird mit einem vereinfachten Stoffgesetz gearbeitet. Meistens wird nur ein einachsiger Spannungszustand berücksichtigt.

Im Bauwerk ist es äußerst schwierig, die Randbedingungen des zweiachsigen Spannungszustandes wirklichkeitsnah zu erfassen. Die Bruchbedingung von H.R. Ganz [17] für zentrisch beanspruchte Mauerwerkselemente wird von N. Mojsilovic [19] um ein Regime erweitert (Bild 2.24). Damit wird das in Versuchen mit Kalksandsteinmauerwerk beobachtete Versagen entlang der Stoßfugenflucht erfasst.

$$(\text{V}): \quad \tau_{xy}^2 - \left(\frac{c_b}{2} - \sigma_y \cdot \tan \varphi_b \right)^2 \leq 0$$

mit

c_b: Kohäsion des Steinmaterials entlang der Stoßfuge

φ_b: Winkel der inneren Reibung entlang der Stoßfuge

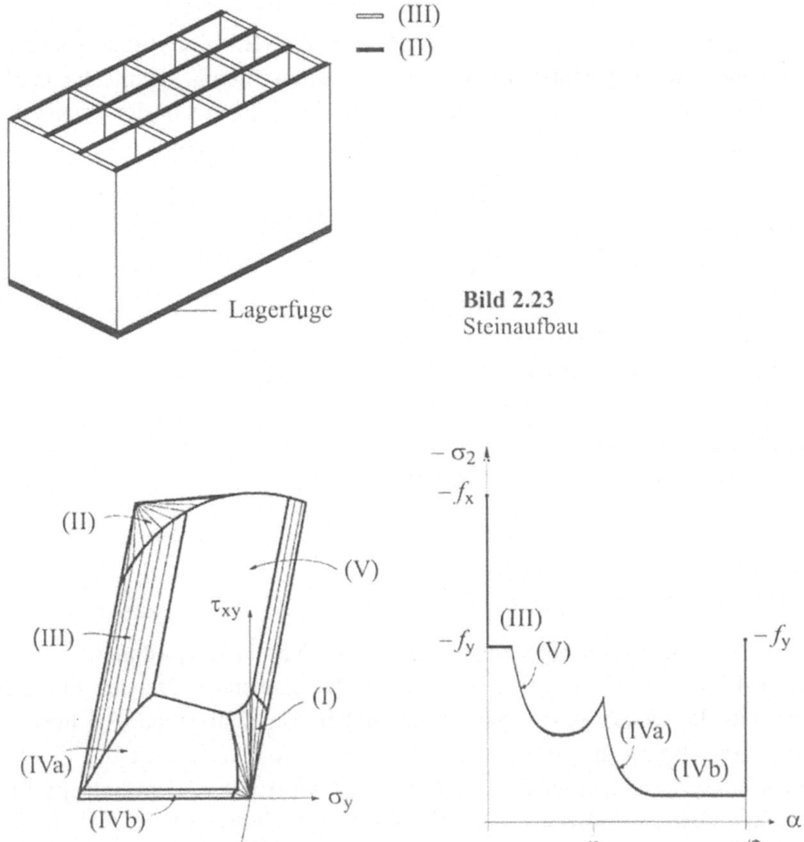

Bild 2.23
Steinaufbau

Bild 2.24 Ergänzte Bruchbedingung für unbewehrtes Mauerwerk

Stoßfugen müssen nicht unbedingt vollfugig vermörtelt sein. Dadurch werden allerdings die Festigkeitswerte der Spannungen, die nicht senkrecht zu den Lagerfugen verlaufen, beim Backstein- und Kalksandsteinmauerwerk reduziert.

$$f_{yd} = 0.3 \cdot f_{xd} \qquad \text{(Backstein, Kalksandstein [7])}$$

$$f_{yd} = 0.5 \cdot f_{xd} \qquad \text{(Zementstein, Porenbetonstein [21])}$$

Mit einer vollfugig vermörtelten Stoßfuge wird die Festigkeit um rund 70% erhöht [21].

$$f_{yd} = 0.5 \cdot f_{xd} \qquad \text{(Backstein, Kalksandstein)}$$

$$f_{yd} = 0.85 \cdot f_{xd} \qquad \text{(Zementstein, Porenbetonstein)}$$

Der Wert ist für unbewehrte Wände aus Backstein- und Kalksandsteinmauerwerk relativ hoch [19]. Dass er bei bewehrten Wänden vernünftig ist, sollen neuere Untersuchungen [33] zeigen.

2.3.4 Querbelastete Wände

Es sind auch querbelastete Wände mit Lagerfugenbewehrung (Bild 2.25) untersucht worden. Sind die Wände seitlich gestützt, tragen sie die Lasten analog einem Biegebalken seitlich ab. Allerdings muss die seitliche Abstützung an den Rändern in der Praxis durch quer verlaufende Tragwände oder gleichwertige Halterungen gewährleistet sein.

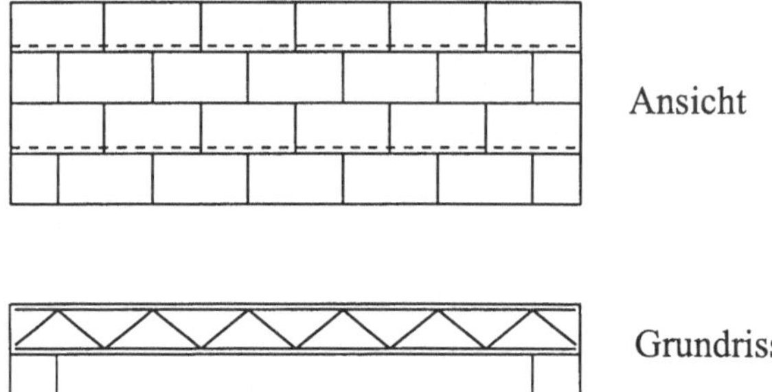

Bild 2.25 Wandteil mit Lagerfugenbewehrung

Mit einer Vertikalbewehrung oder einer genügend großen Normalkraft können die Lasten auch in vertikaler Richtung auf die oben und unten anschließenden Decken übertragen werden, die ihrerseits die Lasten an die quer verlaufenden Wände abgeben. Bei horizontaler und vertikaler Bewehrung und gleichzeitig geringer Normalkraft wird die Querbelastung in beiden Richtungen abgetragen. Das Mauerwerk wirkt wie eine orthotrope Platte. Nach dem statischen Grenzwertsatz der Plastizitätstheorie ist dieser Effekt für den Biegewiderstand von Bedeutung. Bei den kleinen Bewehrungsgehalten, die bei den in der Schweiz verwendeten Systemen möglich sind, ist die Forderung einer genügenden Duktilität meistens problemlos erfüllt.

Wirken genügend große Normalkräfte in der Wand, kann die Querbelastung auch ohne Zugbewehrung mit flachen Druckbogen auf die Decken übertragen werden (Bild 2.26). Die Last wird abhängig von der Größe der Normalkraft und dem Bewehrungsgehalt in vertikaler und in horizontaler Richtung abgetragen. Sind die seitlichen Ränder frei, lassen sich die äußeren Querbelastungen nur mit einer entsprechenden Normalkraft und einem gewölbten Spannungsfeld in vertikaler Richtung ins Gleichgewicht bringen. Horizontal trägt das Mauerwerk in diesem Fall nur lokal. Sind Normalkräfte für das Gleichgewicht erforderlich, handelt es sich um kombinierte Beanspruchungen, auf die im nächsten Abschnitt kurz eingegangen wird.

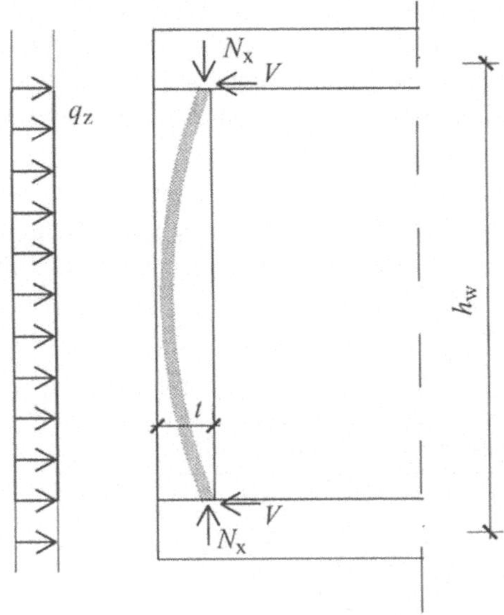

Bild 2.26 Druckspannungsfeld

2.3.5 Kombinierte Beanspruchungen

Die Schubbeanspruchung kann mit einer exzentrischen Normalkraft und einer Querbelastung kombiniert werden. Die an die kombiniert beanspruchte Wand anschließenden Bauteile (Decken und Tragwände) müssen die Reaktionen aufnehmen können. Für die Kombination Schubbeanspruchung, exzentrische Normalkraft und Querbelastung existieren nur wenige Versuche. Zudem sind sie meistens nicht darauf ausgelegt worden, die Bruchbedingung derart beanspruchter Mauerwerke zu bestimmen. Eine Ausnahme bilden die von R. Guggisberg [23, 24] durchgeführten Versuche, für die speziell eine Anlage für querbelastete Wände entwickelt worden ist. Die Versuche werden von verschiedenen Forschern fortgesetzt [33].

In vielen Fällen ist es vorteilhaft, den möglichen Kräfte- bzw. Spannungsverlauf im Innern einer Wand qualitativ zu erfassen. Mit Spannungsfeldern [30] lassen sich Lösungsansätze entwickeln. Diese können so modifiziert werden, dass auch die Querbelastung aufgenommen wird. Oft ist die Querbelastung so klein, dass sie die Bruchbedingung der Wand bezüglich der untersuchten, relevanten Beanspruchungen nur unwesentlich beeinflusst. N. Mojsilovic [19] hat einige praktische Hinweise für die Berechnung von querbelastetem Mauerwerk gegeben.

2.3.6 Tragwände mit Bewehrungen

Schlaffe Bewehrung

In der Schweiz wurden vor allem Biegeversuche an Wänden [25, 12] durchgeführt. Mit Kleinkörperversuchen wurden die Festigkeiten parallel und senkrecht zur Lagerfuge bestimmt. Diese zeigen, dass die Mauerwerksfestigkeiten des unbewehrten Mauerwerks gültig bleiben. Allerdings konnten bei trocken vermauerten Stoßfugen und mit Stahl versehenen Prüfkörpern größere Druckfestigkeiten parallel zu den Lagerfugen gemessen werden als bei den vollfugig vermörtelten Stoßfugen ohne Bewehrung (Tabelle 2.3). Prüfkörper mit vollfugig vermörtelten Stoßfugen und Bewehrungsstäben in den Aussparungen erreichten ungefähr 50% der Mauerwerksfestigkeit senkrecht zur Lagerfuge (Tabelle 2.3). Bei allen Versuchen zeigte sich, dass die Bewehrung in der an die Mauerwerkswand anschließenden Stahlbetondecke verankert sein muss. Die Wände wurden als auf Biegung beanspruchte Platten geprüft. Die Duktilitätsgrenze von einem Viertel der Steindicke für Biegebeanspruchungen ist durch die Versuche bestätigt worden.

Tabelle 2.3 Mauerwerksfestigkeit in y-Richtung [25]

Steintyp ARMO [12]	geschlitzt	ungeschlitzt	ungeschlitzt
Stoßfuge vermörtelt	ja	ja	nein
Bewehrung	ohne	$\varnothing\,10$	$\varnothing\,10$
Bewehrungsaussparung	unverfüllt	verfüllt	verfüllt
$f_y(f_x = 7.5\ \text{N/mm}^2)$	$2.1 - 2.4\ \text{N/mm}^2$	$3.6 - 4.2\ \text{N/mm}^2$	$2.7 - 2.74\ \text{N/mm}^2$

Vorspannung

Auf dem Markt wird ein System mit vertikalen Spanngliedern ohne Verbund [13] angeboten. Während des Aufmauerns der Wand werden Hüllrohre von einem Meter Länge aufgesetzt. Die Litzen werden am Schluss eingezogen. An den Verankerungsstellen sind Betonelemente erforderlich. Versuche [29, 32] mit vorgespanntem Mauerwerk haben die Wirksamkeit des Systems und die Grundlagen der Mauerwerksbemessung bestätigt [7].

Faserverbundwerkstoffe

G. Schwegler [22] hat mit Faserverbund-Werkstoffen verstärkte Mauerwerkswände untersucht, die durch Schub mit zentrischer Normalkraft beansprucht sind. Er hat Möglichkeiten untersucht, mit denen erdbeben- und windbeanspruchte Tragwände in mehrgeschossigen Gebäuden verstärkt werden können. Die geprüften Wände sind vorwiegend mit CFK-Lamellen des Fasertyps T 700 S (Bild 2.5) ausgeführt. In allen Versuchen sind Lamellenquerschnitte mit einer Fläche von 50 mm² verwendet worden. Wenn es nur darum geht, die Duktilität zu erhöhen, kann dies mit Geweben, die primär die Risse verteilen, erreicht werden. Entsprechend sind in einzelnen Versuchen weitmaschige Polyestergewebe eingesetzt worden. Die einzelnen Gewebefäden bestehen aus Monofilen mit einem Durchmesser von 0.7 mm.

Die Geometrie der Prüfkörper ist den Abmessungen einer Tragwand angepasst, die im untersten Geschoss eines vierstöckigen Gebäudes die größten Beanspruchungen erfährt. Eine vertikale, während des gesamten Versuchs konstant gehaltene Normalkraft simuliert die Auflast der drei darüber liegenden Geschosse.

$$l_w = 3.60\ \text{m} \qquad h_w = 2.0\ \text{m} \qquad N_x = -418\ \text{kN}$$

Die horizontale Schubkraft ist zyklisch aufgebracht worden. Die Tragwände sind in mehreren Verformungsstufen geprüft worden. Von den sieben getesteten Tragwänden sind drei mit CFK-Lamellen und drei mit Polyestergeweben verstärkt worden. Die Referenzwand BW5 ist unverstärkt geprüft worden. Das Verhalten wird an zwei ausgewählten Versuchen diskutiert.

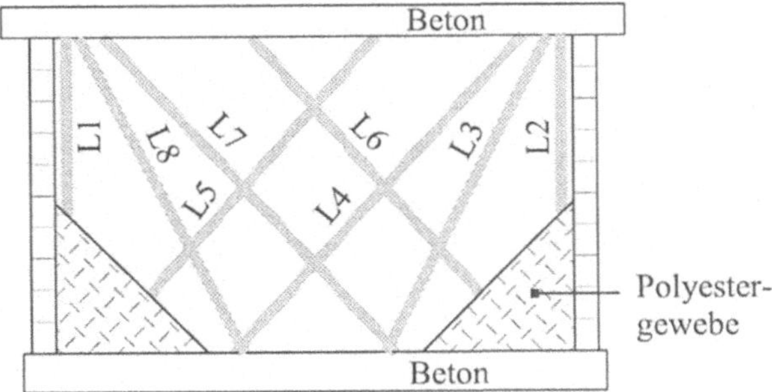

Bild 2.27 Verstärkte Tragwand BW6

Zur Begrenzung des Aufwandes werden die Verstärkungen nur einseitig auf die Wände aufgebracht. Bei der ersten Methode sind in diagonaler Richtung CFK-Lamellen aufgeklebt und in den angrenzenden Betondecken verankert. Die unteren Ecken sind zur Verteilung der Risse und zur Vermeidung lokaler Zerstörungen mit Polyestergewebe verstärkt (Bild 2.27).

Bei der zweiten Methode ist die Tragwand BW7 vollflächig mit Polyestergewebe verstärkt. Das Gewebe ist im Gegensatz zu den CFK-Lamellen nicht in den angrenzenden Stahlbetondecken verankert. Die an den Wandenden vertikal angeordneten, im Beton verankerten CFK-Lamellen (Bild 2.28) verhindern das Abheben der Wand. Die Versuchsergebnisse zeigen, dass der Tragwiderstand mit CFK-Lamelllen und Polyestergewebe maßgeschneidert vergrößert werden kann (Bild 2.29). Zudem verfügen die verstärkten Tragwände über große Verformungsreserven. Die Duktilität der Wände lässt sich im Vergleich mit unverstärkten mehr als verdoppeln. Unter der Voraussetzung, dass fachgerecht gearbeitet wird, haften die Verstärkungen gut auf dem Mauerwerk. CFK-Lamellen und Polyestergewebe lösen sich ausschließlich durch Kohäsionsbrüche im Stein von der Wand ab.

Beim Versuch BW6 werden im Backstein senkrecht zu den diagonal auf der Tragwandoberfläche angeordneten CFK-Lamellen feine Risse beobachtet. Der Rissabstand ist klein und die Rissbreiten bleiben klein. Beide Beobachtungen weisen auf überschrittene Steinzugfestigkeiten infolge großer Lamellendehnungen hin. In den weiteren Verformungsstufen lösen sich die CFK-Lamellen vom Mauerwerk. Dank diesen Ablösungen kann die horizontale Auslenkung der oberen Betonplatte bis auf rund 20 mm gesteigert werden. Dabei nimmt der Tragwiderstand praktisch nicht mehr zu. Die vom Mauerwerk abgelösten Lamellen sind immer noch in der Lage, Zugkräfte zu übernehmen. Diese werden direkt in die Endverankerungen der Decken eingeleitet, wodurch die Lamellen wie eine externe Bewehrung ohne Verbund wirken. Maßgebend für den Tragwiderstand sind damit die Endverankerungen der Lamellen in den Betonplatten.

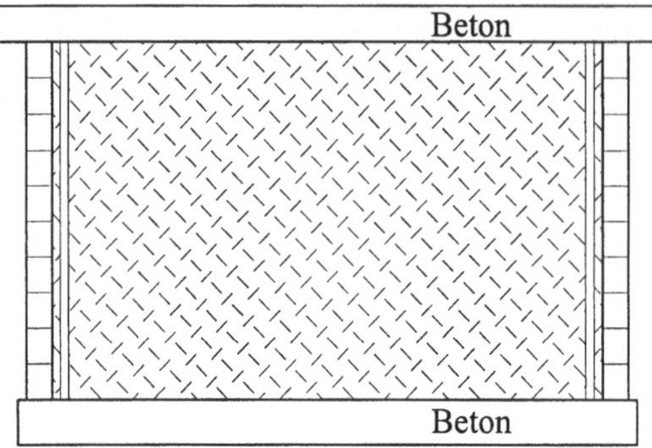

Bild 2.28 Vollflächig verstärkte Tragwand BW7

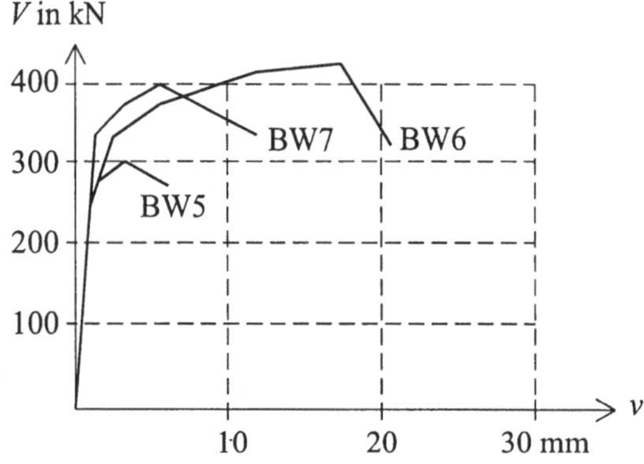

Bild 2.29 BW5, BW6 und BW7 im Vergleich

Das Tragverhalten der Wände unter Erdbebeneinwirkungen wird durch die Fläche unterhalb der Schubkraft-Verschiebungs-Kurve beurteilt. Das Integral unter der Kurve ist ein Maß für die dissipierte Energie. Im Versuch BW6 wird diese um 330% gesteigert. Den größten Anteil liefert die annähernd verdoppelte Verschiebeduktilität. Der um 24% gesteigerte Tragwiderstand trägt nur wenig dazu bei. Trotz sprödem Verhalten der CFK-Lamellen und der Steine kann das verstärkte Wandsystem nach den Vorstellungen der Kapazitätsbemessung [26, 27] bezogen auf Mauerwerk duktil gestaltet werden.

Das duktile Tragverhalten im Versuch BW7 wird dadurch erreicht, dass sich während den höheren Verformungsstufen zwei konzentrierte, rund 3.5 mm breite Diagonalrisse öffnen (Bild 2.30). Infolge des schwachen Verbundes zwischen dem Gewebe und dem Klebstoff lösen sich entlang den Rissufern einzelne Monofilfasern. Dadurch lassen sich auch große Rissöffnungen überbrücken, ohne dass das Gewebe versagt. Mit der Gewebeverstärkung wird die dissipierte Energie um ca. 40% erhöht. Sowohl der Tragwiderstand als auch die Verschiebeduktilität werden gesteigert.

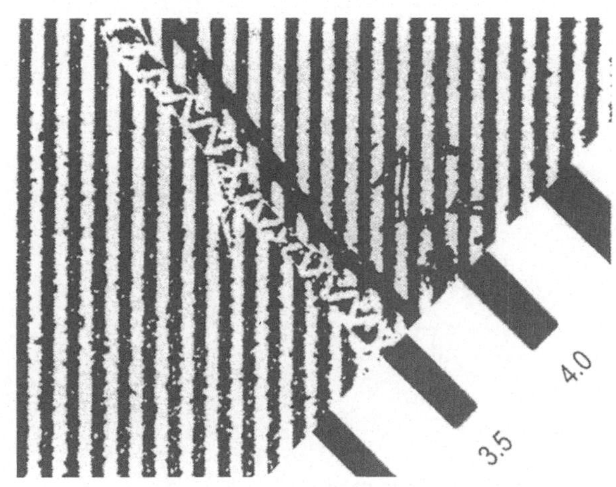

Bild 2.30 Diagonalriss im Polyestergewebe der BW7

Duktilität und Tragwiderstand einer Verstärkung hängen stark vom Material und dessen Anordnung ab. Obschon CFK-Lamellen und Mauerwerk sich spröde verhalten, kann die Systemduktilität infolge der Zerstörung des Verbundes zwischen Lamelle und Mauerwerk mehr als verdoppelt werden. Entscheidend sind die Verankerungen der Lamellen im Stahlbeton. Bisher können die CFK-Lamellen nur mit relativ großem Aufwand im Mauerwerk verankert werden. Sie sind so anzuordnen, dass ein günstiges Rissbild entsteht. Das bedeutet, dass sich alle Lamellen ähnlich dehnen müssen. In den am stärksten beanspruchten Zonen helfen zusätzliche Gewebeverstärkungen.

Die Verstärkung wirkt am effektivsten, wenn sie senkrecht zu den zu erwartenden Rissen aufgebracht wird. Die Tragmodelle können auf verschiedene Verhältnisse der Normalkraft zur Schubkraft angepasst werden.

Die Spannungsfelder unverstärkter Tragwände werden mit den Spannungsfeldern von Bewehrungen und Lamellen überlagert [30]. Oft lässt sich der Widerstand erhöhen, wenn das Spannungsfeld, das zur Verstärkung gehört, dasjenige der unverstärkten Wand ergänzt. Der Tragwiderstand wird mit den Resultierenden (Bild 2.31a) der Spannungsfelder (Bild 2.31b) und den zugehörigen Neigungswinkeln ermittelt.

Diagonal aufgeklebte Lamellen steigern den Tragwiderstand wesentlich (Bild 2.31). Im Bereich der Verankerungen resultieren am oberen Rand aus Gleichgewichtsgründen zusätzliche vertikale Druckkräfte, die diagonal zum unteren Tragwandrand geführt werden. Sie können so zum unteren Rand geführt werden, dass im Mauerwerk entlang der Druckzone AK eine möglichst gleichmäßige Spannungsverteilung herrscht. Liegen zwischen den diagonalen Spannungsfeldern keine unbeanspruchten Bereiche, können größere Risse im Mauerwerk vermieden werden.

Bei hohen Schubbeanspruchungen kann das Spannungsfeld CDNO gemäß Bild 2.31b im Bereich der unteren rechten Ecke konzentriert und mit dem Spannungsfeld D_1E_1MN überlagert werden. Die Spannung im vertikalen Feld CDNO, darf den Wert der Festigkeitsdifferenz der x- und y-Richtung nicht überschreiten. Da die Enden der beiden Lamellen im

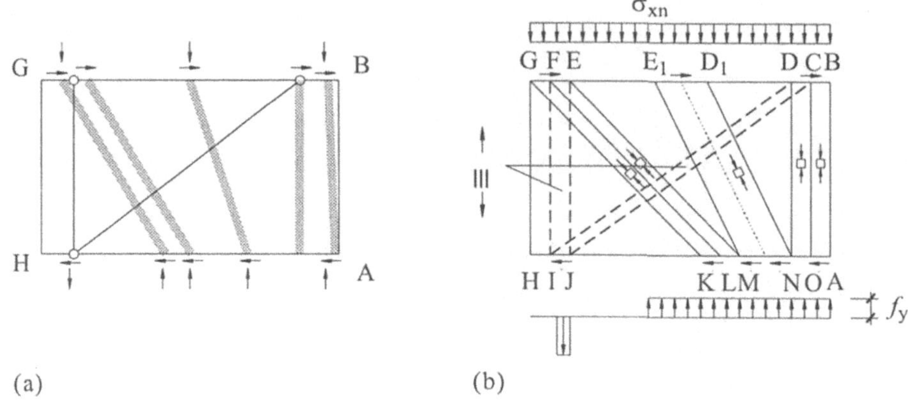

Bild 2.31 Resultierende und Spannungsfeld der verstärkten Tragwand

Bereich IJ in der unteren Betonplatte verankert sind, erzeugen sie im Mauerwerk entlang dem Rand AH keine Spannungen.

Die im Bild 2.31 gezeigte Verstärkung mit zwei diagonal angeordneten CFK-Lamellen ist bezüglich Tragwiderstand sehr effizient, da große Schubkräfte abgetragen werden können und die Verstärkung dank geringem Verarbeitungsaufwand kostengünstig auszuführen ist. Zwischen den beiden Lamellen entstehen jedoch große Mauerwerksbereiche, die nicht verstärkt sind. Bei zyklischer Beanspruchung der Tragwand, wie zum Beispiel bei Erdbeben, öffnen sich in diesen Bereichen klaffende Risse. Die Tragwand wird dadurch eventuell frühzeitig zerstört. Das lässt sich vermeiden, wenn die Bereiche zwischen den Lamellen mit Gewebe verstärkt oder die Lamellen gleichmäßig über die Wandoberfläche verteilt werden.

Werden die CFK-Lamellen gleich wie im Versuch BW6 (Bild 2.32) auf der Tragwand angeordnet, so verlaufen die Lamellen in den unteren Ecken parallel zu den druckbeanspruchten Diagonalen. Senkrecht zu den Diagonalen fehlt eine Spreizbewehrung. Die Risse können sich ungehindert öffnen. Wird die untere Tragwandhälfte mit Gewebe (Bild 2.27) verstärkt, so übernimmt die Gewebeverstärkung die Aufgabe der Spreizbewehrung. Eine gleichmäßige Rissverteilung ist damit gewährleistet. Da die CFK-Lamellen bei zyklischer Beanspruchung symmetrisch zur Vertikalachse angeordnet werden, entstehen keine größeren unverstärkten Tragwandbereiche.

Alle CFK-Lamellen werden in den Betonplatten verankert. Damit werden konzentrierte Krafteinleitungen im Mauerwerk vermieden. Am unteren Rand entlang der Linie AO ist eine möglichst gleichmäßige Spannungsverteilung im Mauerwerk anzustreben. Entlang den Linien CD, EF und GH können zusätzliche Schubkräfte eingeleitet werden, die über die Lamellen L1 und L3 bis L5 in die untere Bodenplatte übertragen werden. Aus Gleichgewichtsgründen entstehen die druckbeanspruchten Spannungsfelder CDVW, EFTU und GHPQ. Dazwischen liegen die von den CFK-Lamellen unabhängigen Spannungsfelder (Bild 2.32b).

Mit den in Bild 2.32a gezeigten Resultierenden kann der Tragwiderstand der verstärkten Tragwand BW6 abgeschätzt und die Zuverlässigkeit des Tragmodells beurteilt werden. Bei der Nachrechnung der Versuche sind verschiedene Punkte zu beachten. Die Lamellen sind

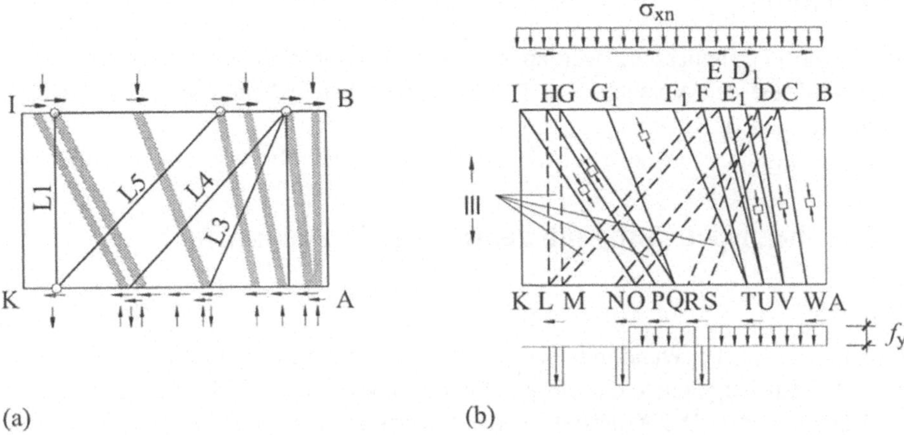

Bild 2.32 Resultierende und Spannungsfelder der verstärkten Tragwand BW6

in der oberen Betonplatte verankert. Wird die Betonplatte während des Versuches in horizontaler Richtung verschoben, so versagt zuerst die am stärksten geneigte Lamelle L4. Da die Lamellen unterschiedlich geneigt sind und sich die Betonplatte in Längsrichtung starr verhält, reissen die Lamellen nicht gleichzeitig, da sie kein Fließplateau aufweisen. Die Zugfestigkeit der Lamellen L3 und L5 kann nur teilweise ausgenützt werden. Bei hoher Schubbeanspruchung der Tragwand können nahezu vertikal verlaufende Spannungsfelder den geneigten Spannungsfeldern überlagert werden.

Die Neigungen der Resultierenden der Druckspannungsfelder werden durch den Reibungswinkel der Lagerfuge begrenzt. Der Tragwiderstand der Tragwand setzt sich aus den Anteilen des Mauerwerks und den Anteilen der Lamellen zusammen. Die im Versuch gemessene horizontale Bruchkraft von 429 kN kann rechnerisch mit Spannungsfeldern [22, 30] bestätigt werden. Unterschiede sind teilweise auf die zyklische Beanspruchung der Tragwand zurückzuführen. Dieser Effekt wird in den Tragmodellen nicht berücksichtigt. Er könnte durch eine Abminderung der Festigkeiten erfasst werden.

Beachtlich ist, dass mit einer Zunahme des Schubwiderstandes von 59% die dissipierte Energie der verstärkten Tragwand BW6 um 330% gesteigert wird. Dies ist auf die angepasste Anordnung der Verstärkung und die dadurch erreichte gleichmäßige Rissverteilung zurückzuführen.

2.4 Grundlagen der Bemessung

Die in diesem Abschnitt dargestellte Bemessung basiert auf einem einheitlichen Konzept [3, 7]. Gearbeitet wird für den Nachweis der Tragsicherheit mit Bemessungswerten der Beanspruchungen und der Widerstände. Die Nachweise der Gebrauchstauglichkeit werden mit charakteristischen Werten der Baustoffeigenschaften und mit Langzeit- und Kurzzeiteinwirkungen geführt.

2.4.1 Einleitung

Die Grundlagen der Bemessung werden nach der Beanspruchungsart zusammengestellt. Aufgebaut wird auf den Versuchen und den theoretischen Arbeiten von R. Furler [16], J. Schwartz [18] und H. R. Ganz [17]. Am Institut für Baustatik und Konstruktion der ETH Zürich werden Anschlussversuche zur Klärung wichtiger, offener Fragen durchgeführt.

2.4.2 Schubbeanspruchung mit zentrischer Normalkraft

Tragsicherheit

Für Einwirkungen in der Wandmittelebene, die zentrische Scheibenbeanspruchung, stellt die von H. R. Ganz hergeleitete einachsige Druckfestigkeit nach Bild 2.33 eine brauchbare, einfache Näherung dar. Die Kohäsion in der Lagerfuge ist in diesem Spannungsverlauf vernachlässigt.

$$f_\alpha \geq -\sigma_\alpha \geq \sigma_{\alpha+90}$$

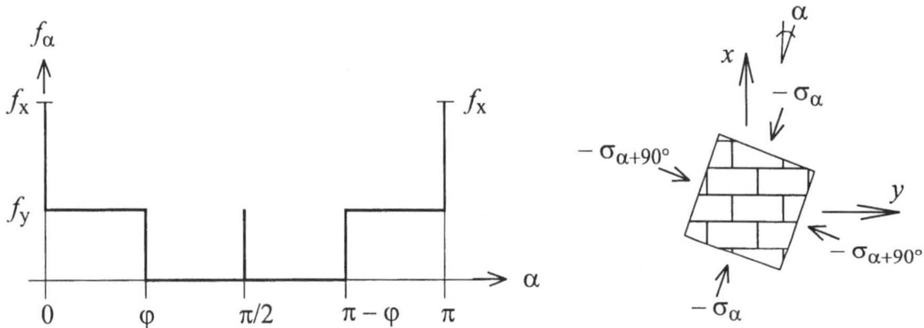

Bild 2.33 Rechnerische Druckfestigkeit

Für senkrecht zur Lagerfuge verlaufende Spannungen wird f_x erreicht. Sobald die Spannungen nicht mehr senkrecht zur Lagerfuge verlaufen, fällt die Festigkeit auf den Wert f_y ab. Wird der Winkel der inneren Reibung der Lagerfuge durch die Neigung des Spannungsfeldes überschritten, fällt der Wert der Festigkeit auf 0 ab. Erst wenn die Spannungen senkrecht zur Stoßfuge verlaufen, springt die Festigkeit wieder auf f_y um anschließend sofort wieder auf 0 abzusinken. Der Winkel von 90° entspricht einer Symmetrie.

Der Festigkeitsverlauf gemäss Bild 2.33 darf auch für bewehrtes Mauerwerk verwendet werden. In diesem Fall wird die Mauerwerkswand ähnlich wie eine Stahlbetontragwand [27, 30] bemessen. Die Neigung der belastbaren Diagonale, die mit f_{yd} ausgenützt wird, ist durch den Reibungswinkel der Lagerfuge begrenzt. Nur in der x-Richtung wird f_{xd} übertragen.

Einfacher Nachweis der Tragsicherheit

Der Nachweis wird mit dem statischen Grenzwertsatz der Plastizitätstheorie durchgeführt. Ausgegangen wird von einem statisch zulässigen Spannungszustand, der die Gleichgewichtsbedingungen erfüllt und die Fließbedingung nirgends verletzt. Eine Schubbean-

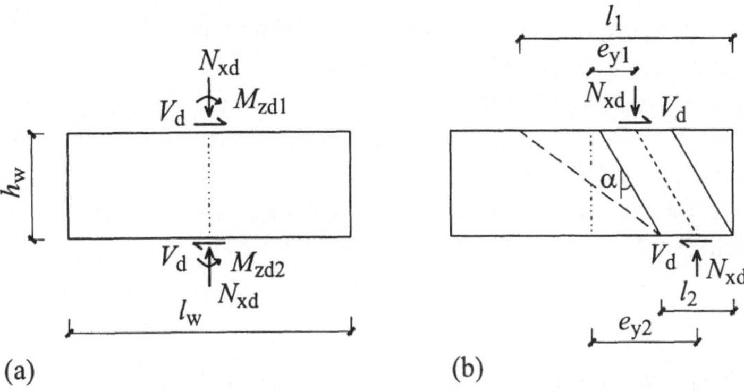

Bild 2.34 Schubbeanspruchung in Wand

spruchung mit zentrischer Normalkraft ($e_z = 0$) wird mit einer geneigten Druckstrebe, in der die Materialfestigkeit gemäß Bild 2.33 eingehalten ist, aufgenommen. Aus der Beanspruchung durch die horizontalen Kräfte entstehen in einer Tragwand Biegemomente in der Scheibenebene analog einem Balken. Aus diesen Momenten und den gleichzeitig wirkenden Normalkräften wird die Lage der Resultierenden in einem Geschoss bestimmt (Bild 2.34). Der Kraftfluss in der Wand entspricht einem fächerförmigen Druckspannungsfeld, das für die Bemessung durch ein paralleles ersetzt werden kann (Bild 2.34b). Die im Bild angegebene Höhe entspricht der Wandhöhe plus je eine halbe Deckendicke oben und unten. Die rechnerische Wandhöhe wird somit von Deckenmitte zu Deckenmitte gemessen. Mit dieser Annahme wird stillschweigend davon ausgegangen, dass die Decke den Spannungszustand im Knoten aufnehmen kann, was für Decken und Ringbalken in Stahlbeton zutrifft (Bild 2.35). Damit sind auch die Wandzonen bekannt, in denen die Querkraft und die Normalkraft durch geneigte Druckspannungen übertragen werden.

$$e_{y1} = \frac{M_{zd1}}{N_{xd}} \qquad e_{y2} = \frac{M_{zd2}}{N_{xd}}$$

$$l_1 = l_w - 2 \cdot e_{y1} \qquad l_2 = l_w - 2 \cdot e_{y2} \qquad V_d = N_{xd} \cdot \tan\alpha$$

Die kleinere Abmessung wird mit l_2 bezeichnet und führt auf die in der Diagonale übertragbare Kraft. Diese diagonale Druckkraft lässt sich auf die Normalkraft umrechnen. Normalkraft und Querkraft sind durch die Diagonalenneigung miteinander verbunden.

$$N_{xd} \leq f_{yd} \cdot l_2 \cdot t \cdot \cos^2\alpha \quad \text{mit} \quad \tan\alpha \leq (\tan\varphi)_d$$

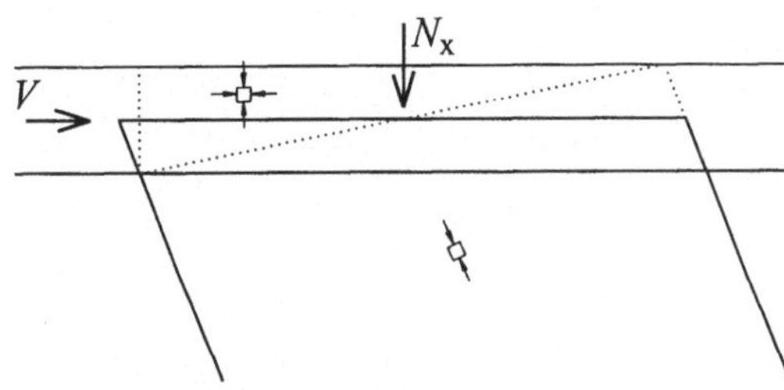

Bild 2.35
Spannungsfeld im Deckenbereich

Mit diesen beiden Größen wird beurteilt, ob die Tragsicherheit ohne weitere Maßnahmen erfüllt ist. Die erste Bedingung schließt das Materialversagen aus; die zweite Bedingung garantiert, dass in der Lagerfuge kein Gleiten stattfindet. Es ist aus dem Fächer von Bild 2.34 ersichtlich, dass es 'Spannungsfasern' gibt, die flacher verlaufen als die Resultierende, die mit dem in den Formeln verwendeten Winkel gegen die Vertikale zur Lagerfuge geneigt ist. Das bedeutet, dass für das Gleiten in der Lagerfuge nicht die einzelne 'Spannungsfaser' sondern die Richtung der Resultierenden maßgebend wird.

Beispiel 2.1

Untersucht wird eine Tragwand, die durch eine zentrische Normalkraft und die Erdbebeneinwirkung beansprucht wird. Die Abmessungen, die Materialkennwerte und die Schnittgrößen der Wand, die aus einem mehrgeschossigen Gebäude herausgeschnitten wird, sind gegeben (Bild 2.34).

$$f_{xd} = 4 \; N/mm^2 \qquad f_{yd} = 1.2 \; N/mm^2 \qquad l_w = 8 \; m$$

$$h_w = 3.0 \; m \qquad t = 0.15 \; m \qquad V_d = 100 \; kN$$

$$N_{xd} = 250 \; kN \qquad M_{zd1} = 200 \; kNm \qquad M_{zd2} = 500 \; kNm$$

Nachweis:

$$\tan\alpha = \frac{100}{250} = 0.4 < (\tan\varphi)_d = 0.6$$

$$e_{y1} = \frac{M_{zd1}}{N_{xd}} = \frac{200}{250} = 0.8 \; m \qquad e_{y2} = \frac{M_{zd2}}{N_{xd}} = \frac{500}{250} = 2.0 \; m$$

$$l_1 = 8.0 - 2 \cdot 0.8 = 6.4 \; m \qquad l_2 = 8.0 - 2 \cdot 2.0 = 4.0 \; m$$

$$N_{xd} = 250 \; kN < f_{yd} \cdot l_2 \cdot t \cdot \cos^2\alpha = 1.2 \cdot 4.0 \cdot 0.15 \cdot 0.862 \; MN = 621 \; kN \qquad \textbf{(i.O.)}$$

Erweiterter Nachweis der Tragsicherheit

Die zur Senkrechten der Lagerfuge geneigten Spannungen werden mit Spannungsdifferenzen parallel zur Senkrechten der Lagerfuge überlagert. Daraus ergibt sich die Möglichkeit, Normalkräfte in zwei Anteile aufzuspalten. Mit dem einen Anteil wird in der Tragwand die Querkraft in der Scheibenebene aufgebaut, mit dem andern kann ein konstantes Biegemoment über die betrachtete Wandhöhe (Bild 2.36) erzeugt werden.

$$-\sigma_{\alpha=0} \leq f_{xd} - f_{yd} \qquad -\sigma_{\alpha\neq0} \leq f_{yd}$$

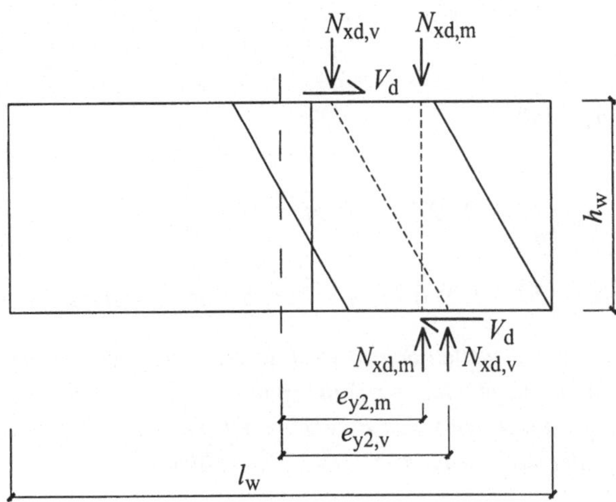

Bild 2.36 Erweitertes Spannungsfeld

Die senkrechten und diagonalen Spannungsfelder müssen am unteren Wandende nicht die gleiche Abmessung aufweisen (Bild 2.36), hingegen muss das Gleichgewicht der Wand erfüllt sein. Das vertikal durchlaufende Spannungsfeld kann breiter sein als das diagonale oder auch umgekehrt.

$$V_d = N_{xd,v} \cdot \tan \alpha \qquad l_{2v} = l_w - 2 \cdot e_{y2,v} \qquad l_{2m} = l_w - 2 \cdot e_{y2,m}$$

$$N_{xd,v} + N_{xd,m} = N_{xd} \qquad N_{xd,v} < f_{yd} \cdot l_{2v} \cdot t \cdot \cos^2\alpha \quad \tan\alpha \leq \tan\varphi_d$$

$$N_{xd,m} \cdot e_{y2,m} + N_{xd,v} \cdot e_{y2,v} = M_{zd2} \quad N_{xd,m} < (f_{xd} - f_{yd}) \cdot l_{2m} \cdot t$$

Wenn das Biegemoment oben oder unten in der Wand die Gleichgewichtsbedingung erfüllt, stimmt auch das Biegemoment am andern Rand.

Beispiel 2.2

Für eine gegebene Wand (Bild 2.36) ist der Nachweis der Tragsicherheit zu erbringen. Zuerst wird der einfache Nachweis durchgeführt, da diese Berechnung sehr einfach ist.

Daten der Wand und Beanspruchungen:

$$f_{xd} = 4 \ N/mm^2 \qquad f_{yd} = 1.2 \ N/mm^2 \qquad (\tan\varphi)_d = 0.6$$

$$l_w = 6.0 \ m \qquad t = 0.18 \ m \qquad h_w = 2.5 \ m$$

$$N_{xd} = 600 \ kN \qquad M_{zd2} = 1500 \ kNm \qquad V_d = 120 \ kN$$

Einfacher Nachweis:

$$tan\alpha = \frac{V_d}{N_{xd}} = \frac{120}{600} = 0.2 < (tan\varphi)_d = 0.6$$

$$e_{y2} = \frac{M_{zd2}}{N_{xd}} = \frac{1500}{600} = 2.5\ m \qquad l_2 = 6.0 - 2 \cdot 2.5 = 1.0\ mf$$

$$N_{xd} = 600\ kN < f_{yd} \cdot l_2 \cdot t \cdot cos^2\alpha = 1200 \cdot 1.0 \cdot 0.18 \cdot cos^2\alpha = 208\ kN \qquad \textbf{(nicht i.O.)}$$

Der einfache Nachweis genügt nicht. In einem zweiten Schritt wird für das unter dem Grenz-winkel geneigte diagonale Spannungsfeld und für das vertikale Spannungsfeld die gleiche, oben gerechnete Abmessung gewählt. Dadurch wird das Biegemoment am unteren Wand-ende nicht verändert, da der Angriffspunkt der Normalkraft unverändert bleibt.

$$N_{xd,v} = f_{yd} \cdot l_2 \cdot t \cdot (cos^2\varphi)_d = 1200 \cdot 1.0 \cdot 0.18 \cdot 0.74 = 158.8\ kN$$

$$N_{xd,v} \cdot (tan\varphi)_d = 95.3\ kN < V_d = 120\ kN \qquad\qquad \textbf{(nicht i.O.)}$$

Da auch dieser Nachweis nicht genügt, wird die Berechnung mit dem Grenzwinkel gestar-tet und die zugehörige Druckzone gesucht. Das Gleichgewicht muss weiterhin erfüllt sein.

$$V_d = 120\ kN \qquad V_d = N_{xd,v} \cdot (tan\varphi)_d \qquad N_{xd,v} = 200\ kN$$

$$N_{xd,v} = 200 = f_{yd} \cdot l_{2v} \cdot t \cdot (cos^2\varphi)_d = 1200 \cdot l_{2v} \cdot 0.18 \cdot 0.74 \qquad l_{2v} = 1.26\ m$$

$$N_{xd,v} + N_{xd,m} = 200\ kN + N_{xd,m} = N_{xd} = 600\ kN \qquad N_{xd,m} = 400\ kN$$

$$e_{y2,v} = 0.5 \cdot (l_w - l_{2v}) = 2.37\ m$$

$$N_{xd,m} \cdot e_{y2,m} + N_{xd,v} \cdot e_{y2,v} = M_{zd2} = 400 \cdot e_{y2,m} + 200 \cdot 2.37 = 1500\ kNm$$

$$e_{y2,m} = 2.56\ m \qquad l_{2m} = l_w - 2 \cdot e_{y2,m} = 6 - 2 \cdot 2.56 = 0.8704$$

$$N_{xd,m} = 400\ kN \le (f_{xd} - f_{yd}) \cdot l_{2m} \cdot t$$

$$N_{xd,m} = 400\ kN \le (4000 - 1200) \cdot 0.87 \cdot 0.18 = 439\ kN \qquad \textbf{(i.O.)}$$

Nachweis der Tragsicherheit für bewehrtes Mauerwerk

Es wird angenommen, dass die Stahleinlagen im Mauerwerk im allgemeinen vertikal und parallel zur Lagerfuge verlaufen. Für den Fall ohne Normalkraft ist das Spannungsfeld im Bild 2.37a für einen beliebigen Winkel und im Bild 2.37b für den Grenzwinkel dargestellt. Im Bild 2.37a kann bei gleichem Bewehrungsgehalt eine größere Bewehrungsfläche als im Bild 2.37b aktiviert werden. Umgekehrt kann im Bild 2.37b eine größere Zugkraft als im Bild 2.37a aufgebaut werden. Das Spannungsfeld l_3 ist durch den Winkel der steilsten Spannungsfaser begrenzt.

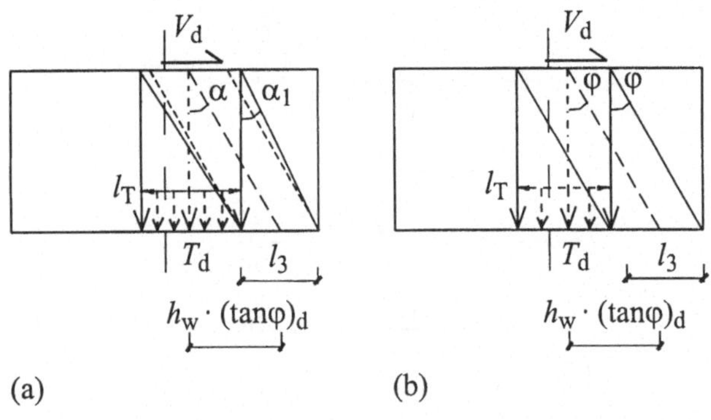

Bild 2.37 Vertikal bewehrtes Mauerwerk ohne Normalkraft

Formeln für Bild 2.37a: $l_T > l_3$

$$l_3 = h_w \cdot \tan \alpha_1$$

$$T_d = f_{yd} \cdot l_3 \cdot t \cdot (\cos^2 \varphi)_d = f_{yd} \cdot h_w \cdot \tan \alpha \cdot t \cdot (\cos^2 \varphi)_d$$

Formeln für Bild 2.37b: $l_T = l_3$

$$l_3 = h_w \cdot \tan \alpha_1 = h_w \cdot (\tan \varphi)_d \qquad T_d = f_{yd} \cdot l_3 \cdot t \cdot (\cos^2 \varphi)_d = f_{yd} \cdot h_w \cdot t \cdot (\sin \varphi \cdot \cos \varphi)_d$$

$$M_{zd2} = T_d \cdot h_w \cdot (\tan \varphi)_d \qquad M_{zd1} = 0$$

Die Momente sind in beiden Fällen gleich groß. Die Schnittgrößen ändern nicht, wenn das Spannungsfeld innerhalb der Wand verschoben wird.

Im Bild 2.38 ist zusätzlich ein geneigtes Spannungsfeld für die Normalkraft dargestellt. Als Spannungsfeld für die Bewehrung sind mehrere Lösungen möglich. Es stellt sich die Frage, ob eine möglichst große Bewehrungsfläche aktiviert werden muss (Bild 2.38c) oder ob ein möglichst großes Moment (Bild 2.38b) erforderlich ist. Im Bild 2.38a ist die Neigung der Resultierenden kleiner als der Grenzwinkel.

$$N_{xd} = f_{yd} \cdot l_2 \cdot t \cdot \cos^2 \alpha \qquad T_d = f_{yd} \cdot l_3 \cdot t \cdot (\cos^2 \varphi)_d$$

Formeln gemäß Bild 2.38b:

$$l_T = l_3 = h_w \cdot (\tan \varphi)_d \qquad M_{zd2} = N_{xd} \cdot 0.5 \cdot (l_w - l_2) + T_d \cdot h_w \cdot (\tan \varphi)_d$$

Formeln gemäß Bild 2.38c:

$$l_T = 2 \cdot h_w \cdot (\tan \varphi)_d - l_3 \qquad M_{zd2} = N_{xd} \cdot 0.5 \cdot (l_w - l_2) + T_d \cdot h_w \cdot (\tan \varphi)_d$$

Im Fall des Bildes 2.38c wird l_3 so gewählt, dass die zugehörige Druckkraft das Biegemoment aufbauen kann.

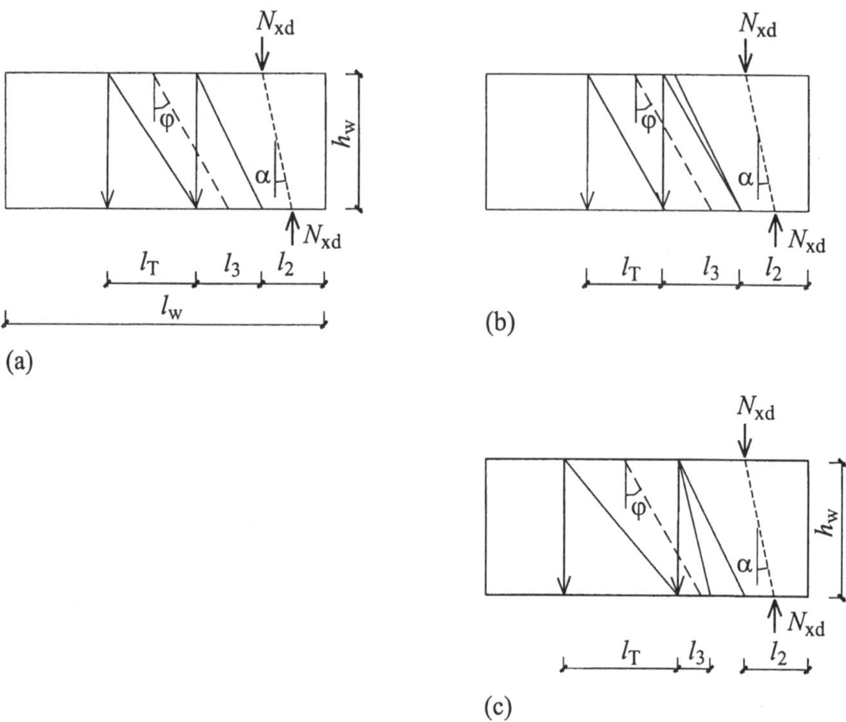

Bild 2.38 Vertikal bewehrtes Mauerwerk mit Normalkraft

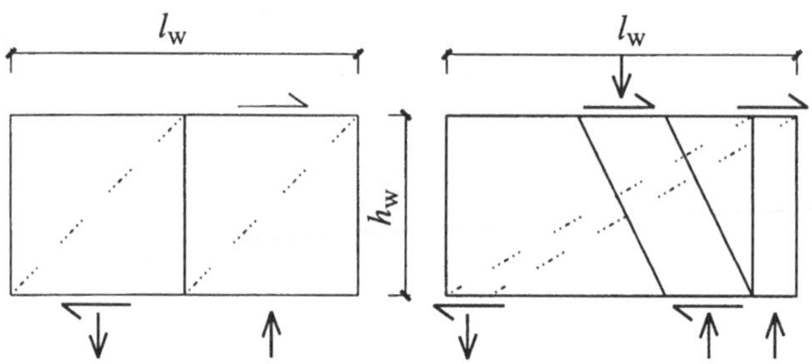

Bild 2.39 Diagonale Verstärkung

Verstärkungen können, wenn sie im Deckenbereich verankert werden, auch diagonal aufgebracht werden. Dadurch ergeben sich wirkungsvollere Möglichkeiten zur Aufnahme der
Kräfte. So kann selbst eine vertikal durchlaufende Druckkraft durch eine diagonal einge-
setzte Verstärkung aufgebaut werden (Bild 2.39). Die Vorspannung lässt sich sinnvoll
einsetzen, wenn die Normalkraft im Vergleich mit der Querkraft zu klein ist. An einem
Beispiel wird die Effizienz der verschiedenen Bewehrungsmöglichkeiten bezüglich Tragsicherheit aufgezeigt.

Beispiel 2.3

Untersucht wird ein Reihen-Einfamilienhaus mit drei Mauerwerksgeschossen und einem Untergeschoss in Stahlbeton (Bild 2.40). In der einen Richtung sind nur zwei kurze Treppenhaustragwände vorhanden, die praktisch die gesamte horizontale Erdbebeneinwirkung dieser Richtung übernehmen müssen. Die Decken sind in Stahlbeton ausgeführt. Das Haus steht in der Zone 1 und gehört zur Bauwerksklasse I [3]. Die Anteile der horizontalen Geschosskräfte betragen von oben nach unten 40%, 30%, 20% und 10%.

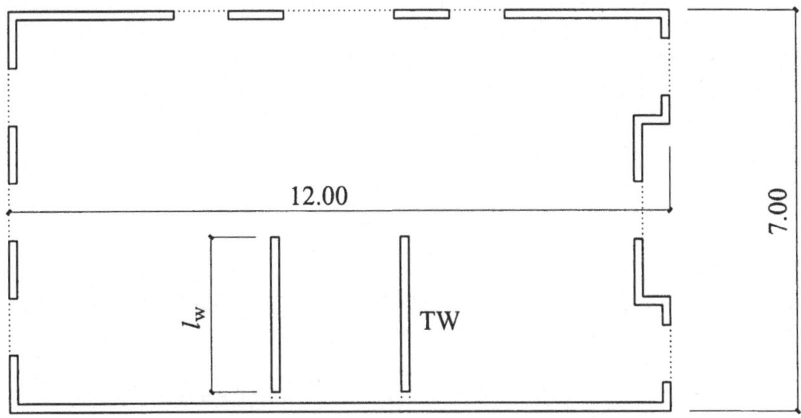

Bild 2.40 *Tragwände eines Wohnhauses*

$$Q_{acc} = 160\ kN \qquad V_{d,max} = 80\ kN \qquad \Delta N = 50\ kN$$

$$l_w = 2.5\ m \qquad h_w = 2.7\ m \qquad t = 0.15\ m$$

Da nur zwei Tragwände für die Horizontalkraft vorhanden sind, muss jede die Hälfte übernehmen. Das Stahlbetonuntergeschoss wird nicht untersucht. Das Einzugsgebiet für die Normalkräfte einer Treppenhauswand ist gering. Daher sind auch die Vertikalkräfte pro Treppenhauswand und Geschoss entsprechend klein. Die Resultierende liegt außerhalb des Wandquerschnitts (Bild 2.41).

$$N_{xd} = -3 \cdot 50 = -150\ kN \qquad V_d = 0.9 \cdot 80 = 72\ kN \qquad Q_{acc,TW} = 0.5 \cdot Q_{acc}$$

$$M_{zd2} = h_w \cdot (3 \cdot 0.4 + 2 \cdot 0.3 + 1 \cdot 0.2) \cdot Q_{acc,TW}$$

$$= 2 \cdot h_w \cdot Q_{acc,TW} = 2 \cdot 2.7 \cdot 80 = 432\ kNm$$

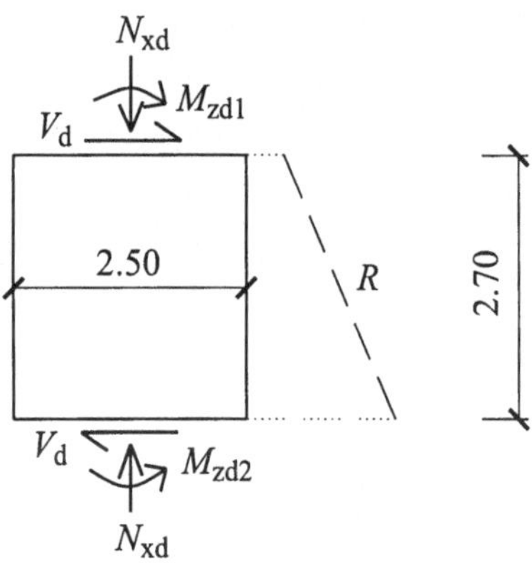

Bild 2.41 *Untersuchte Tragwand*

$$e_{z,sup} = \frac{M_{zd1}}{N_{xd}} = \frac{237.6}{150} = 1.58\ m \qquad e_{z,inf} = \frac{M_{zd2}}{N_{xd}} = \frac{432}{150} = 2.88\ m\ >\ 1.25\ m$$

Zuerst wird die Frage beantwortet, welche Querkraft die kurze Tragwand mit der vorhandenen Normalkraft aufnehmen kann.

$$f_{xd} = 4\ N/mm^2 \qquad\qquad f_{yd} = 2\ N/mm^2 \qquad\qquad (tan\varphi)_d = 0.6$$

$$V_d = 24.8\ kN \qquad\qquad N_{xd} = -\ 150\ kN \qquad\qquad Q_{acc,TW} = 27.6\ kN$$

$$M_{zd2} = 2 \cdot h_w \cdot Q_{acc,TW} \qquad l_2 = l_w - 4 \cdot \frac{Q_{acc,TW} \cdot h_w}{N_{xd}} \qquad tan\alpha = \frac{0.9 \cdot Q_{acc,TW}}{N_{xd}}$$

$$N_{xd} = f_{yd} \cdot t \cdot l_2 \cdot cos^2\alpha = f_{yd} \cdot t \cdot \left(l_w - 4 \cdot \frac{Q_{acc,TW} \cdot h_w}{N_{xd}} \right) \cdot \frac{N_{xd}^2}{N_{xd}^2 + 0.81 \cdot Q_{acc,TW}^2}$$

$$Q_{acc,TW} = -\frac{2}{0.81} \cdot f_{yd} \cdot t \cdot h_w + \sqrt{\left(\frac{2}{0.81} \cdot f_{yd} \cdot t \cdot h_w \right)^2 - \frac{N_{xd}^2}{0.81} + \frac{N_{xd} \cdot f_{yd} \cdot t \cdot l_w}{0.81}} = 27.6\ kN$$

*Die aufnehmbare Querkraft im Erdgeschoss entspricht ungefähr 28 kN. Damit nehmen die Treppenhauswände nur rund ein **Drittel** der rechnerisch vorhandenen Erdbebenkraft auf. Es wird auch noch die Frage beantwortet, wie groß die Normalkraft für eine maximale Querkraftaufnahme sein müßte. Dazu wird die halbe Wandlänge auf Druck beansprucht.*

$$N_{xd,v} = f_{yd} \cdot t \cdot 0.5 \cdot l_w \cdot cos^2\alpha \qquad\qquad tan\alpha = \frac{V_d}{N_{xd,v}}$$

$$cos^2\alpha = \frac{N_{xd,v}^2}{N_{xd,v}^2 + V_d^2} \qquad\qquad N_{xd} = N_{xd,m} + N_{xd,v}$$

$$N_{xd,m} = (f_{xd} - f_{yd}) \cdot t \cdot 0.5 \cdot l_w = 2 \cdot 0.15 \cdot 1.25 = 375\ kN$$

$$N_{xd,v} = \frac{f_{yd} \cdot t \cdot l_w}{4} + \sqrt{\left(\frac{f_{yd} \cdot t \cdot l_w}{4}\right)^2 - V_d^2}$$

Die Gleichung wird für verschiedene Querkräfte ausgewertet (Tabelle 2.4). Die maximale Querkraft, die aufgenommen werden kann, beträgt ungefähr 84.5 kN. Dazu ist allerdings eine Normalkraft von etwa 730 kN erforderlich.

Tabelle 2.4 *Querkraftberechnung*

V_d (kN)	$N_{xd,v}$ (kN)	N_{xd} (kN)	$M_{zd,R}$ (kNm)	$M_{zd,vorh}$ (kNm)
80	357.1	732.1	457.5	432.0
84	355.1	730.1	456.3	453.6
84.5	354.88	729.88	456.2	456.3
84.48	354.89	729.89	456.18	456.19

Vorspannung

Die Treppenhauswände werden mit Spanngliedern an den Rändern verstärkt. Es wird angenommen, dass die Spannglieder über 1.20 m verteilt sind. Damit ist die Resultierende 0.60 m vom Rand entfernt. Diese Annahme wird nach der Berechnung der Vorspannung und der aufnehmbaren Erdbebenkraft kontrolliert. Die Horizontalkräfte werden direkt auf das Untergeschoss abgegeben. Die Abmessung der Druckzone der Diagonale wird gewählt und stufenweise vergrößert bis die Spannungen im Überlagerungsbereich ausgenützt sind (Bild 2.42a). Da das Verhältnis der Horizontalkräfte gegeben ist, sind nach der Wahl der obersten Abmessung alle Kräfte gegeben (Tabelle 2.5). In der angegebenen Vorspannung ist die vorhandene Normalkraft enthalten.

$$\tan\alpha = \frac{l_w - l_{2,i-1} - 0.5 \cdot l_{2,i}}{(4-i) \cdot h_w} \qquad \Delta N_{xd,i} = l_{2,i} \cdot t \cdot f_{yd} \cdot \cos^2\alpha_i$$

$$D_{Rd,max} = (f_{xd} - f_{yd}) \cdot t \cdot l_p = 2000 \cdot 0.15 \cdot 1.2 = 360 \ kN$$

$$P_d = \sum \Delta N_{xd,i}$$

Tabelle 2.5 *Spannungsfeldberechnung Vorspannung*

i (p_i in %)	$l_{2,i}$ (m)	$\tan\alpha_i$	$\Delta N_{xd,i}$ (kN)	$\Delta V_{d,i}(l_{2,i})$ (kN)	$\Delta V_{d,i,ger}$ (kN)	$Q_{acc,TW}$ (kN)	P_d (kN)
1 (40%)	0.56	0.200	161.5	32.3	–	80.75	
2 (30%)	0.40	0.211	114.9	24.3	24.2		
3 (20%)	0.19	0.313	51.9	16.2	16.2		328.3
1 (40%)	0.60	0.198	173.2	34.2	–	85.5	
2 (30%)	0.445	0.200	128.4	25.6	25.7		
3 (20%)	0.222	0.276	61.9	17.1	17.1		363.5

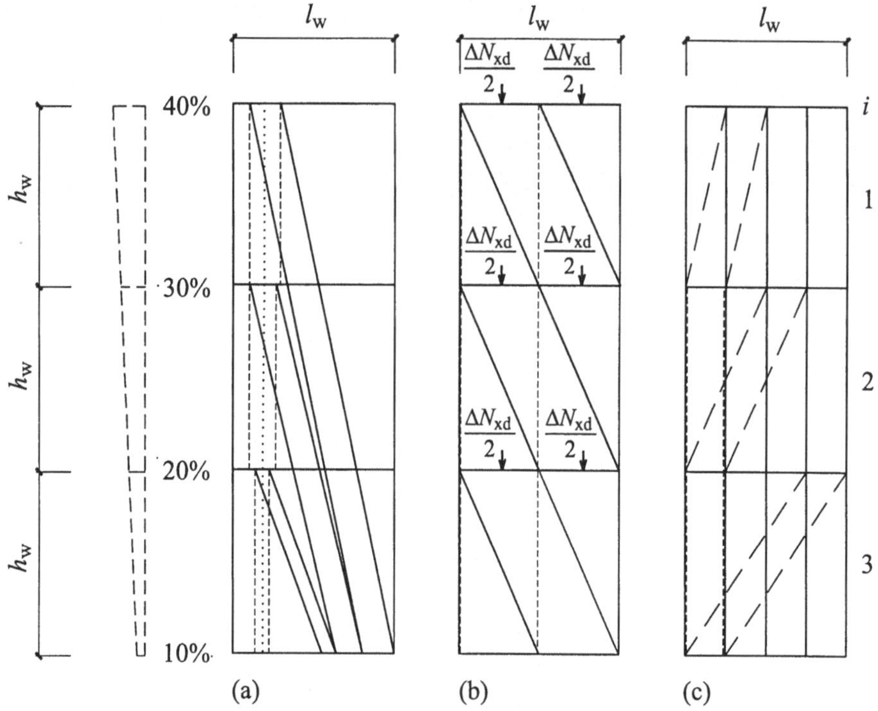

Bild 2.42 *Spannungsfelder in Tragwand*

Die Summe der Vorspannkräfte darf den maximalen Druckwiderstand nicht überschreiten. Der letzte gerechnete Wert liegt so nahe beim exakten, dass die Berechnung abgebrochen wird.

$$\Delta V_{d,i}(l_{2,i}) = \Delta N_{xd,i} \cdot \tan\alpha_i \qquad \Delta V_{d,i,cal} = \Delta V_{d,1}(l_{2,1}) \cdot \frac{p_i}{p_1} \qquad Q_{acc,TW} = \frac{\Delta V_{d1}}{p_1}$$

$$P_{d,ef} = P_d - \frac{N_{xd}}{2} = 288.5 \; kN \qquad Q_{acc,TW} = 85.5 \; kN$$

Vertikale Stahleinlagen

Es wird angenommen, dass die Bewehrung der halben Wandlänge unter Zug ist (Bild 2.42b). Entsprechend verlaufen die Wirkungslinien der Zug- und der Druckkräfte in den Viertelspunkten. Die Normalkräfte werden ebenfalls je zur Hälfte in diese Punkte verteilt. Dadurch werden die vertikal überlagerbare Druckkraft aus der Querkraft und die Kraft der Stahleinlagen reduziert.

$$l_2 = 0.5 \cdot l_w = 1.25 \; m \qquad\qquad \Delta\sigma_x = \frac{3 \cdot \Delta N}{t \cdot l_w} = \frac{0.15}{0.15 \cdot 2.5} = 0.4 \; N/mm^2$$

$$\tan\alpha = \frac{l_w}{2 \cdot h_w} = \frac{1.25}{2.7} = 0.463 \qquad \Delta f_m = f_{xd} - f_{yd} - \Delta\sigma_x = 4 - 2 - 0.4 = 1.6 \; N/mm^2$$

$$D_{Rdm} = \Delta f_m \cdot t \cdot 0.5 \cdot l_w = 1.6 \cdot 0.15 \cdot 0.5 \cdot 2.5 = 300 \; kN$$

Es wird untersucht, ob das vertikal überlagerte Spannungsfeld oder die Diagonale mit der maximalen Querkraft massgebend wird.

$$(0.4 + 0.7) \cdot Q_{acc,m} = D_{Rdm} \cdot \tan\alpha \quad Q_{acc,m} = 126.3 \; kN$$

$$D_{Rdv} = f_{yd} \cdot t \cdot l_2 \cdot \cos^2\alpha = 308.8 \; kN$$

$$0.9 \cdot Q_{acc,v} = D_{Rdv} \cdot \tan\alpha \qquad Q_{acc,v} = 158.9 \; kN$$

Der kleinere der beiden Werte ist für die aufnehmbare Erdbebenkraft massgebend. Entsprechend sind die maximale vertikale Druckkraft und die Zugkraft für die Stahleinlagen zu bestimmen.

$$Q_{acc,TW} = Q_{acc,m} = 126.3 \; kN$$

$$D_{Rd,inf} = D_{Rdm} + \frac{0.9 \cdot Q_{acc,m}}{\tan\alpha} + \frac{N}{2} = 300 + \frac{0.9 \cdot 126.3}{0.463} + 75 = 620.5 \; kN$$

$$Z_{Rd,inf} = D_{Rdm} + \frac{0.9 \cdot Q_{acc,m}}{\tan\alpha} - \frac{N}{2} = 300 + \frac{0.9 \cdot 126.3}{0.463} - 75 = 545.5 \; kN$$

Diagonale Lamellen

Die diagonalen Lamellen werden bei jeder Decke umgelenkt und vertikal hinuntergeführt (Bild 2.42c). Dadurch muss in jedem Geschoss die dort vorhandene Querkraft durch die Lamellen übernommen werden. Vertikal kann so die maximale Druckkraft ausgenützt werden.

Die aufnehmbare Querkraft wird iterativ bestimmt. Gestartet wird die Berechnung im untersten Mauerwerksgeschoss. Da das Verhältnis der Horizontalkräfte gegeben ist, sind nach der Wahl der obersten Abmessung alle Kräfte gegeben (Tabelle 2.6). Da der Wert im letzten Berechnungsgang der Tabelle 2.6 (*), bei dem die volle Breite der Wand ausgenützt ist, zu klein ist, sind die Resultate der zweiten Berechnung gültig.

Tabelle 2.6 *Spannungsfeldberechnung Lamelle*

i (p_i) (%)	$l_{2,i}$ (m)	$\tan\alpha_i$	$N_{xd,i}$ (kN)	$V_{d,i}(l_{2,i})$ (kN)	$V_{d,i,ger}$ (kN)	$Q_{acc,TW}$ (kN)
3 (90%)	0.585	0.60	315.9	189.5	–	
2 (70%)	0.535	0.511	288.9	147.7	147.4	
1 (40%)	0.460	0.341	248.4	84.6	84.2	210.6
3 (90%)	0.60	0.6	324.0	194.4	–	
2 (70%)	0.57	0.493	307.8	151.6	151.2	
1 (40%)	0.60	0.270	324.0	87.6	86.4	**216.0**
3 (90%)	0.62	0.60	334.8	200.9	–	
2 (70%)	0.62	0.467	334.8	156.2	156.2	
1 (40%)	0.63	0.233	340.2	79.4 *	89.3	223.2

$$\Delta\sigma_x = \frac{N_{xd}}{t \cdot l_w} = \frac{0.15}{0.15 \cdot 2.5} = 0.4 \ N/mm^2$$

$$\Delta f_x = f_{xd} - \Delta\sigma_x = 4 - 0.4 = 3.6 \ N/mm^2 \qquad N_{Rd,i} = \Delta f_x \cdot l_{2,i} \cdot t$$

$$tan\alpha_3 = \frac{l_w - l_{2,1}}{h_w} \le (tan\varphi)_d \qquad\qquad tan\alpha_2 = \frac{l_w - l_{2,1} - l_{2,2}}{h_w} \le (tan\varphi)_d$$

$$tan\alpha_1 = \frac{l_w - l_{2,1} - l_{2,2} - l_{2,3}}{h_w} \le (tan\varphi)_d \qquad Q_{acc,TW} = 216.0 \ kN$$

Der Vergleich zeigt, dass das Mauerwerk alleine nur die Erdbebenkraft von 27.6 kN auf-nimmt, während mit einer Vorspannung dieser Wert auf 85.5 kN gesteigert wird. Mit einer vertikalen, schlaffen Bewehrung werden 126.3 kN und mit diagonalen Lamellen sogar 216 kN aufgenommen.

Gebrauchstauglichkeit

In Mauerwerkswänden, die durch die Schnittkraftkombination Normalkraft, Biegemoment und Querkraft in der Scheibenebene beansprucht sind, können zwei Rissarten beobachtet werden. Die Schubrisse sind geneigt und verlaufen treppenförmig in den Fugen oder durch die Steine. Ihre Rissbreite wird durch die rechnerische Verschiebung eines Geschosses nachgewiesen. Die Biegerisse sind horizontal und verlaufen in den Lagerfugen oder zwischen der Wand und der Decke. Die Rissbreite wird in diesem Fall durch die rechnerische Randzugdehnung nachgewiesen. Vereinfachend können Randzugdehnung und Verschiebung eines Geschosses mit der Balkentheorie ermittelt werden. Dabei werden für die Berechnung ein linear elastisches Stoffgesetz und eine ungerissene homogene Wand vorausgesetzt. Bei der Berechnung der horizontalen Verschiebungen sind nebst den Biegeverformungen auch die Schubverformungen zu berücksichtigen (Bild 2.43). Für die Randzugdehnung und die Verschiebung eines Geschosses sind in der Tabelle 2.7 Richtwerte angegeben. Es werden normale und hohe Anforderungen unterschieden.

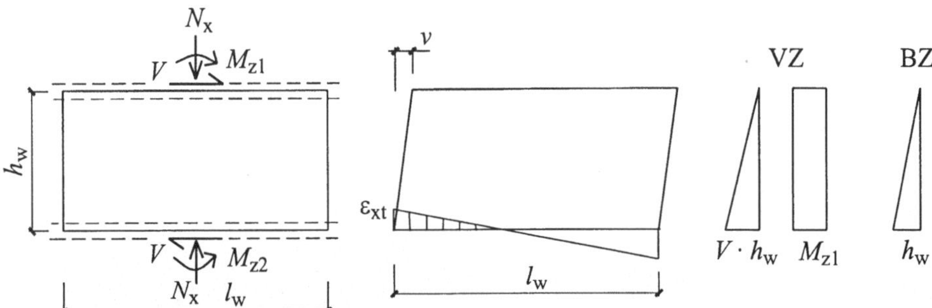

Bild 2.43 Bestimmung der Tragwandverformung

Tabelle 2.7 Richtwerte der Verformungen [7]

	$v_{\lim}/h_{\mathrm{w}}$	$\varepsilon_{\mathrm{xt,lim}}$	$r_{\lim}$
hohe Anforderungen	$3 \cdot 10^{-4}$	10^{-4}	0.05 mm
normale Anforderungen	10^{-3}	10^{-3}	0.20 mm

Normale Anforderungen genügen, wenn das Mauerwerk vor Witterungseinflüssen weitgehend geschützt ist, Risse keine Folgeschäden verursachen und Risse im Hinblick auf das Aussehen toleriert werden. Hohe Anforderungen sind zu erfüllen, wenn das Mauerwerk extremen Witterungseinflüssen ausgesetzt ist, Risse Folgeschäden verursachen können und eine Beschränkung der Rissbreiten aus ästhetischen Gründen gefordert ist. Oft müssen zusätzliche Maßnahmen ergriffen werden.

$$v = \frac{V \cdot h_{\mathrm{w}}^3}{3 \cdot EJ_{\mathrm{z}}} + \frac{M_{\mathrm{z1}} \cdot h_{\mathrm{w}}^2}{2 \cdot EJ_{\mathrm{z}}} + \frac{V \cdot h_{\mathrm{w}}}{G \cdot A_{\mathrm{x}}} \qquad J_{\mathrm{z}} = \frac{t \cdot l_{\mathrm{w}}^3}{12} \qquad A_{\mathrm{x}} = t \cdot l_{\mathrm{w}}$$

$$\varepsilon_{\mathrm{xt}} = \frac{\sigma_{\mathrm{xt}}}{E} = -\frac{N_{\mathrm{x}}}{l_{\mathrm{w}} \cdot t \cdot E} + 6 \cdot \frac{M_{\mathrm{z1}} + V \cdot h_{\mathrm{w}}}{t \cdot l_{\mathrm{w}}^2 \cdot E}$$

Falls die Verformungen aufgezwungen sind (Schwinden, Temperatur, usw.), werden die Verschiebung eines Geschosses oder auch die Randzugdehnung geometrisch ermittelt. Oft sind konstruktive Maßnahmen erforderlich, um Risse zu begrenzen.

Beispiel 2.4

Untersucht wird die Tragwand von Bild 2.44. Die Beanspruchungen aus dem Langzeitwert der ständigen Einwirkung und dem Kurzzeitwert der veränderlichen Einwirkung sind gegeben. Es ist zweckmässig die Rissbreite unter Langzeiteinwirkungen zu ermitteln. Die Verschiebung eines Geschosses und die Randzugdehnung werden für Kurzzeiteinwirkungen ermittelt.

$$l_w = 8\ m \qquad\qquad t = 0.15\ m \qquad\qquad h_w = 3\ m$$

$$E_x = 4.5\ kN/mm^2 \qquad G = 1.4\ kN/mm^2$$

$$V = 100\ kN \qquad\qquad M_{z1} = 1000\ kNm \qquad\qquad N_x = 700\ kN$$

Verformungen:

$$v = \frac{V \cdot h_w^3}{3 \cdot EJ_z} + \frac{M_{z1} \cdot h_w^2}{2 \cdot EJ_z} + \frac{V \cdot h_w}{G \cdot A_x} = \frac{0.1 \cdot 3^3}{3 \cdot 4500 \cdot 6.4} + \frac{1 \cdot 9}{2 \cdot 4500 \cdot 6.4} + \frac{0.1 \cdot 3}{1400 \cdot 1.2}$$

$$v = 0.0313 + 0.1563 + 0.1786 = 0.366\ mm$$

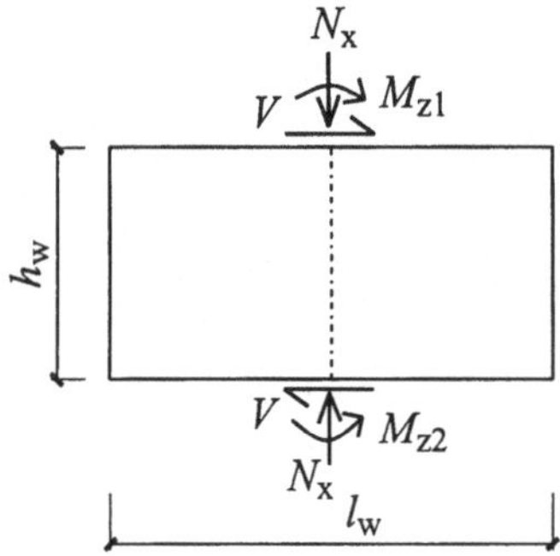

Bild 2.44
Wand mit Beanspruchung

Dehnungen:

$$\varepsilon_{xt} = \frac{\sigma_{xt}}{E} = -\frac{N_x}{l_w \cdot t \cdot E} + 6 \cdot \frac{M_{z1} + V \cdot h_w}{t \cdot l_w^2 \cdot E} = \frac{-0.7}{8 \cdot 0.15 \cdot 4500} + 6 \cdot \frac{1.0 + 0.1 \cdot 3}{0.15 \cdot 64 \cdot 4500}$$

$$\varepsilon_{xt} = -0.1296 \cdot 10^{-3} + 0.1806 \cdot 10^{-3} = 0.509 \cdot 10^{-4}$$

$$\varepsilon_{xt} = 0.509 \cdot 10^{-4} < \varepsilon_{xt,lim} = 10^{-4} \qquad \frac{v}{h_w} = 1.2 \cdot 10^{-4} < \frac{v_{lim}}{h_w} = 3 \cdot 10^{-4} \qquad \textbf{\textit{(i.O.)}}$$

Mit den gerechneten Werten sind somit hohe Anforderungen erfüllt.

2.4.3 Zentrische Normalkraftbeanspruchung

Eine rein zentrische Normalkraftbeanspruchung einer Wand ist in der praktischen Ausführung nicht möglich. Selbst ein Hochbaulager ist nur beschränkt zentrierbar. Auch bei über Wänden durchlaufenden Decken ist in der Regel eine Deckenverdrehung vorhanden. Nur Innenwände mit gleichen anschließenden Deckenspannweiten gelten im Wohnungsbau mit relativ kleinen Nutzlasten als zentrisch beansprucht (Bild 2.45). Die Wandhöhe zwischen den Wendepunkten darf die Bezugshöhe nicht überschreiten. Die Wendepunkte sind von den Lagerungsbedingungen (bzw. den Randbedingungen) der Wand abhängig.

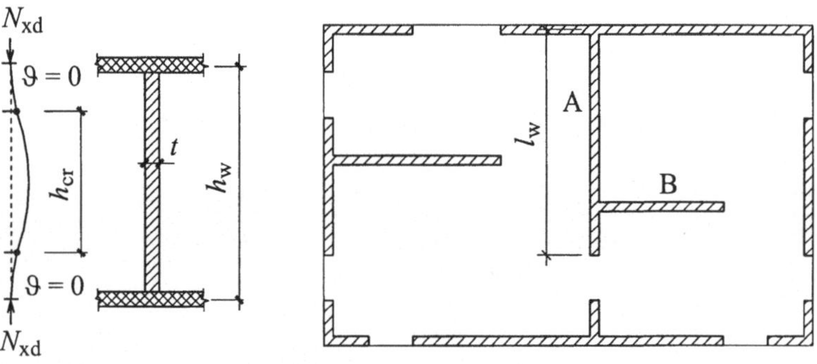

Bild 2.45 Zentrisch beanspruchte Tragwand

$$h_{cr} < h_{Ed} \qquad h_{Ed} = \pi \cdot \sqrt{\frac{B_{yd}}{N_{xd}}} \qquad B_{yd} = E_{xd} \cdot J_y \cdot \sqrt{1 - \frac{N_{xd}}{2 \cdot A_x \cdot f_{xd}}}$$

Mit dieser Bedingung wird ein Stabilitätsversagen der Wand ausgeschlossen. Die Druckfestigkeit kann im ganzen Querschnitt der Wand ausgenützt werden. Entsprechend ist die Kontrolle der Normalkraft anzupassen. Vorhandene ungewollte Vorverformungen sind in den Materialkennwerten berücksichtigt.

$$N_{xd} \leq f_{xd} \cdot t \cdot l_w$$

Wirkt gleichzeitig mit der zentrischen Normalkraft eine Querkraft in der Wandebene, wird dadurch die Resultierende schief gestellt. Der Nachweis der Tragsicherheit kann nach dem Abschnitt Schubbeanspruchung mit zentrischer Normalkraft erbracht werden.

Beispiel 2.5

Die Wand A im Grundriss von Bild 2.45 darf als zentrisch beansprucht angenommen werden. Diese Situation wird durch die aussteifende Wand B und die Außenwand noch verstärkt. Beide verhindern lokal ein Ausweichen der Wand A.

$$f_{xd} = 4 \ N/mm^2 \qquad E_{xd} = 2.3 \ kN/mm^2$$

$$t = 0.15 \ m \qquad h_w = 2.6 \ m \qquad l_w = 5 \ m$$

$$N_{xd} = 850 \ kN$$

Berechnung:

$$A_x = 0.15 \cdot 5 = 0.75 \ m^2 \qquad J_y = \frac{5 \cdot 0.15^3}{12} = 1.4063 \cdot 10^{-3} \ m^4$$

$$B_{yd} = E_{xd} \cdot J_y \cdot \sqrt{1 - \frac{N_{xd}}{2 \cdot A_x \cdot f_{xd}}} = 2.3 \cdot 10^6 \cdot 1.406 \cdot 10^{-3} \cdot \sqrt{1 - \frac{850}{2 \cdot 0.75 \cdot 4000}}$$

$$B_{yd} = 2996 \ kNm^2$$

$$h_{cr} = 1.3 \ m < h_{Ed} = \pi \cdot \sqrt{\frac{B_{yd}}{N_{xd}}} = \pi \cdot \sqrt{\frac{2996}{850}} = 5.9 \ m$$

$$N_{xd} = 850 \ kN < f_{xd} \cdot t \cdot l_w = 4000 \cdot 0.15 \cdot 5 = 3000 \ kN \qquad\qquad \textbf{(i.O.)}$$

Die Abminderung der Biegesteifigkeit durch die Normalkraft ist im allgemeinen sehr gering.

2.4.4 Exzentrische Normalkraftbeanspruchung

Tragsicherheit

Die Biegemoment-Normalkraft-Krümmungs-Beziehung von Mauerwerkswänden, die in [18] entwickelt wurde, ist im Bild 2.46a dargestellt. Diese Beziehung wird durch den Normalkraftwiderstand (Bild 2.46b), bei dem Versagen des Materials auftritt, begrenzt. Der Rechenwert der Biegesteifigkeit ist von der Größe der Normalkraft abhängig. Allerdings ist die Reduktion der Biegesteifigkeit durch die Normalkraft im allgemeinen klein, da im Mauerwerk extrem große Normalkräfte selten sind.

$$\Phi_y \cdot \frac{h_E^2}{t} = 4.1 \cdot \tan\left(2.4 \cdot \frac{e_z}{t}\right) \cdot \left\{1 + \tan^2\left(2.4 \cdot \frac{e_z}{t}\right)\right\} \qquad \text{mit} \quad h_E = \pi \cdot \sqrt{\frac{B_y}{N_x}}$$

$$B_y = E_x \cdot J_y \cdot \sqrt{1 - \frac{N_x}{2 \cdot A_x \cdot f_x}} \qquad \tan\left(2.4 \cdot \frac{e_z}{t}\right) \quad \text{(Winkel im Bogenmaß)}$$

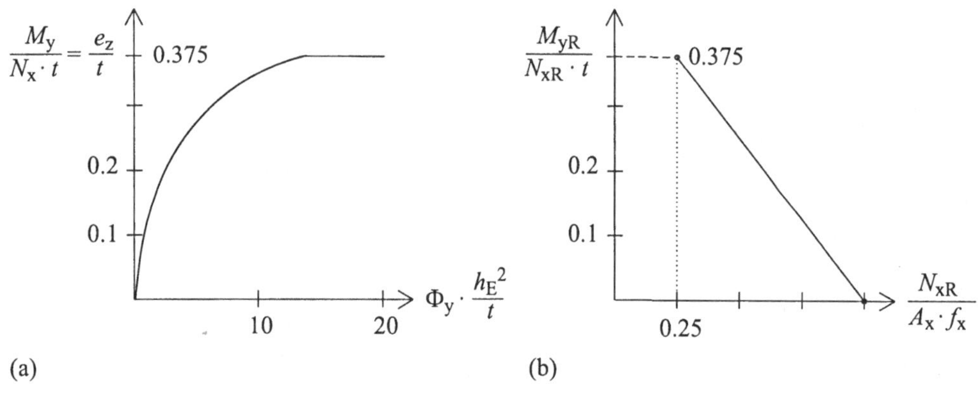

Bild 2.46 Rechnerische Normalkraft-Moment-Krümmungs-Beziehung

Einfacher Nachweis der Tragsicherheit

J. Schwartz [18] hat die Grenzen festgelegt, unterhalb denen keine Nachweise mit den Diagrammen erforderlich sind. Die Normalkraft darf nur einen Viertel der plastischen Normalkraft erreichen. Gleichzeitig muss das Stabilitätsversagen ausgeschlossen sein.

$$N_{xd} \leq 0.25 \cdot A_x \cdot f_{xd}$$

$$h_{ef} \leq \zeta \cdot h_{Ed} \quad \text{mit } \zeta \text{ gemäß Tabelle 2.8 und unter Beachtung von Bild 2.48}$$

$$h_{Ed} = \pi \cdot \sqrt{\frac{B_{yd}}{N_{xd}}} \qquad B_{yd} = E_{xd} \cdot J_y \cdot \sqrt{1 - \frac{N_{xd}}{2 \cdot A_x \cdot f_{xd}}}$$

Unterhalb diesem Schwellenwert der Normalkraft sind nach Bild 2.46 beliebige Rotationen möglich. Stabilitätsversagen ist auszuschließen, wenn die betrachtete Wandhöhe (Bild 2.47) kleiner ist als die aufgrund der Randbedingungen bestimmte Bezugshöhe. Diese wird entsprechend dem Lagerungsfall von Tabelle 2.8 reduziert. Der klaffende Riss tritt bei diesen kleinen Normalkräften am Übergang von der Decke zur Wand auf.

Der Faktor ζ ist abhängig von der Form der Biegelinie der Wand. Die Wände können entsprechend den Lagerungsbedingungen nach den Fällen A, B und C eingeteilt werden (Bild 2.47). Die Kurve in Bild 2.48 trennt die Bereiche, in denen Stabilitätsversagen möglich ist, von denen, die stabil sind [18].

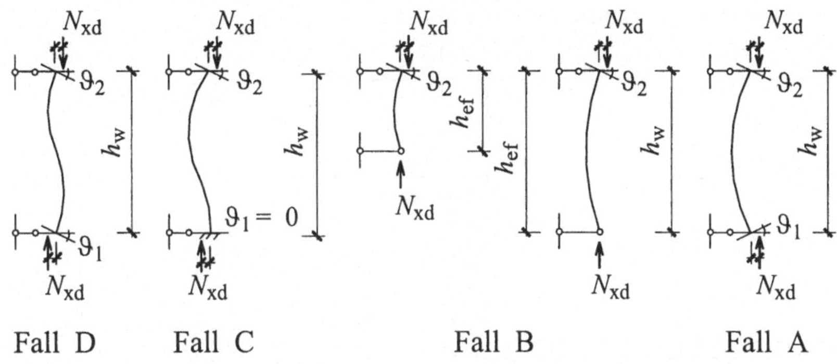

Bild 2.47 Stabilitätsfälle der Wände

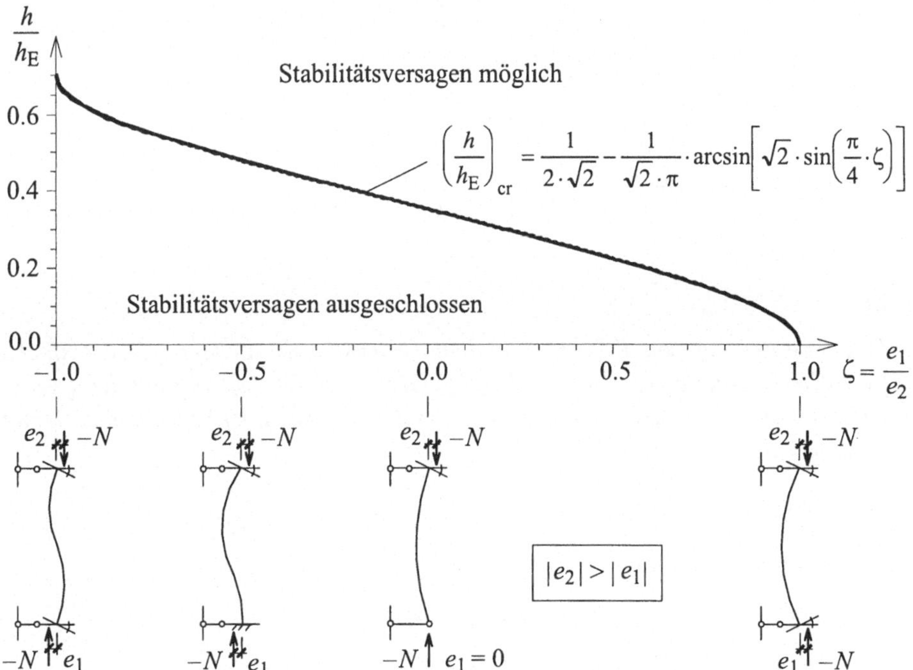

$$\left(\frac{h}{h_E}\right)_{cr} = \frac{1}{2\cdot\sqrt{2}} - \frac{1}{\sqrt{2}\cdot\pi}\cdot\arcsin\left[\sqrt{2}\cdot\sin\left(\frac{\pi}{4}\cdot\zeta\right)\right]$$

Bild 2.48 Abgrenzung des Stabilitätsversagens

Die Indentifikation in einem Gebäude ist mit den drei Fällen sehr einfach (Bild 2.49). Ein steifes Stahlbetonuntergeschoss führt zu einer Fußeinspannung der darüberliegenden Wand (Fall C). Für den Fall A ist eine ungewöhnliche Anordnung der Decken und Wände erforderlich oder es müssen Lager mit den entsprechenden Exzentrizitäten angeordnet sein. Die meisten Situationen entsprechen dem Fall B. Der Fall D von Bild 2.47 ist durch den Fall B erfasst, indem im Anschluss an einen Deckenknoten nur die halbe Höhe der Wand betrachtet wird.

Tabelle 2.8 Faktor der Biegelinie [7]

Fall	A	B	C
Normbezeichnung	V1 bzw. E1	V2 bzw. E2	V3 bzw. E3
Faktor ζ	0	0.3	0.5

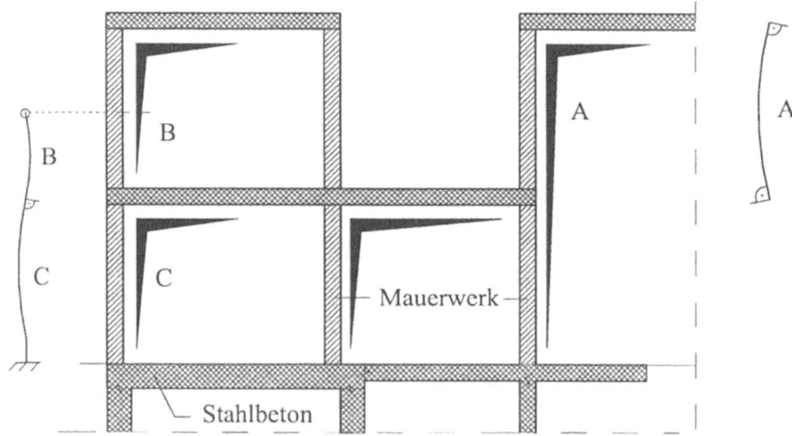

Bild 2.49 Stabilitätsfälle im Gebäude

Beispiel 2.6

Für die Mauerwerkswand von Bild 2.50 sind die Normalkräfte bekannt. Der einfache Nachweis wird im Beispiel pro Laufmeter Wand geführt. Eine Berechnung mit der gesamten Wandlänge ändert nichts am Vorgehen. Die Randbedingungen der untersuchten Wand entsprechen dem Fall V2.

$$l_w = 6.25\ m \qquad h_w = 2.5\ m \qquad t = 0.18\ m$$

$$f_{xd} = 4\ N/mm^2 \qquad E_{xd} = 2.3\ kN/mm^2$$

$$N_{xd} = 120\ kN/m \qquad N_{xRd} = 0.18 \cdot 4 = 720\ kN/m$$

$$A_x = 0.18\ m^2/m \qquad J_y = 0.486 \cdot 10^{-3}\ m^4/m$$

$$B_{yd} = E_{xd} \cdot J_y \cdot \sqrt{1 - \frac{N_{xd}}{2 \cdot A_x \cdot f_{xd}}} = 2.3 \cdot 10^6 \cdot 0.486 \cdot 10^{-3} \cdot \sqrt{1 - \frac{0.12}{2 \cdot 0.18 \cdot 4}}$$

$$B_{yd} = 1070.2 \; kNm^2 \, / \, m$$

$$h_{Ed} = \pi \cdot \sqrt{\frac{B_{yd}}{N_{xd}}} = \pi \cdot \sqrt{\frac{1070.2}{120}} = 9.38 \; m$$

Überprüfung Materialversagen:

$$N_{xd} = 120 \; kN/m \; < \; 0.25 \cdot N_{xRd} = 180 \; kN/m \qquad\qquad \textbf{(i.O.)}$$

Überprüfung Stabilitätsversagen:

$$h_{ef} = 0.5 \cdot h_w = 1.25 \; m \; < \; \zeta \cdot h_{Ed} = 0.3 \cdot 9.38 = 2.81 \; m \qquad\qquad \textbf{(i.O.)}$$

Da beide Bedingungen eingehalten sind, ist der Nachweis der Tragsicherheit erfüllt.

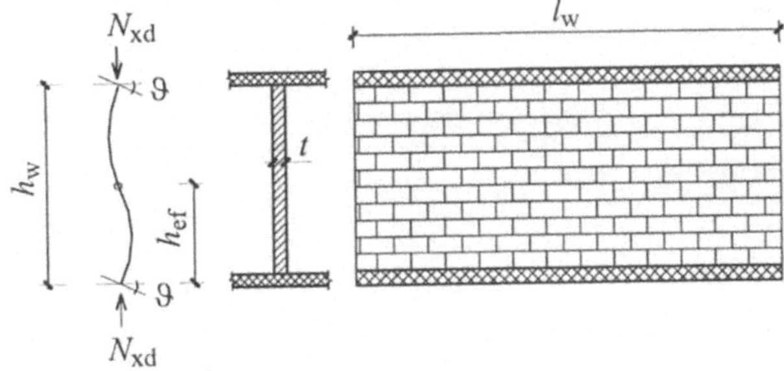

Bild 2.50 *Wand unter Normalkraftbeanspruchung*

Erweiterter Nachweis der Tragsicherheit

Mit der Momenten-Krümmungs-Beziehung und der Widerstandskurve hat J. Schwartz [18] Bemessungsdiagramme für den Nachweis der Tragsicherheit der Wände entwickelt. Aus den Kurven der Diagramme im Anhang A, die im Koordinatennullpunkt beginnen, lässt sich der Zusammenhang zwischen Exzentrizität der Normalkraft bzw. Biegemoment und Verdrehung am Wandende erkennen. Dabei nimmt mit zunehmender Verdrehung und zunehmender Exzentrizität im maßgebenden Querschnitt der Normalkraftwiderstand ab. Die Begrenzung des Normalkraftwiderstandes (Diagramme Anhang A) ist in normierter Form mit den etwas fetter gedruckten Kurven markiert. Diese schneiden die Wandkurven. Liegt die Normalkraft unter einem Viertel des plastischen Normalkraftwiderstandes, sind auch im Diagramm beliebig große Verdrehungen zugelassen. Im Anhang A sind die Bemessungsdiagramme für die wesentlichen Lagerungsfälle dargestellt.

Die Diagramme sind nur für die in der Tabelle 2.8 angegebenen Fälle ermittelt worden. In einem Gebäude wird somit jeder Wandsituation einer dieser Fälle zugeordnet. Interpolatio-

nen, wie sie die Kurve von Bild 2.47 zulassen würde, werden keine durchgeführt, da auch
keine entsprechenden Diagramme gerechnet sind. In den Diagrammen muss die Exzentrizität der Normalkraft oder die Deckenkurve bekannt sein. Das Biegemoment der Decke am
Übergang zur Wand ist von der Verdrehung des Knotens abhängig. Das Deckenbiegemo-
ment muss mit den Anschlussmomenten der Wände am Knoten im Gleichgewicht sein. Die
Deckenkurve von Bild 2.51 zeigt das Randmoment der Decke in Funktion der Verdrehung
der Decke bzw. der Wand auf. Bei entsprechender Normierung werden die Wandkurve und
die Deckenkurve im gleichen Koordinatensystem dargestellt.

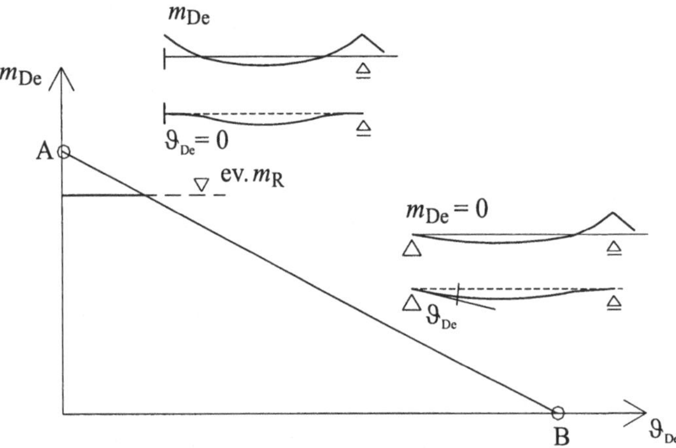

Bild 2.51 Deckenkurve

Für eine Deckenkurve (Bild 2.51) sind mindestens zwei Punkte erforderlich. Die Verdrehung der Decke ohne Wandanschlussmoment entspricht der freien Auflage der Decke
(Punkt B). Die Einspannung der Decke über der Wand (Punkt A) entspricht der unverdrehten Decke mit dem vollen Einspannmoment. Je nach Ausmaß der oberen Bewehrungsfläche am Deckenrand ist der Biegewiderstand eventuell kleiner als das elastische Festeinspannmoment.

Beispiel 2.7

*Die weitgehend einfach gelagerte Decke von Bild 2.52 liegt auf den beiden raumabschlie-
ßenden Wänden A und B auf. Die Spannweite der Decke und die vertikale Einwirkung sind
sehr groß.*

$$l_{De} = 8.0\,m \qquad\qquad h_{De} = 0.40\,m \qquad\qquad d = 0.37\,m$$

$$g_m = 10\,kN/m^2 \qquad\quad q_{rA} = 2.0\,kN/m^2 \qquad q_{rN} = 20\,kN/m^2$$

$$q_d = 1.3 \cdot (10 + 2) + 1.5 \cdot 20 = 45.6\,kN/m^2$$

$$m_{r,De} = m_{rd,De} = 66.7 \ kNm/m$$

$$m_{d,De,f} = m_{d,De,0} = 0.125 \cdot q_d \cdot l_{De}^{\ 2} = 364.8 \ kNm/m$$

$$f_c = 16 \ N/mm^2 \qquad E_c = 35 \ kN/mm^2$$

$$A_{s,inf}(\varnothing \ 20, \ s = 10) = 3140 \ mm^2/m$$

$$Z_R = 1444.4 \ kN/m \qquad m_{Rd,inf} = 391 \ kNm/m$$

$$A_{s,sup}(\varnothing \ 16, \ s = 20) = 1010 \ mm^2/m$$

$$Z_R = 464.6 \ kN/m \qquad m_{Rd,sup} = 138 \ kNm/m$$

$$\rho_{d,inf} = \frac{A_s}{b \cdot d} = \frac{3140}{370 \cdot 1000} = 0.85\% \qquad \eta = 2.8$$

$$h_w = 2.6 \ m \qquad\qquad t = 0.15 \ m \qquad\qquad f_{xd} = 4 \ N/mm^2$$

$$N_{xd} = 4 \cdot 45.6 = 182.4 \ kN/m \qquad E_{xd} = 2.3 \ kN/mm^2$$

$$A_x = 0.15 \ m^2/m \qquad\qquad J_y = 0.281 \cdot 10^{-3} \ m^4/m$$

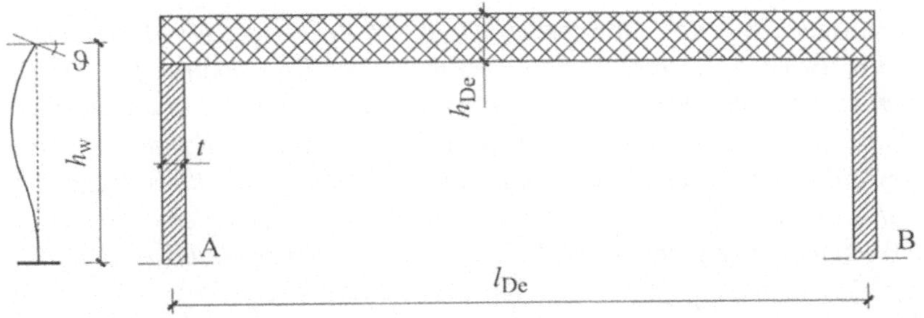

Bild 2.52 *Wand-Decken-System*

Deckenkurve:

$$\vartheta_c = \frac{q \cdot l^3}{24 \cdot EJ_c} = \frac{45.6 \cdot 8^3}{24 \cdot 35 \cdot 10^6 \cdot 5.3 \cdot 10^{-3}} = 5.2 \cdot 10^{-3} \ rad$$

$$m_{d,De,0} \ (\vartheta = 0) = 364.8 \ kNm/m$$

$$\vartheta_{d,De,0}(m = 0) = \left(\frac{h_{De}}{d}\right)^3 \cdot \eta \cdot \vartheta_c = \left(\frac{400}{370}\right)^3 \cdot 2.8 \cdot 5.2 \cdot 10^{-3} = 18.4 \cdot 10^{-3} \ rad$$

Wandkurve:

$$B_{yd} = E_{xd} \cdot J_y \cdot \sqrt{1 - \frac{N_{xd}}{2 \cdot A_x \cdot f_{xd}}} = 2.3 \cdot 10^6 \cdot 0.281 \cdot 10^{-3} \cdot \sqrt{1 - \frac{0.1824}{2 \cdot 0.15 \cdot 4}}$$

$$B_{yd} = 592.2 \; kNm^2 \, / \, m$$

$$h_{Ed} = \pi \cdot \sqrt{\frac{B_{yd}}{N_{xd}}} = \pi \cdot \sqrt{\frac{595.2}{182.4}} = 5.675 \; m$$

$$\frac{h_w}{h_{Ed}} = 0.46$$

Überprüfung Stabilitätsversagen:

$$h_{ef} = h_w = 2.6 \; m \; < \; \zeta \cdot h_{Ed} = 0.5 \cdot 5.675 = 2.84 \; m$$

$$\frac{N_{xd}}{t \cdot f_{xd}} = 0.30$$

Überprüfung Materialversagen:

$$N_{xd} = 182 \; kN/m \; < \; 0.25 \cdot f_{xd} \cdot t = 0.25 \cdot 4000 \cdot 0.15 = 150 \; kN/m \qquad \textbf{\textit{(nicht i.O.)}}$$

Ein erweiterter Nachweis ist tatsächlich erforderlich, da die Bedingung für Materialversagen nicht eingehalten ist (spröder Bruch). Der Parameter der Deckenkurve für das Diagramm V3 ist bekannt. Die Deckenkurve wird so normiert, dass sie direkt in das normierte Diagramm der Wand eingetragen werden kann. Im Bild 2.53 sind die Kurven der Decke und der Wand sowie der Schnittpunkt, der den Lösungspunkt (L) darstellt, aufgezeichnet. Nach oben wird die Kurve durch den Einspannwiderstand der vorhandenen Bewehrung begrenzt. Dieser Wert liegt in den meisten Fällen über der Grenze der Wandkurve.

$$\vartheta_{d,De,0} \cdot \frac{h_{Ed}}{t} = 18.4 \cdot 10^{-3} \cdot \frac{5.675}{0.15} = 0.696$$

$$\frac{e_{z0}}{t} = \frac{m_{d,De,0}}{N_{xd} \cdot t} = \frac{364.8}{182 \cdot 0.15} = 13.36$$

$$\frac{m_{Rd,sup}}{N_{xd} \cdot t} = \frac{e_{zR}}{t} = \frac{138}{182 \cdot 0.15} = 5.05 \; > \; \frac{e_{z,max}}{t} = 0.375$$

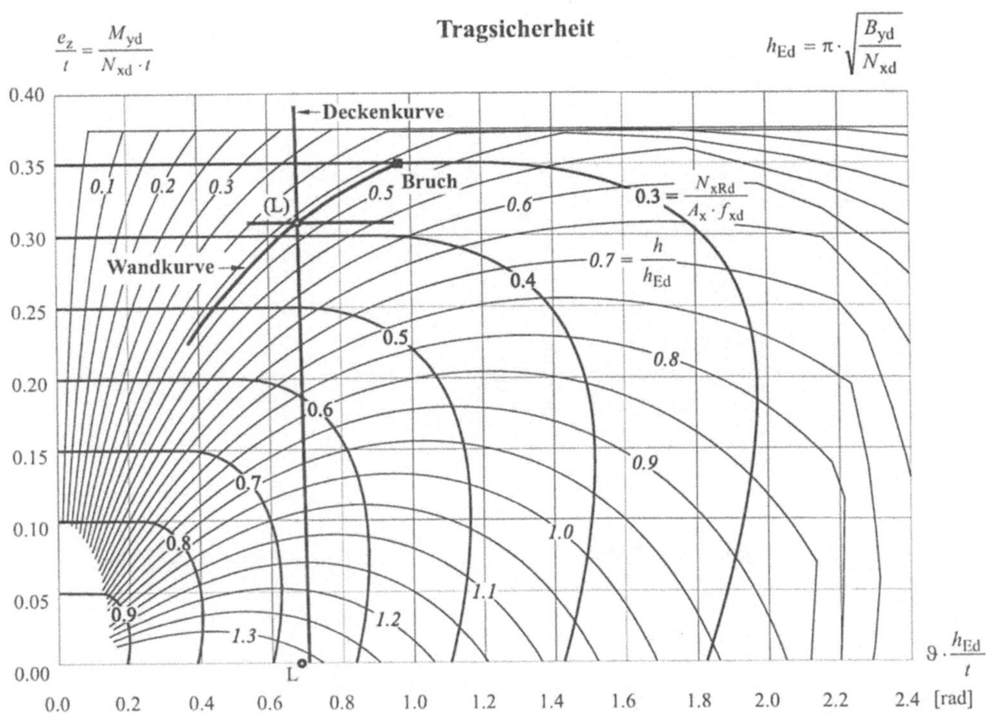

Bild 2.53 *Bemessungsdiagramm V3 mit Lösungspunkt*

Im Schnittpunkt der Wandkurve mit der Deckenkurve wird der normierte Normalkraftwiderstand herausgelesen. Nach dem erweiterten Nachweis ist die Tragsicherheit erfüllt.

$$\frac{N_{xRd}}{A_x \cdot f_{xd}} = \frac{N_{xRd}}{t \cdot f_{xd}} = 0.38$$

$$N_{xRd} = 0.38 \cdot t \cdot f_{xd} = 0.38 \cdot 0.15 \cdot 4000 = 228 \; kN/m > N_{xd} = 182 \; kN/m$$

Teilweise eingebundene Decken

Bei teilweise eingebundenen Decken kann das Wand-Decken-System gemäß Bild 2.54 idealisiert werden. Das bedeutet, dass die über der Decke angreifende Normalkraft praktisch zentriert ist. Das System entspricht im Bild 2.54 dem Bemessungsfall V2, wobei die effektive Höhe gerade der Wandhöhe entspricht. Das Wandmoment wird am Wand-Decken-Knoten vollständig durch die untere Normalkraft aufgebaut, da die obere Normalkraft zentrisch wirkt. Die Tragsicherheit wird wieder über den Schnittpunkt der Decken- mit der Wandkurve ermittelt. Dabei wird der Normalkraftwiderstand durch die Einbindelänge der Decke in der Wand begrenzt.

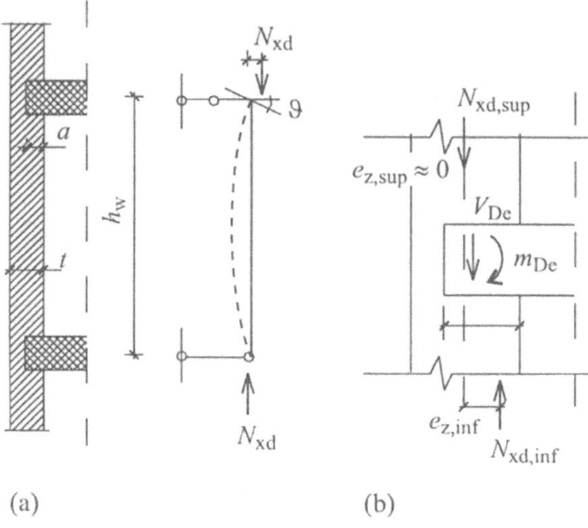

Bild 2.54 Teilweise eingebundene Decken

$$h_{ef} = h_w$$

$$N_{xRd} \leq f_{xd} \cdot a \cdot l_w < f_{xd} \cdot t \cdot l_w$$

$$m_{De} = m_w(\vartheta) = N_{x,inf} \cdot e_{z,inf}(\vartheta)$$

$$e_{z,sup} \approx 0$$

Gebrauchstauglichkeit

Beim Nachweis der Gebrauchstauglichkeit geht es darum, die rechnerische Rissbreite zu bestimmen. Bei Wänden mit durch ein Hochbaulager zentrierter Normalkraft ergeben sich unter einer Lastbeanspruchung im allgemeinen keine unzulässigen Rissbreiten, wenn der Nachweis der Tragsicherheit erfüllt ist. Liegen die Decken direkt auf den Mauerwerkswänden auf, entstehen größere Risse vor allem bei kleinen Normalkräften. Gefährdet sind somit die äußeren Wände der oberen Geschosse. Es bildet sich gewöhnlich ein klaffender Riss in den Lagerfugen zwischen der Decke und der anschließenden Steinlage oder zwischen den beiden an die Decke anschließenden Steinlagen. Die Richtwerte für die rechnerischen Rissbreiten, die im allgemeinen unter Langzeiteinwirkungen geduldet werden, sind in der Tabelle 2.7 mit den andern maßgebenden Richtwerten der Gebrauchstauglichkeit angegeben.

Näherung

Eine mögliche Näherung beruht auf der Annahme, dass unter der exzentrischen Normalkraft die Randspannung die effektive Festigkeit erreicht (Bild 2.55). Die Spannungsverteilung wird linear elastisch gerechnet. Wenn die Exzentrizität außerhalb des Kerns liegt, ist das Mauerwerk gerissen.

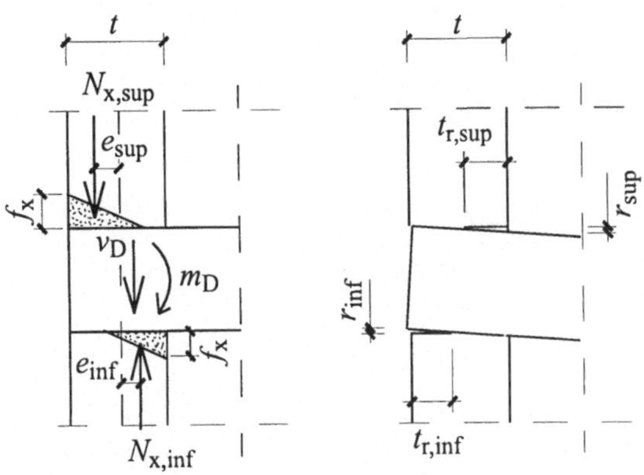

Bild 2.55 Beanspruchung am Wand-Decken-Knoten

$$e_{z,inf} = \frac{t}{2} - \frac{2}{3} \cdot \frac{N_{x,inf}}{f_x} \geq \frac{t}{6} \qquad e_{z,sup} = \frac{t}{2} - \frac{2}{3} \cdot \frac{N_{x,sup}}{f_x} \geq \frac{t}{6}$$

Die oben und unten angreifenden Normalkräfte bewirken ein Deckenmoment im Knoten. Wird von einer linearen Moment-Deckenverdrehungs-Beziehung ausgegangen (Bild 2.56), kann für das gerechnete Deckenmoment eine reduzierte Verdrehung bestimmt werden.

$$m_{De} = m_{w,sup} + m_{w,inf} = N_{x,sup} \cdot e_{z,sup} + N_{x,inf} \cdot e_{z,inf}$$

$$\frac{\vartheta_{red}}{m_{De,0} - m_{De}} = \frac{\vartheta_0}{m_{De,0}} \qquad \vartheta_{red} = \vartheta_0 \cdot \frac{m_{De,0} - m_{De}}{m_{De,0}} \geq 0$$

$m_{De,0}$: Moment der am Rand bzw. im Knoten eingespannten Decke

ϑ_0 : Verdrehung der am Rand einfach gelagerten bzw. im Knoten freidrehbaren Decke

Beide Größen werden mit den einfachen Mitteln der Baustatik (Stabstatik oder Plattenprogramme) berechnet. Wenn davon ausgegangen wird, dass der Riss nur in einer Fuge konzentriert ist, kann die Rissbreite aus der gerechneten Verdrehung und der freien Risslänge zwischen Decke und Wand bestimmt werden (Bild 2.55).

$$t_{r,inf} = t - 2 \cdot \frac{N_{x,inf}}{f_x} \geq 0 \qquad t_{r,sup} = t - 2 \cdot \frac{N_{x,sup}}{f_x} \geq 0$$

$$r_{inf} = t_{r,inf} \cdot \vartheta_{red} \qquad r_{sup} = t_{r,sup} \cdot \vartheta_{red}$$

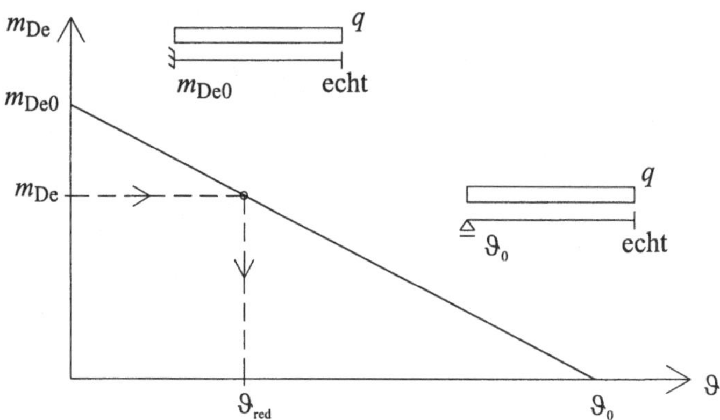

Bild 2.56 Lösungspunkt in Deckenkurve

Qualitativ sind die maßgeblichen Größen bei Außenwänden vernünftig erfasst. Mit zunehmender Normalkraft wird die freie Risslänge und damit auch die Rissbreite reduziert. Die obere Rissbreite ist immer größer als die untere. Unterschiedliche Randbedingungen der Wände werden nicht erfasst. Da der Aufwand zur Bestimmung der Deckencharakteristik groß ist, erfolgt die Berechnung der Wände mit Vorteil mit einem Programm [28].

Erweiterter Nachweis der Gebrauchstauglichkeit

J. Schwartz [18] hat auch für den Nachweis der Gebrauchstauglichkeit Diagramme (Anhang A) bereitgestellt, die prinzipiell ähnlich aufgebaut sind wie die Diagramme für den Nachweis der Tragsicherheit. Die normierten Wandmomente sind für verschiedene Bezugshöhen ebenfalls in Funktion der Deckenverdrehung dargestellt. Die Begrenzung der fettgedruckten Linien beinhaltet die normierten Rissbreiten. Bei der Berechnung der Rissbreiten sind auch bei der Gebrauchstauglichkeit das nichtlineare Verhalten des Mauerwerks und die Verformungen infolge der Normalkraft berücksichtigt. Auch bei der Gebrauchstauglichkeit werden wie beim Nachweis der Tragsicherheit nur die Fälle A, B und C von Bild 2.47 berücksichtigt.

Beispiel 2.8

Es wird die einfach gelagerte Decke von Bild 2.52 übernommen. Die Langzeiteinwirkung ist erheblich kleiner als die Nutzlast, die im Nachweis der Tragsicherheit verwendet worden ist.

$$l_{De} = 8.0\ m \qquad h_{De} = 0.40\ m \qquad d = 0.37\ m$$

$$g_m = 10\ kN/m^2 \qquad q_{rA} = 2.0\ kN/m^2 \qquad q_{ser} = 4.0\ kN/m^2$$

$$m_{ser,De} = 128\ kNm/m \qquad m_{r,De} = 66.7\ kNm/m \qquad q_{ser,lang} = 16\ kN/m^2$$

$$\rho_{d,inf} = \frac{A_s}{b \cdot d} = \frac{3140}{370 \cdot 1000} = 0.85\% \qquad \eta = 2.8 \qquad E_c = 35\ kN/mm^2$$

$$\vartheta_{cser} = \frac{q \cdot l^3}{24 \cdot EJ_c} = \frac{16 \cdot 8^3}{24 \cdot 35 \cdot 10^6 \cdot 5.3 \cdot 10^{-3}} = 1.84 \cdot 10^{-3} \ rad$$

$$h_w = 2.6 \ m \qquad\qquad N_x = 4 \cdot 16 = 64 \ kN/m \qquad t = 0.15 \ m$$

$$f_x = 8 \ N/mm^2 \qquad\qquad E_x = 4.5 \ kN/mm^2 \qquad h_0 = 0.2 \ m$$

$$A_x = 0.15 \ m^2/m \qquad\qquad J_y = 0.281 \cdot 10^{-3} \ m^4/m$$

Deckenkurve:

$$\vartheta_{ser,De,0} = \left(\frac{h}{d}\right)^3 \cdot \eta \cdot \vartheta_{cser} = \left(\frac{400}{370}\right)^3 \cdot 2.8 \cdot 1.84 \cdot 10^{-3} = 6.5 \cdot 10^{-3} \ rad$$

$$m_{ser,De,0} = 0.125 \cdot q_{ser,lang} \cdot l^2 = 128 \ kNm/m$$

$$\vartheta_{ser,De,0} \cdot \frac{h_E}{t} = 6.5 \cdot 10^{-3} \cdot \frac{13.9}{0.15} = 0.60 \qquad\qquad \frac{e_z}{t} = \frac{m_{ser,De,0}}{N_x \cdot t} = \frac{128}{64 \cdot 0.15} = 13.3$$

Wandkurve:

$$B_y = E_x \cdot J_y \cdot \sqrt{1 - \frac{N_x}{2 \cdot A_x \cdot f_x}} = 4.5 \cdot 10^6 \cdot 0.281 \cdot 10^{-3} \cdot \sqrt{1 - \frac{0.064}{2 \cdot 0.15 \cdot 8}}$$

$$B_y = 1247.5 \ kNm^2 \, / \, m$$

$$h_E = \pi \cdot \sqrt{\frac{B_y}{N_x}} = \pi \cdot \sqrt{\frac{12475}{64}} = 13.9 \ m \qquad\qquad \frac{h_w}{h_E} = \frac{2.6}{13.9} = 0.19$$

Der Schnittpunkt liegt auf der Horizontalen der Deckenkurve (Bild 2.57). Es existiert somit ein elastischer und ein plastischer Anteil der Rissbreite. Im Bereich des horizontalen Astes der Kurve öffnet sich der Riss nur noch am Übergang von der Decke zur Wand. Dieser plastische Anteil kann aus der Verdrehungsdifferenz zwischen Schnittpunkt und Knick der Wandkurve bestimmt werden.

$$8 = \frac{r_{el} \cdot h_E^2}{t^2 \cdot h_0} \qquad\qquad r_{el} = 0.19 \ mm$$

$$\Delta\vartheta \cdot \frac{h_E}{t} = \left(\vartheta \cdot \frac{h_E}{t}\right)_{tot} - \left(\vartheta \cdot \frac{h_E}{t}\right)_{el} = 0.57 - 0.38 = 0.19 \ rad$$

$$\Delta\vartheta = 0.19 \cdot \frac{0.15}{13.9} = 0.0021 \ rad \qquad\qquad r_{pl} = t \cdot \Delta\vartheta = 0.15 \cdot 0.0021 = 0.31 \ mm$$

$$r_{tot} = r_{el} + r_{pl} = 0.19 + 0.31 = 0.5 \ mm \ > \ r_{adm} = 0.20 \ mm$$

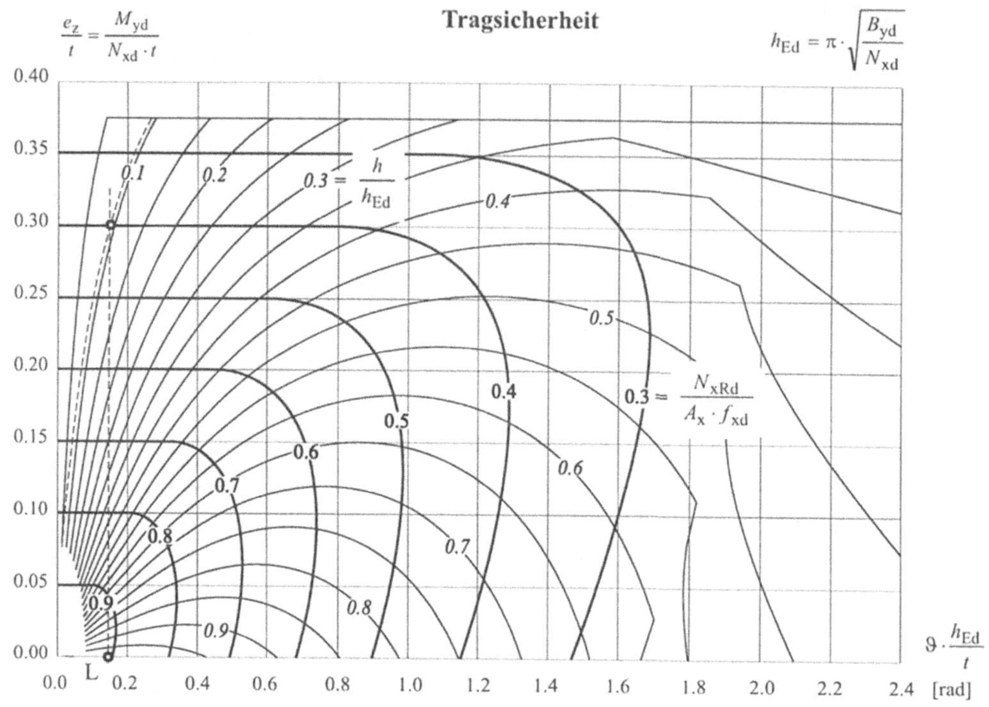

Bild 2.57 *Lösungspunkt im Bemessungsdiagramm*

Die Näherung ergibt eine noch größere Rissbreite.

$$e_{inf} = \frac{t}{2} - \frac{2}{3} \cdot \frac{N_{x,inf}}{f_x} = 0.075 - 0.0053 = 0.0697 \; m \geq \frac{t}{6} = 0.025 \; m$$

$$m_w = N_{x,inf} \cdot e_{inf} = 64 \cdot 0.0697 = 4.46 \; kNm$$

$$\vartheta_{red} = \vartheta_0 \cdot \frac{m_{De,0} - m_{De}}{m_{De,0}} = 6.5 \cdot 10^{-3} \cdot 0.95 = 6.16 \cdot 10^{-3} \geq 0$$

$$t_{r,inf} = t - 2 \cdot \frac{N_{x,inf}}{f_x} = 0.134 \; m \geq 0 \qquad r_{inf} = t_{r,inf} \cdot \vartheta_{red} = 0.8 \; mm$$

Bemerkung

Wenn die Normalkraft der obersten Decke mehr oder weniger zentriert über ein Hochbau-lager auf die Mauerwerkswand übertragen wird (Bild 2.58), verdreht sich der Rand der Decke frei. Die Wand erfährt an dieser Stelle im allgemeinen nur geringfügige Krüm-mungen. Das bedeutet jedoch, dass die Verdrehung der Decke in der Lagerfuge sichtbar ist. Die Fuge muss daher bei einem frei bewitterten Mauerwerk (Bild 2.58) gegen eindringen-des Wasser geschützt werden. Im Fall des Bildes 2.58b geschieht das durch den abdecken-den Stein. Im Fall des Bildes 2.58a ist die Fuge zu schützen. Bei der Verwendung von

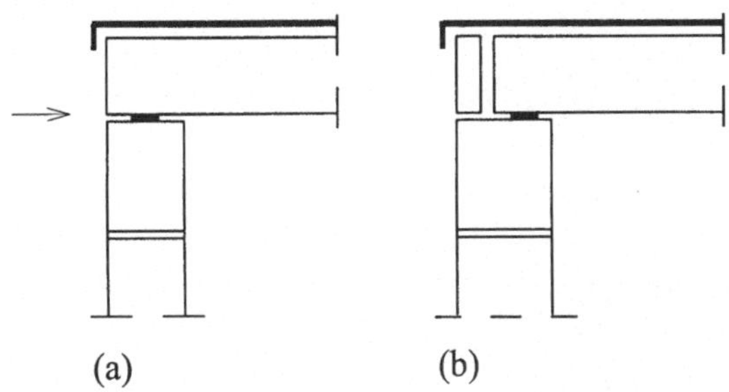

Bild 2.58
Wand mit Hochbaulager

Hochbaulagern ist die Pressung des Lagers zu beachten. Dabei interessieren nicht nur die Maximalwerte. Bei vielen Hochbaulagern führen zu kleine Drücke dazu, dass das Lager wie ein Gleitlager wirkt. Schon unter üblichen Windeinwirkungen und Kriecheinflüssen können in solchen Situationen sichtbare Risse am Übergang von der Wand zur Decke auftreten.

Teilweise eingebundene Decken

Für teilweise eingebundene Decken wird mit dem idealisierten System nach Bild 2.54 gerechnet. Das bedeutet, dass die obere Normalkraft mehr oder weniger zentrisch eingeleitet wird. Die Rissbreiten werden wieder mit den Diagrammen bestimmt. Wenn die Wandkurve einen horizontalen Ast aufweist, kann dieser plastische Anteil der Rissbreite mit dem Faktor a/t reduziert werden, da der klaffende Riss am Übergang Wand/Decke auftritt.

2.4.5 Schubbeanspruchung mit exzentrischer Normalkraft

Unter dieser kombinierten Beanspruchung wirkt nebst Horizontalkräften, die von der Tragwand übernommen werden müssen, ein Biegemoment aus der Deckenverdrehung, das die Wand aus ihrer Ebene heraus verformt (Bild 2.59). Da die Normalkraft infolge der Deckenverdrehung in der Wand exzentrisch angreift, steht für die Querkraft und die zugehörige Normalkraft nur noch eine reduzierte Wandbreite (t_{red}) zur Verfügung.

Tragsicherheit

Die Grundlagen sind in den Abschnitten für die exzentrische Normalkraft und für die Schubbeanspruchung mit zentrischer Normalkraft dargestellt. In diesem Abschnitt werden die beiden Tragwirkungen kombiniert.

Einfacher Nachweis der Tragsicherheit

Der Nachweis wird am reduzierten Wandelement mit der Länge l_2 aus der Schubbeanspruchung geführt. Entsprechend ergeben sich neue geometrische Größen (Bild 2.59).

$$l_2 = l_{\text{w}} - 2 \cdot \frac{M_{\text{zd2}}}{N_{\text{xd}}} \qquad J_{\text{y,red}} = \frac{l_2 \cdot t^3}{12} \qquad A_{\text{x,red}} = l_2 \cdot t$$

$$h_{\text{Ed}} = \pi \cdot \sqrt{\frac{B_{\text{yd}}}{N_{\text{xd}}}} \qquad B_{\text{yd}} = E_{\text{xd}} \cdot J_{\text{y,red}} \cdot \sqrt{1 - \frac{N_{\text{xd}}}{2 \cdot A_{\text{x,red}} \cdot f_{\text{xd}}}}$$

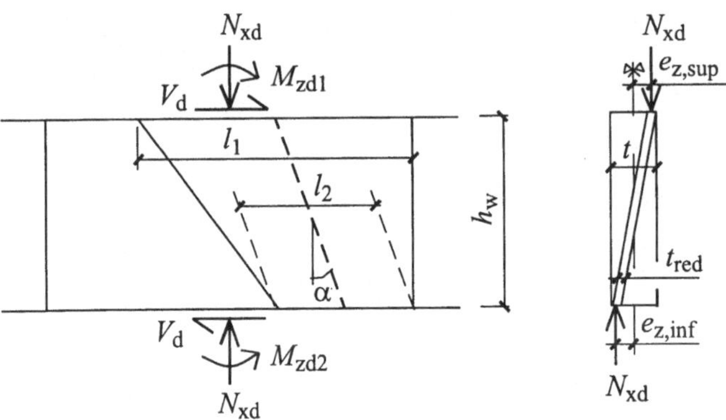

Bild 2.59 Wand mit kombinierter Schubbeanspruchung

Mit diesen Annahmen wird die Steifigkeit der Wand unterschätzt. Die Tragsicherheit ist erfüllt, wenn die nachstehenden Bedingungen eingehalten sind. Die Deckenverdrehung muss beim einfachen Nachweis nicht bekannt sein.

$$h_{ef} < \zeta \cdot h_{Ed} \quad (\zeta \text{ gemäß Tabelle 2.8})$$

$$N_{xd} \leq f_{yd} \cdot l_2 \cdot t_{red} \cdot \cos^2\alpha \qquad t_{red} = 0.25 \cdot t \qquad \frac{V_d}{N_{xd}} \leq (\tan\varphi)_d$$

Beispiel 2.9

Die schubbeanspruchte Mauerwerkswand von Bild 2.59 liegt am Rand eines Gebäudes und wird durch die Decke verdreht. Die Beanspruchungen sind bekannt. Die Wand entspricht aufgrund der Randbedingungen dem Fall B bzw. dem Fall V2 (Bild 2.47). Beim einfachen Nachweis ist die Kenntnis der Deckenkurve nicht erforderlich.

$$f_{xd} = 4 \ N/mm^2 \qquad\qquad f_{yd} = 1.2 \ N/mm^2 \qquad\qquad E_{xd} = 2.3 \ kN/mm^2$$

$$l_w = 8.0 \ m \qquad\qquad h_w = 4.0 \ m \qquad\qquad h_{ef} = 0.5 \cdot h_w$$

$$\zeta = 0.3 \ (gemäß \ Tabelle \ 2.8) \qquad (\tan\varphi)_d = 0.6 \qquad t = 0.18 \ m$$

$$N_{xd} = 120 \ kN \qquad\qquad V_d = 45 \ kN$$

$$M_{zd1} = 120 \ kNm \qquad\qquad M_{zd2} = 300 \ kNm$$

Einfacher Nachweis der Tragsicherheit:

$$l_2 = l_w - 2 \cdot \frac{M_{zd2}}{N_{xd}} = 8.0 - 2 \cdot \frac{300}{120} = 3.0 \ m \qquad t_{red} = 0.25 \cdot 0.18 = 0.045 \ m$$

$$J_{y,red} = \frac{l_2 \cdot t^3}{12} = \frac{3.0 \cdot 0.18^3}{12} = 1.458 \cdot 10^{-3} \ m^4 \qquad A_{x,red} = l_2 \cdot t = 3 \cdot 0.18 = 0.54 \ m^2$$

$$B_{yd} = E_{xd} \cdot J_{y,red} \cdot \sqrt{1 - \frac{N_{xd}}{2 \cdot A_{x,red} \cdot f_{xd}}} = 2.3 \cdot 10^6 \cdot 1.458 \cdot 10^{-3} \cdot \sqrt{1 - \frac{0.12}{2 \cdot 0.54 \cdot 4}}$$

$$B_{yd} = 3.3065 \cdot 10^3 \ kNm^2$$

$$h_{Ed} = \pi \cdot \sqrt{\frac{B_{yd}}{N_{xd}}} = \pi \cdot \sqrt{\frac{3306.5}{120}} = 16.49 \ m$$

$$h_{ef} = 2.0 \ m \ < \ \zeta \cdot h_{Ed} = 0.3 \cdot 16.49 = 4.95 \ m \qquad (i.O.)$$

$$tan\alpha = \frac{V_d}{N_{xd}} = \frac{45}{120} = 0.375 < (tan\varphi)_d = 0.6 \qquad (i.O.)$$

$$N_{xd} = 120 \ kN \ < \ f_{yd} \cdot l_2 \cdot t_{red} \cdot cos^2\alpha = 1.2 \cdot 3 \cdot 0.045 \cdot cos^2\alpha = 142 \ kN \qquad \boldsymbol{(i.O.)}$$

Erweiterter Nachweis der Tragsicherheit

Grundsätzlich werden beim erweiterten Nachweis die untere und die obere Wand an einem Deckenknoten untersucht. Vereinfachend wird davon ausgegangen, dass für jede einzelne Wand Stabilitätsversagen ausgeschlossen ist.

Die Bestimmung der Steifigkeit mit den reduzierten Wandlängen ist zu konservativ, da diese nicht nur vom Bereich abhängt, der durch das Spannungsfeld beansprucht wird. Auch der bezüglich Spannungsfeld 'unbelastete' Bereich trägt zur Aussteifung der Wand bei (Bild 2.59). Entsprechend wird der erweiterte Nachweis mit einem größeren Trägheitsmoment durchgeführt. Die Kontrolle der bisherigen Stabilitätsbedingung ändert sich nicht.

$$l_{w,red} = \frac{l_1 + l_w}{2} \qquad l_1 = l_w - 2 \cdot \frac{M_{zd1}}{N_{xd}} \qquad l_2 = l_w - 2 \cdot \frac{M_{zd2}}{N_{xd}}$$

$$A_{x,red} = l_{w,red} \cdot t \qquad J_{y,red} = l_{w,red} \cdot \frac{t^3}{12}$$

$$B_{yd} = E_{xd} \cdot J_{y,red} \cdot \sqrt{1 - \frac{N_{xd}}{2 \cdot A_{x,red} \cdot f_{xd}}} \qquad h_{Ed} = \pi \cdot \sqrt{\frac{B_{yd}}{N_{xd}}} \qquad h_{ef} \leq \zeta \cdot h_{Ed}$$

Auch bei der kombinierten Beanspruchung wird die Moment-Verdrehungs-Kurve der Decke mit der aufsummierten Moment-Verdrehungs-Kurve der Wand geschnitten. Die Wandkurven werden weiterhin mit den Bemessungsdiagrammen V1, V2 oder V3 berechnet. Dabei ist am untersuchten Knoten die reduzierte Kontaktfläche zwischen Wand und Decke zu berücksichtigen. Die Wandnormalkräfte wirken über die Längen 1 (oben an der Wand) und die Längen 2 (unten an der Wand).

Das allgemeine Vorgehen zur Berechnung der Deckenkurven und die Ermittlung des Lösungspunktes werden in einem Beispiel behandelt. Sobald der Lösungspunkt bekannt ist, wird die Exzentrizität der Normalkraft in einer Wand aus dem zugehörigen Bemessungs-diagramm herausgelesen. Damit lässt sich der erforderliche Nachweis für die Schubbean-spruchung erbringen.

$$t_{red} = t - 2 \cdot e_z \qquad N_{xd} \leq f_{yd} \cdot l_2 \cdot t_{red} \cdot cos^2\alpha \qquad \tan\alpha = \frac{V_d}{N_{xd}} \leq (\tan\varphi)_d$$

Beispiel 2.10

Die Wand entspricht in den Abmessungen und Materialeigenschaften der Tragwand des früher behandelten Beispiels 2.9. Es handelt sich um die Wand unterhalb der Decke des untersuchten Knotens (Bild 2.59). Die Beanspruchungen sind etwas größer gewählt als im Beispiel 2.9.

$$f_{xd} = 4 \; N/mm^2 \qquad f_{yd} = 0.3 \cdot f_{xd} = 1.2 \; N/mm^2 \qquad E_{xd} = 2.3 \; kN/mm^2$$

$$l_w = 8.0 \; m \qquad h_w = 4.0 \; m \qquad h_{ef} = 2.0 \; m$$

$$(\tan\varphi)_d = 0.6 \qquad \zeta = 0.3 \; (Tabelle \; 2.8) \qquad t = 0.18 \; m$$

$$N_{xd} = 150 \; kN \qquad V_d = 60 \; kN$$

$$M_{zd1} = 150 \; kNm \qquad M_{zd2} = M_{zd1} + V_d \cdot h_w = 390 \; kNm$$

Nachweise:

$$\tan\alpha = \frac{V_d}{N_{xd}} = \frac{60}{150} = 0.4 < (\tan\varphi)_d = 0.6 \qquad\qquad (i.O.)$$

$$l_2 = l_w - 2 \cdot \frac{M_{zd2}}{N_{xd}} = 8.0 - 2 \cdot \frac{390}{150} = 2.8 \; m \qquad l_1 = l_w - 2 \cdot \frac{M_{zd1}}{N_{xd}} = 8.0 - 2 \cdot \frac{150}{150} = 6.0 \; m$$

$$l_{w,red} = \frac{l_1 + l_w}{2} = \frac{6.0 + 8.0}{2} = 7.0 \qquad\qquad A_{x,red} = l_{w,red} \cdot t = 7.0 \cdot 0.18 = 1.26 \; m^2$$

$$J_{y,red} = \frac{l_{w,red} \cdot t^3}{12} = \frac{7.0 \cdot 0.18^3}{12} = 3.402 \cdot 10^{-3} \; m^4$$

$$B_{yd} = E_{xd} \cdot J_{y,red} \cdot \sqrt{1 - \frac{N_{xd}}{2 \cdot A_{x,red} \cdot f_{xd}}} = 2.3 \cdot 10^6 \cdot 3.402 \cdot 10^{-3} \cdot \sqrt{1 - \frac{0.15}{2 \cdot 1.08 \cdot 4}} \cdot 10^3$$

$$B_{yd} = 7766 \; kNm^2$$

$$h_{Ed} = \pi \cdot \sqrt{\frac{B_{yd}}{N_{xd}}} = \pi \cdot \sqrt{\frac{7766}{150}} = 22.6 \; m \qquad \frac{h_{ef}}{h_{Ed}} = 0.089 < 0.3 \qquad\qquad (i.O.)$$

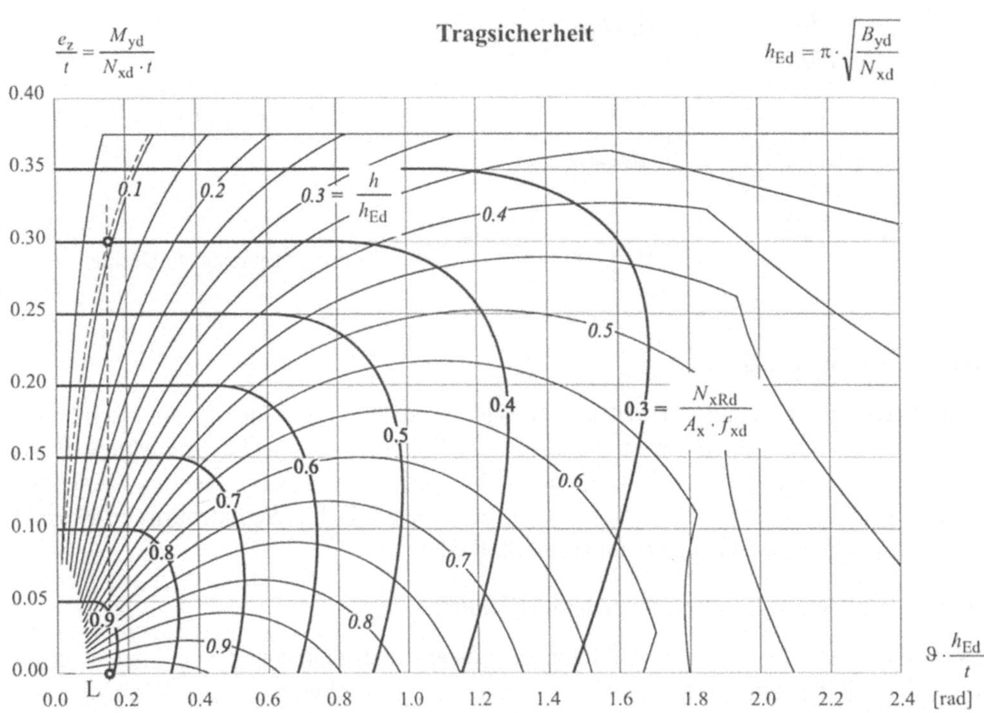

Bild 2.60 *Bemessungsdiagramm mit Lösungspunkt*

Der Verträglichkeitspunkt der Decke mit den Wänden wird mit einem Programm [28] oder mit einer aufwendigen Handrechnung bestimmt. Das allgemeine Vorgehen wird später erläutert. Mit der Wandverdrehung, die dem Lösungspunkt entspricht, wird die Exzentrizität der Normalkraft aus dem maßgebenden Diagramm ermittelt. Dieser Schritt wird im Bild 2.60 gezeigt.

$$\vartheta_L \cdot \frac{h_{Ed}}{t} = 0.14 \qquad\qquad \frac{e_z}{t} = 0.30$$

$$e_z = 0.30 \cdot 0.18 = 0.054\ m \qquad t_{red} = t - 2 \cdot e_z = 0.18 - 2 \cdot 0.0576 = 0.072\ m$$

$$N_{xd} = 150\ kN \ < \ f_{yd} \cdot l_2 \cdot t_{red} \cdot cos^2\alpha$$

$$N_{xd} = 150\ kN \ < \ 1200 \cdot 2.8 \cdot 0.072 \cdot 0.8621 = 208.6\ kN \qquad\qquad \textbf{(i.O.)}$$

Teilweise eingebundene Decken

Bei teilweise eingebundenen Decken ist die reduzierte Wanddicke entsprechend Bild 2.61 über die Wandhöhe als konstant anzunehmen. Sie wird jeweils am oberen Wandende ermittelt. Infolge der Einbundtiefe a erfährt die in der Berechnung zu berücksichtigende Wandstärke eine zusätzliche Begrenzungsbedingung, die zu kontrollieren ist.

$$t_{red} = t - 2 \cdot e_z \qquad\qquad N_{xd} \leq f_{yd} \cdot l_2 \cdot t_{red} \cdot cos^2\alpha \qquad\qquad t_{red} \leq a$$

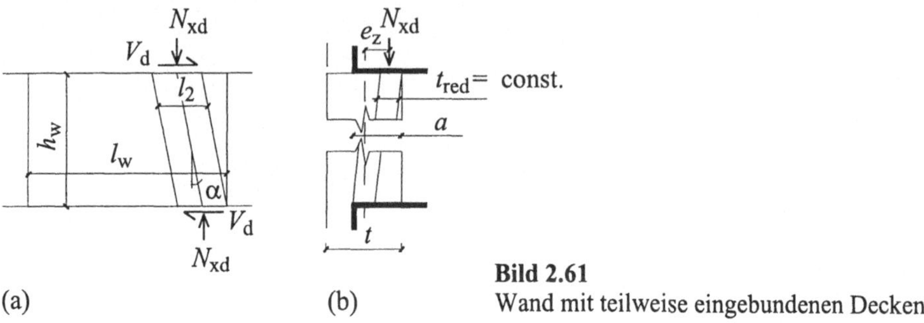

(a)   (b)

Bild 2.61
Wand mit teilweise eingebundenen Decken

Gebrauchstauglichkeit

Beim Nachweis der Tragsicherheit ist der Widerstand durch die kleinste Querschnittsabmessung bestimmt, während beim Nachweis der Gebrauchstauglichkeit die Abmessungen der gesamten Wand berücksichtigt werden. Die Verformungsgrößen für die Schubbeanspruchung mit zentrischer Normalkraft und die Rissgrößen für die exzentrische Normalkraftbeanspruchung können getrennt ermittelt werden.

Erweiterter Nachweis der Gebrauchstauglichkeit

Zuerst wird verlangt, dass die Bedingungen **einzeln** und unabhängig voneinander erfüllt sind. Dieses Kriterium genügt jedoch noch nicht. Die Zugdehnung und die Rissbreite können sich überlagern, allerdings nicht mit der vollen Größe der Einzelwerte. Es wird eine vernünftige Näherung angegeben (Bild 2.62).

$$r \approx h_0 \cdot \varepsilon_{xt} + \vartheta \cdot \frac{t}{2} < r_{lim} \qquad h_0 : \text{Schichthöhe}$$

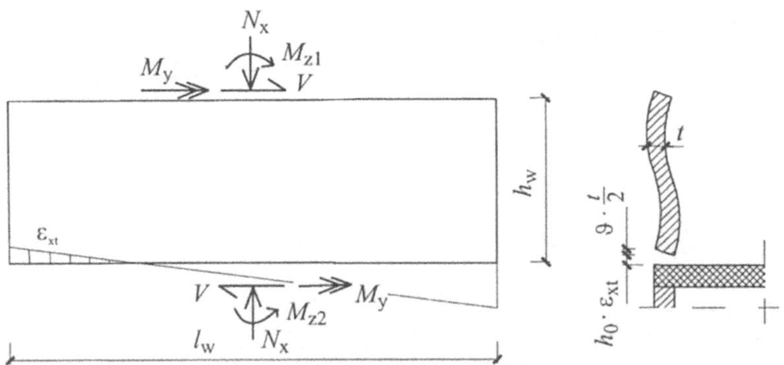

Bild 2.62 Verformungen unter kombinierter Beanspruchung

2.4.6 Trägerwirkung in Mauerwerkswänden

Die Traglast von Biegetragwänden lässt sich mit den einaxialen Festigkeiten, die für schubbeanspruchte Elemente ermittelt worden sind, abschätzen (Bild 2.33). Welche Einwirkungen vom Träger aufnehmbar sind, ist weitgehend von den Randbedingungen der Wand abhängig. Ausgehend von den Überlegungen der Fächer für schubbeanspruchte Tragwände, darf die Richtung der Resultierenden den Grenzwinkel der Diagonalen nicht überschreiten. Es gibt somit auch hier 'Spannungsfasern', die flacher verlaufen als der Reibungswinkel der Lagerfuge. Allerdings sollten die Lager- und Stoßfugen der Biegetragwände voll vermörtelt sein.

$$f_{yd} = 0.5 \cdot f_{xd}$$

Frei aufliegende Biegetragwand mit Betonplatten

Die Wand (Bild 2.63a) ist oben und unten durch Stahlbetondecken begrenzt. Die untere Decke sollte im freien Bereich von der Wand getrennt sein, damit sie sich unabhängig vertikal verformen kann. Wegen der geringeren Steifigkeit der Decke beteiligt sich diese somit nicht an der Aufnahme der vertikalen Einwirkungen der Wand. Hingegen sind die Decken in der Lage als Zug- und Druckglieder zu wirken.

Im Auflagerbereich ist eine Verbundwirkung (Bügel, Konsole oder Reibung) zwischen Wand und Decke erforderlich. Werden die Kräfte über Reibung eingeleitet, ist die Auflagerlänge zu prüfen. In der unteren Decke muss genügend Zugbewehrung eingelegt sein. Die obere Betondecke wirkt als Druckzone und wird in der Regel für die Bemessung nicht maßgebend. Allerdings müssen auch hier die Druckkräfte über Schub von der Wand auf die Decke übertragen werden.

$$R_{d,v} = \frac{q_d \cdot l_{cl}}{2} = f_{yd} \cdot l_2 \cdot t \cdot \cos^2\alpha \qquad l_2 = \frac{q_d \cdot l_{cl}}{2 \cdot f_{yd} \cdot t \cdot \cos^2 \alpha}$$

$$Z_{inf} = -Z_{sup} = \frac{q_d \cdot l_{cl}}{2} \cdot \tan\alpha \qquad \tan\alpha = \frac{\frac{l_{cl}}{4} + \frac{l_2}{2}}{h_w} \qquad \tan\alpha \leq (\tan\varphi)_d$$

Durch Elimination des Diagonalenwinkels kann die Auflagerbreite und daraus die Zugkraft bestimmt werden. Die Grenzspannweite ist durch den Grenzwinkel der Lagerfuge gegeben.

$$\cos^2 \alpha = \frac{q_d \cdot l_{cl}}{2 \cdot f_{yd} \cdot l_2 \cdot t} \qquad \frac{\sin^2 \alpha}{\cos^2 \alpha} = \frac{\left(\frac{l_{cl}}{4} + \frac{l_2}{2}\right)^2}{h_w^2}$$

$$l_2^2 + l_2 \cdot \left(l_{cl} - \frac{8 \cdot f_{yd} \cdot t \cdot h_w^2}{q_d \cdot l_{cl}} \right) + 4 \cdot h_w^2 + \frac{l_{cl}^2}{4} = 0$$

$$l_2 = \frac{4 \cdot f_{yd} \cdot t \cdot h_w^2}{q_d \cdot l_{cl}} - \frac{l_{cl}}{2} - \sqrt{\left(\frac{4 \cdot f_{yd} \cdot t \cdot h_w^2}{q_d \cdot l_{cl}} - \frac{l_{cl}}{2}\right)^2 - 4 \cdot h_w^2 - \frac{l_{cl}^2}{4}}$$

$$\tan\alpha = \frac{l_{cl} + 2 \cdot l_2}{4 \cdot h_w} \qquad Z_{inf} = -Z_{sup} = \frac{q_d \cdot l_{cl}}{2} \cdot \tan\alpha$$

$$(\tan\varphi)_d = \frac{l_{cl} + 2 \cdot l_2}{4 \cdot h_w} \qquad l_{cl,lim} = 4 \cdot h_w \cdot (\tan\varphi)_d - 2 \cdot l_2$$

$$l_{cl,lim} = 4 \cdot h_w \cdot (\tan\varphi)_d - \frac{q_d \cdot l_{cl}}{f_{yd} \cdot t \cdot (\cos\varphi)_d^2} \qquad l_{cl,lim} = \frac{4 \cdot h_w \cdot (\tan\varphi)_d}{1 + \dfrac{q_d}{f_{yd} \cdot t \cdot (\cos\varphi)_d^2}}$$

Damit ist auch die zugehörige Auflagerbreite und die Zugkraft bekannt.

$$l_2 = \frac{q_d \cdot l_{cl,lim}}{2 \cdot f_{yd} \cdot t \cdot (\cos\varphi)_d^2} \qquad Z_{inf} = \frac{q_d \cdot l_{cl,lim}}{2} \cdot (\tan\varphi)_d$$

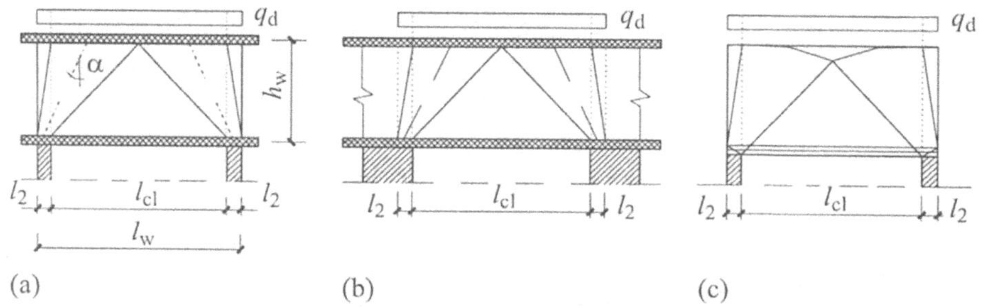

Bild 2.63 Randbedingungen vertikal beanspruchter Tragwände

Durchlaufende Biegetragwand mit Betonplatten

Im Vergleich zum ersten Fall (Bild 2.63b) ändern nur die Verhältnisse an den seitlichen Scheibenrändern. Der Träger ist kontinuierlich in die Anschlusswände eingebunden. Die Randbedingung entspricht einer Einspannung. Wie beim Durchlaufträger können sowohl die untere als auch die obere Bewehrung in die Berechnung einbezogen werden. Da das diagonale Spannungsfeld in der Wand maßgebend wird, ändern die Grenzspannweite und die Gleichgewichtsformulierung nicht. Die Einspannung der Wand hat somit keinen Einfluss auf die maximale Spannweite.

Frei aufliegende Biegetragwand ohne Betonplatten

In diesem Fall muss die Scheibe mit einem unteren Zugband versehen werden, das sich am wirksamsten über Ankerplatten auf die Wandenden abstützt (Bild 2.63c). Da die Druckzone innerhalb der Wand liegt, ist der Widerstand des Druckgurtes im Vergleich mit der Stahlbetonplatte reduziert. Es steht nur die Festigkeit parallel zu den Lagerfugen des Mauerwerks zur Verfügung (Bild 2.64). Die Grenzspannweite nimmt infolge der Verminderung des inneren Hebelarms entsprechend ab.

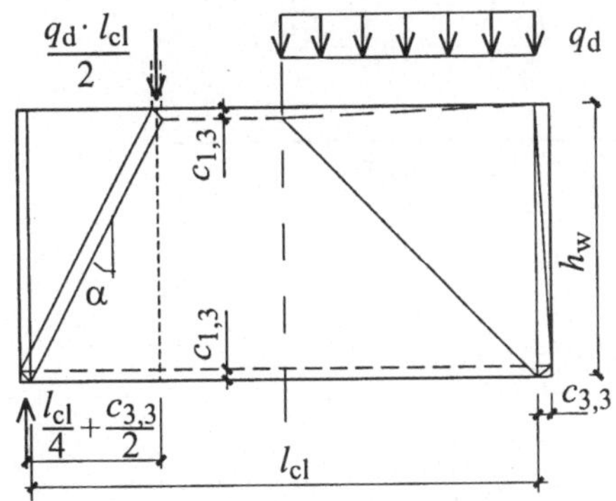

Bild 2.64
Tragwirkung

$$\tan\alpha = \frac{c_1}{c_3} = \frac{l_{cl} + 2 \cdot c_3}{4 \cdot (h_w - c_1)} \qquad \frac{q_d \cdot l_{cl}}{2} = f_{yd} \cdot t \cdot c_3 \qquad c_3 = \frac{q_d \cdot l_{cl}}{2 \cdot t \cdot f_{yd}}$$

$$Z_{sup} = -Z_{inf} = -f_{yd} \cdot t \cdot c_1 \qquad c_1 = \frac{h_w}{2} - \sqrt{\frac{h_w^2}{4} - \frac{c_3 \cdot l_{cl}}{4} - \frac{c_3^2}{2}} \qquad c_1 = c_3 \cdot (\tan\varphi)_d$$

$$l_{cl,lim} = \frac{4 \cdot h_w \cdot (\tan\varphi)_d}{1 + \dfrac{q_d}{f_{yd} \cdot t} + 2 \cdot \dfrac{q_d}{f_{yd} \cdot t} \cdot (\tan\varphi)_d^2}$$

Beispiel 2.11

Für einen Mauerwerksträger sollen die Grenzspannweiten der drei Biegetragwände mit verschiedenen Randbedingungen miteinander verglichen werden (Bild 2.63). In einem zweiten Schritt werden die Bewehrungsquerschnitte bestimmt.

$$f_{yd} = 0.5 \cdot f_{xd} = 2.0 \ N/mm^2 \qquad f_{sd} = 383.3 \ N/mm^2 \qquad (\tan\varphi)_d = 0.6$$

$$q_d = 20 \ kN/m \qquad \frac{q_d}{f_{yd} \cdot t} = 0.0556$$

$$l_{cl} = 6.0 \ m \qquad h_w = 2.8 \ m \qquad t = 0.18 \ m$$

Die Grenzspannweiten der beiden ersten Wände sind gleich, während die Grenzspannweite der dritten leicht kleiner ist. Der Unterschied ist für normale Wandlasten nicht von Bedeutung.

$$l_{cl,lim,1} = l_{cl,lim,2} = \frac{2.4 \cdot h_w}{1 + 1.36 \cdot \dfrac{q_d}{f_{yd} \cdot t}} = 6.25\,m \qquad l_{cl,lim,3} = \frac{2.4 \cdot h_w}{1 + 1.72 \cdot \dfrac{q_d}{f_{yd} \cdot t}} = 6.13\,m$$

$$l_{2,1} = l_{2,2} = \frac{4 \cdot f_{yd} \cdot t \cdot h_w^2}{q_d \cdot l_{cl}} - \frac{l_{cl}}{2} - \sqrt{\left(\frac{4 \cdot f_{yd} \cdot t \cdot h_w^2}{q_d \cdot l_{cl}} - \frac{l_{cl}}{2}\right)^2 - 4 \cdot h_w^2 - \frac{l_{cl}^2}{4}}$$

$$= \frac{4 \cdot 2 \cdot 0.18 \cdot 2.8^2}{0.02 \cdot 6} - \frac{6}{2} - \sqrt{(94.08 - 3)^2 - 4 \cdot 2.8^2 - \frac{6^2}{4}} = 0.2218\,m$$

$$\tan\alpha_1 = \tan\alpha_2 = \frac{l_{cl} + 2 \cdot l_2}{4 \cdot h_w} = \frac{6 + 2 \cdot 0.2218}{4 \cdot 2.8} = 0.5753$$

$$Z_{inf,1} = -Z_{sup,1} = Z_{inf,2} = -Z_{sup,2} = \frac{q_d \cdot l_{cl}}{2} \cdot \tan\alpha = \frac{20 \cdot 6}{2} \cdot 0.5753 = 34.5\,kN$$

$$A_{s,1} = A_{s,2} = 90\,mm^2 \qquad c_{3,3} = \frac{q_d \cdot l_{cl}}{2 \cdot t \cdot f_{yd}} = \frac{0.02 \cdot 6.0}{2 \cdot 0.18 \cdot 2} = 0.1667\,m$$

$$c_{1,3} = \frac{h_w}{2} - \sqrt{\frac{h_w^2}{4} - \frac{c_{3,3} \cdot l_{cl}}{4} - \frac{c_{3,3}^2}{2}} = 1.4 - \sqrt{1.4^2 - \frac{0.1667 \cdot 6.0}{4} - \frac{0.1667^2}{2}} = 0.0977\,m$$

$$Z_{sup,3} = -Z_{inf,3} = -f_{yd} \cdot t \cdot c_{1,3} = -2000 \cdot 0.18 \cdot 0.0977 = 35.2\,kN$$

$$A_{s,3} = 92\,mm^2 \qquad A_s(1 \,\varnothing\, 12) = 113\,mm^2$$

Die Bewehrungen der beiden ersten Wände sind gleich, während die Bewehrung der dritten Wand leicht größer ist. Der Unterschied ist im gerechneten Beispiel unbedeutend.

2.4.7 Plattenwirkung der Mauerwerkswände (Querbelastung)

Im allgemeinen Fall (Bild 2.65a) wirken sechs verschiedene Schnittgrößen an einem Mauerwerkselement. Die oft kleinen Normalkräfte parallel zur Lagerfuge und die Schubkräfte in der Wandebene werden vernachlässigt. Es wirken somit in der untersuchten Bemessungssituation nur zwei Biegemomente, ein Drillmoment und die Normalkraft senkrecht zur Lagerfuge. Verformungseinflüsse auf die Tragwirkung werden vorläufig nicht berücksichtigt. Die Vorzeichen sind nach der Definition im Abschnitt 2.2.1 eingeführt. Zu beachten ist, dass unter dieser Einwirkungskombination die Stoßfugen vollfugig vermörtelt sein sollten.

$$n_y = n_{xy} = 0 \qquad n_x, \; m_x, \; m_y, \; m_{xy}$$

Bewehrter Querschnitt ohne Normalkraft

Wenn keine Normalkraft wirkt (Bild 2.65b), kann aufgrund der Annahmen auch keine Querbelastung aufgenommen werden. Es ist eine Bewehrung erforderlich. Mit dieser werden die Biegewiderstände analog einer Stahlbetonplatte berechnet. Dabei sind die unterschiedlichen Festigkeiten des Mauerwerks parallel und senkrecht zur Lagerfuge zu berücksichtigen.

$$n_x = n_y = n_{xy} = 0 \qquad m_x, \; m_y, \; m_{xy}$$

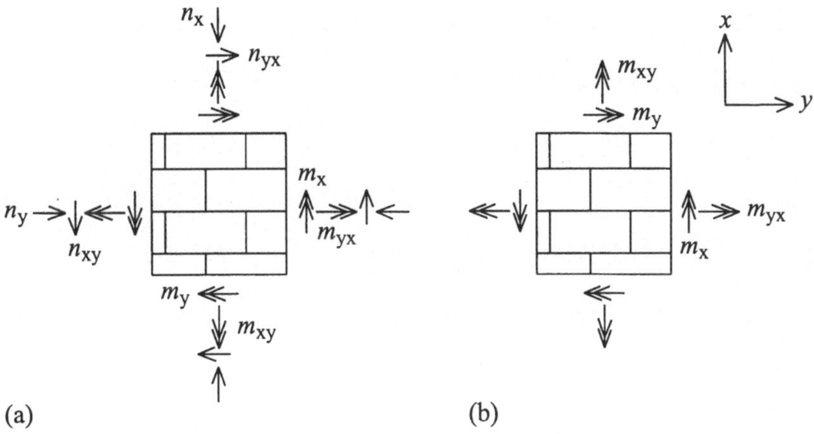

Bild 2.65 Plattenelement

Bei allen Bewehrungssystemen ist der Verbund und die Verankerung ein zentrales Problem. Vertikale Stäbe sollten in den Betondecken bzw. in den Ringbalken verankert sein.

Die Biegewiderstände werden an einem idealisierten Vollquerschnitt berechnet (Bild 2.66). Stahlzugkraft und Druckkraft müssen im Querschnitt im Gleichgewicht sein. Zur Ermittlung des inneren Hebelarms wird die Druckzone bestimmt. Unter reiner Biegung wird die Bewehrung auf der Druckseite nicht berücksichtigt.

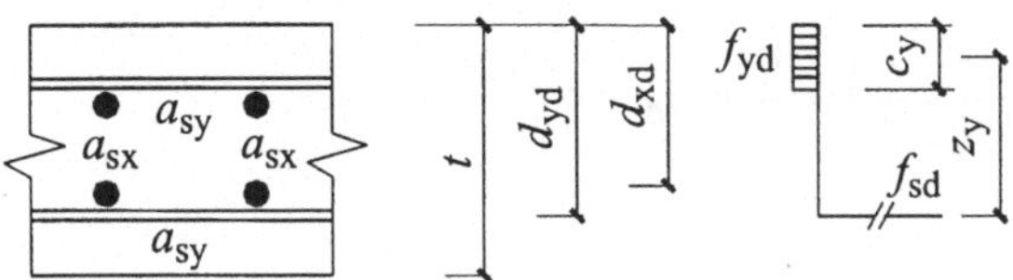

Bild 2.66
Bewehrtes Plattenelement

$$A_{sx} \cdot f_{sd} = f_{xd} \cdot c_x \qquad A_{sy} \cdot f_{sd} = f_{yd} \cdot c_y \qquad f_{xd} \neq f_{yd}$$

$$m_{yRd} = A_{sx} \cdot f_{sd} \cdot z_x \qquad z_x = d_{xd} - 0.5 \cdot c_x$$

$$m_{xRd} = A_{sy} \cdot f_{sd} \cdot z_y \qquad z_y = d_{yd} - 0.5 \cdot c_y$$

Beispiel 2.12

*Für ein orthogonal bewehrtes Mauerwerkselement, auf das in der Mauerwerksebene keine Normal- und keine Schubkräfte einwirken, sind die Biegewiderstände zu bestimmen. Die Bewehrungen müssen **vollständig** in den Mörtel eingebettet sein. Mit den Biegewiderständen können die aufnehmbaren Wandlasten berechnet werden.*

$$f_{xd} = 4 \; N/mm^2 \qquad f_{yd} = 2 \; N/mm^2 \qquad f_{sd} = 383.3 \; N/mm^2$$

$$t = 175 \; mm \qquad t_{sx} = 91 \; mm \qquad t_{sy} = 100 \; mm$$

$$A_{sx}(\varnothing \, 12, \, s = 30cm) = 376.7 \; mm^2/m \qquad (System \; [12])$$

$$A_{sy}(\varnothing \, 5, \, s = 18.5cm) = 106.1 \; mm^2/m \qquad (System \; [10])$$

$$d_{xd} = 128 \; mm \qquad\qquad\qquad d_{yd} = 135 \; mm$$

$$Z_{sx,d} = 376.6 \cdot 0.383 = 144 \; kN/m \qquad c_x = 36 \; mm \qquad z_x = 110 \; mm$$

$$Z_{sy,d} = 106.1 \cdot 0.383 = 40.7 \; kN/m \qquad c_y = 20.4 \; mm \qquad z_y = 125 \; mm$$

$$m_{yRd} = 15.8 \; kNm/m \qquad\qquad m_{xRd} = 5.1 \; kNm/m$$

Unbewehrter Querschnitt mit Normalkraft

Normalerweise ist senkrecht zur Lagerfuge eine Normalkraft vorhanden, welche zum Biegewiderstand beiträgt. Die Interaktion Moment-Normalkraft entspricht einer Parabel (Bild 2.67). Solange die Querbelastung zu Verteilungen der Biegemomente führt, die innerhalb der Interaktionskurve liegen, ist die Beanspruchung aufnehmbar. In dieser Betrachtung sind Vergrößerungen der Beanspruchungen infolge der Einflüsse zweiter Ordnung nicht einbezogen. Der Widerstand parallel zu den Lagerfugen wird, weil dazu die Zugfestigkeit des Mauerwerks erforderlich ist, nicht berücksichtigt. Wenn das Biegemoment bekannt ist, kann die erforderliche Normalkraft aus der Interaktionsbeziehung bestimmt werden.

$$n_{xRd} = f_{xd} \cdot c \qquad m_{yRd} = f_{xd} \cdot c \cdot \left(\frac{t}{2} - \frac{c}{2} \right) = \frac{1}{2} \cdot n_{xRd} \cdot t \cdot \left(1 - \frac{n_{xRd}}{f_{xd} \cdot t} \right)$$

$$\frac{m_{yRd}}{f_{xd} \cdot t^2} = \frac{1}{2} \cdot \frac{n_{xRd}}{f_{xd} \cdot t} \cdot \left(1 - \frac{n_{xRd}}{f_{xd} \cdot t} \right) \qquad \frac{n_{xRd}}{f_{xd} \cdot t} = \frac{1}{2} \pm \sqrt{\frac{1}{4} - 2 \cdot \frac{m_{yRd}}{f_{xd} \cdot t^2}}$$

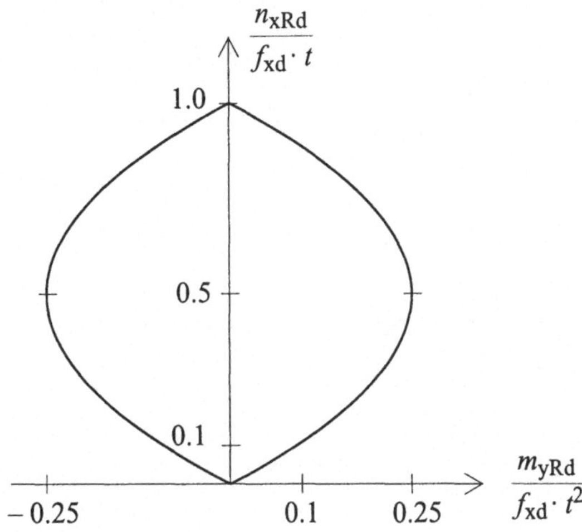

Bild 2.67 Moment-Normalkraft-Interaktion

Eine vollständige Diskussion der Moment-Normalkraft-Interaktion für unbewehrtes Mauerwerk wird an dieser Stelle nicht geführt. Gesicherte Versuchsdaten sind für diese Interaktion nur teilweise vorhanden.

Beispiel 2.13

Gesucht ist die Querbelastung, welche eine Wand bei konstanter Normalkraft (Bild 2.68) aufnehmen kann. Der Einfluss der Verformungen der Wand wird nicht berücksichtigt. Zuerst wird die oben und unten unverdreht eingespannte Wand (a) untersucht.

$$f_{xd} = 4\ N/mm^2 \qquad h_w = 2.5\ m \qquad t = 0.15\ m \qquad n_{xd} = 100\ kN/m$$

$$m_{yRd} = \frac{1}{2}\cdot n_{xRd}\cdot t\cdot\left(1-\frac{n_{xRd}}{f_{xd}\cdot t}\right) = \frac{1}{2}\cdot 100\cdot 0.15\cdot\left(1-\frac{0.1}{4\cdot 0.15}\right) = 6.25\ kNm\,/\,m$$

$$2\cdot m_{yRd} = \frac{q_d\cdot h_w^2}{8} \qquad q_{Rd} = \frac{16\cdot m_{yRd}}{h_w^2} = 16\ kN/m^2$$

Als zweite wird die oben und unten gelenkig gelagerte Wand (b) untersucht. Die beidseitig gelenkig gelagerte Wand nimmt gerade die Hälfte der beidseitig eingespannten auf.

$$m_{yRd} = \frac{q_d\cdot h_w^2}{8} \qquad q_{Rd} = \frac{8\cdot m_{yRd}}{h_w^2} = 8\ kN/m^2$$

Als dritte wird die auskragende, unten eingespannte Giebelwand (c) untersucht. Die Normalkraft einer Giebelwand ist im allgemeinen kleiner als der in diesem Beispiel verwendete Wert. Dennoch resultiert eine Querbelastung, die erheblich unter normalen Windeinwirkungen liegt.

$$n_{xd} = 10 \ kN/m$$

$$m_{yRd} = \frac{1}{2} \cdot n_{xRd} \cdot t \cdot \left(1 - \frac{n_{xRd}}{f_{xd} \cdot t}\right) = \frac{1}{2} \cdot 10 \cdot 0.15 \cdot \left(1 - \frac{0.01}{4 \cdot 0.15}\right) = 0.74 \ kNm / m$$

$$m_{yRd} = \frac{q_d \cdot h_w^{\,2}}{2} \qquad q_{Rd} = \frac{2 \cdot m_{yRd}}{h_w^{\,2}} = 0.236 \ kN/m^2$$

Der Winddruck wird als Leiteinwirkung auf dem Bemessungsniveau bestimmt [3].

$$C_h = 1.5 \qquad\qquad C_l = 1.5 \qquad\qquad q_r = 0.9 \ kN/m^2$$

$$q_d = 1.5 \cdot 1.5 \cdot 0.9 = 2.03 \ kN/m^2 \qquad m_{yd} = \frac{q_d \cdot h_w^{\,2}}{2} = 6.33 \ kNm/m$$

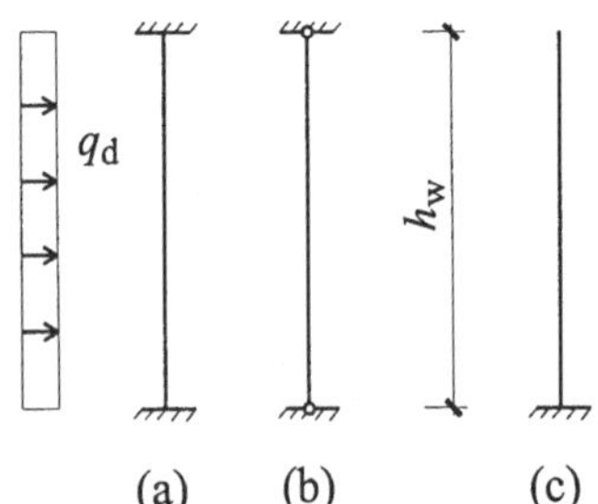

Bild 2.68
Randbedingungen

(a)   (b)   (c)

Mit einer Vorspannung lässt sich eine höhere Normalkraft erzeugen. Sie entspricht der Normalkraft, die zur Aufnahme der Querbelastung erforderlich ist.

$$\frac{p_d}{f_{xd} \cdot t} = \frac{n_{xRd}}{f_{xd} \cdot t} = \frac{1}{2} - \sqrt{\frac{1}{4} - 2 \cdot \frac{m_{yRd}}{f_{xd} \cdot t^2}} = \frac{1}{2} - \sqrt{\frac{1}{4} - 2 \cdot \frac{0.00633}{4 \cdot 0.15^2}} = 0.1693$$

$$p_d = 0.1693 \cdot 4000 \cdot 0.15 = 101.6 \ kN/m$$

Alternative Lösung:

Die Lösungen können auch mit der Gewölbewirkung hergeleitet werden. Die Querbelastung ist mit den Umlenkkräften im Gleichgewicht (Bild 2.69). Dazu können die Gleichungen der Vorspanntheorie verwendet werden. Die Vorspannung wird durch die Normalkraft ersetzt. Die Pfeilhöhe wird von der Wirkungslinie der Normalkräfte bis zur äußersten Resultierenden der inneren Druckkräfte gemessen.

$$u = 8 \cdot P \cdot \frac{f}{l^2}$$

Mit u: Umlenkkraft, l: Spannweite, f: Pfeilhöhe, P: Vorspannkraft.

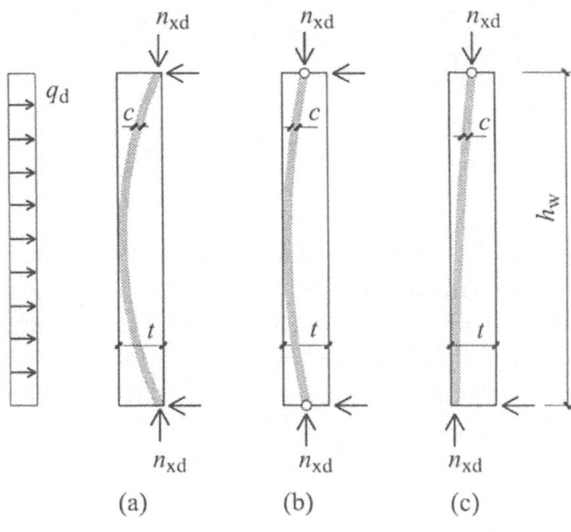

Bild 2.69 *Spannungsfelder querbelasteter Wände*

(a) $\quad c = \dfrac{n_{xd}}{f_{xd}} \qquad q_d = \dfrac{8 \cdot n_{xd}}{h_w^2} \cdot \left(\dfrac{t}{2} - \dfrac{c}{2} \right) = \dfrac{4 \cdot n_{xd}}{h_w^2} \cdot \left(t - \dfrac{n_{xd}}{f_{xd}} \right)$

$\qquad n_{xd} = 100 \ kN/m \qquad q_{Rd} = \dfrac{8 \cdot 100}{2.5^2} \cdot \left(0.15 - \dfrac{0.1}{4} \right) = 16 \ kN/m^2$

(b) $\quad q_d = \dfrac{8 \cdot n_{xd}}{h_w^2} \cdot \left(\dfrac{t}{2} - \dfrac{c}{2} \right) = \dfrac{4 \cdot n_{xd}}{h_w^2} \cdot \left(t - \dfrac{n_{xd}}{f_{xd}} \right)$

$\qquad n_{xd} = 100 \ kN/m \qquad q_{Rd} = \dfrac{4 \cdot 100}{2.5^2} \cdot \left(0.15 - \dfrac{0.1}{4} \right) = 8 \ kN/m^2$

(c) $\quad q_d = \dfrac{8 \cdot n_{xd}}{4 \cdot h_w^2} \cdot \left(\dfrac{t}{2} - \dfrac{c}{2} \right) = \dfrac{n_{xd}}{h_w^2} \cdot \left(t - \dfrac{n_{xd}}{f_{xd}} \right)$

$\qquad n_{xd} = 10 \ kN/m \qquad q_{Rd} = \dfrac{10}{2.5^2} \cdot \left(0.15 - \dfrac{0.01}{4} \right) = 0.236 \ kN/m^2$

2.4.8 Bewehrte Tragwand mit exzentrischer Normalkraft

Zuerst wird die Moment-Normalkraft-Interaktionsbeziehung senkrecht zur Lagerfuge für die Bewehrung allein bestimmt (Bild 2.70). Die Interaktionskurve für die unbewehrte Mauerwerkswand ist gemäß Bild 2.67 schon bekannt.

$$n_{xRd} = A_{sx} \cdot f_{sd} - A_{sx} \cdot \sigma_{sd} \qquad m_{yRd} = A_{sx} \cdot f_{sd} \cdot 0.5 \cdot t_{sx} + A_{sx} \cdot \sigma_{sd} \cdot 0.5 \cdot t_{sx}$$

$$m_{\text{yRd}} = (2 \cdot A_{\text{sx}} \cdot f_{\text{sd}} - n_{\text{xRd}}) \cdot 0.5 \cdot t_{\text{sx}} \qquad \frac{m_{\text{yRd}}}{f_{\text{xd}} \cdot t^2} = \frac{1}{2} \cdot \frac{t_{\text{sx}}}{t} \cdot \left(\pm 2 \cdot \omega_{\text{x}} - \frac{n_{\text{xRd}}}{f_{\text{xd}} \cdot t} \right)$$

$$\frac{m_{\text{yRd}}}{f_{\text{xd}} \cdot t^2} = \frac{1}{2} \cdot \frac{n_{\text{xRd}}}{f_{\text{xd}} \cdot t} \cdot \left(1 - \frac{n_{\text{xRd}}}{f_{\text{xd}} \cdot t} \right)$$

Beide Interaktionsbeziehungen sind im Bild 2.70 dargestellt. Die Interaktion des bewehrten Querschnitts in x-Richtung kann graphisch ermittelt werden, indem der Koordinatenursprung der Interaktion des unbewehrten Mauerwerks translatorisch auf der Interaktion der x-Bewehrung bewegt wird. Der Biegewiderstand und der Normalkraftwiderstand werden beide stark erhöht. Die Bewehrung hat somit großen Einfluss, da der Unterschied zwischen der Mauerwerksfestigkeit und der Stahlfestigkeit sehr groß ist. Allerdings darf nur mit diesen hohen Werten gerechnet werden, wenn der Verbund der Bewehrung gewährleistet ist und die Stabilität nicht maßgebend wird. Große Kanäle für den Mörtel garantieren einen guten Verbund zwischen Stein und Bewehrung. Die Parameter der Mauerwerkswand von Bild 2.70 sind gegeben. Der Biegewiderstand der Lagerfugenrichtung wird unabhängig von der x-Richtung ermittelt.

$$\omega_{\text{x}} = 0.20 \qquad \frac{t_{\text{sx}}}{t} = 0.60 \qquad m_{\text{xRd}} = A_{\text{sy}} \cdot f_{\text{sd}} \cdot z_{\text{y}} \qquad z_{\text{y}} = d_{\text{yd}} - 0.5 \cdot c_{\text{y}} \quad \text{bzw.} \quad t_{\text{sy}}$$

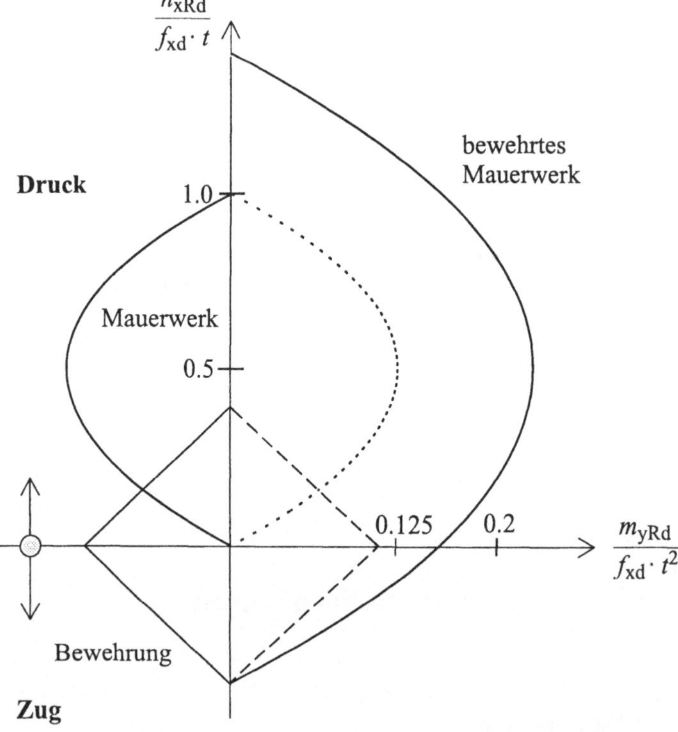

Bild 2.70 Moment-Normalkraft-Interaktion

Tragwirkung

Die Tragwirkung ist von den Lagerungsbedingungen abhängig. Eine unausgesteifte Giebelwand ohne seitliche Abstützungen kann nur in der x-Richtung tragen, wobei entsprechende Normalkräfte oder Bewehrungen erforderlich sind. Weist die Wand seitliche Abstützungen auf, kann die Querbelastung mit Stahleinlagen in beiden Richtungen abgetragen werden. Wenn das betrachtete Mauerwerk auf mehreren Seiten aufgelagert ist und als Platte gerechnet wird, entstehen Biegemomente und Drillungsmomente. Diese können in Bewehrungsmomente oder direkt in entsprechende Zug- und Druckkräfte umgewandelt werden. An Stelle der Plattentheorie kann die Streifenmethode angewendet werden. Die Biegemomente werden direkt in den Richtungen senkrecht und parallel zu den Lagerfugen bestimmt. Die Querbelastungen werden entsprechend den Steifigkeitsverhältnissen der Mauerwerkswand abgetragen. Wird in einer Richtung der Widerstand erreicht, müssen weitere Laststeigerungen durch die andere Tragrichtung aufgenommen werden.

Zu beachten ist, dass in diesem Abschnitt die Verformungen der Mauerwerkswände nicht berücksichtigt worden sind. Diese können wie bei axial belasteten Stahlbetonstützen zu einer erheblichen Reduktion der aufnehmbaren Querbelastungen führen. Starr-plastische Lösungsansätze kombiniert mit linear elastischen Stoffgesetzen vermitteln einen qualitativen Einblick in das Verhalten einer Wand. Untersucht wird das Druckgewölbe mit einer Randeinspannung (Bild 2.71b).

$$q_{\mathrm{d}} = \frac{8 \cdot n_{\mathrm{xd}}}{h_{\mathrm{w}}^2} \cdot (t - c - w) = \frac{8 \cdot n_{\mathrm{xd}}}{h_{\mathrm{w}}^2} \cdot \left(t - \frac{n_{\mathrm{xd}}}{f_{\mathrm{xd}}} - w \right)$$

$$\frac{q_{\mathrm{d}} \cdot h_{\mathrm{w}}^2}{8 \cdot n_{\mathrm{xd}} \cdot t} = \left(1 - \frac{n_{\mathrm{xd}}}{f_{\mathrm{xd}} \cdot t} - \frac{w}{t} \right)$$

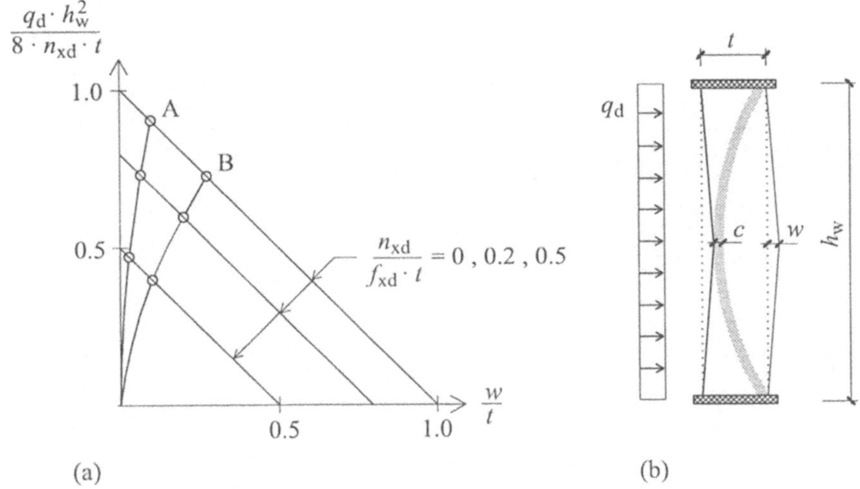

Bild 2.71 Last-Verformungskurve einer querbelasteten Wand

Im Bild 2.71 sind die Normalkräfte in Funktion der Auslenkung der Wand dargestellt. Die Kurven aus dem starr-plastischen und dem linear elastischen Stoffgesetz werden zusammengesetzt. Der Abfall der Traglasten (Bild 2.71a) ist stark abhängig von den Steifigkeiten der Wände. So ist die Wand A viel steifer als die Wand B. Entsprechend ist der Abfall der Traglast der Wand B viel größer als derjenige der Wand A. In der Parameterdarstellung des Bildes 2.71 sind für die Normalkraft drei Stufen normiert eingetragen.

$$\frac{n_{xd}}{f_{xd} \cdot t} = 0, \ 0.2, \ 0.5$$

Wird eine Vorspannung verwendet, hängt die Traglast von der Bauausführung ab. Wenn die Spannglieder im Innern der Steine geführt sind, werden die Ablenkungskräfte der Spannglieder durch die Umlenkkräfte der Steine kompensiert.

Die aufnehmbare Querbelastung wird durch die Wandverformung nicht beeinflusst. Können sich die Spannglieder von Ankerplatte zu Ankerplatte im Innern der Wand frei bewegen, ist die Vorspannkraft wie eine Normalkraft unter Berücksichtigung der Wandverformung zu behandeln. Es ist somit ein Nachweis zweiter Ordnung zu erbringen.

Bewehrte Mauerwerkswände mit exzentrischer Normalkraft werden mit den Methoden der Stahlbetontheorie untersucht. Dabei wird für das Mauerwerk die vereinfachte Bruchbedingung (Bild 2.33) beibehalten. Bewehrtes Mauerwerk ist in der neueren Forschung vermehrt untersucht worden. Ob die Modelle des Stahlbetons auf bewehrte Mauerwerkswände anwendbar sind, wird in Versuchen und theoretisch abgeklärt [33].

3 Nachweise und Bemessung

Zuerst wird eine Wand mit einem einfachen Nachweis der Tragsicherheit untersucht, da dieser weniger Aufwand erfordert und bei allen Beanspruchungsarten zur Verfügung steht. Bei der Gebrauchstauglichkeit sind generell die erweiterten Nachweise durchzuführen. Wenn aufgrund der gegebenen Verhältnisse oder aus Erfahrung ersichtlich ist, dass Richtwerte der rechnerischen Rissbreiten und Verformungen eingehalten sind oder Risse akzeptiert werden können, darf auf entsprechende Nachweise verzichtet werden.

3.1 Einleitung

Es ist nicht bei jeder Wand der gleiche Nachweis maßgebend. Die entsprechenden Zusammenhänge werden am fünfgeschossigen Gebäude von Bild 3.1 erläutert. Die Normalkräfte dieses Gebäudes sind im Beispiel 1.2 für einige Wände auf dem Bemessungs- und dem Gebrauchsniveau [3] ermittelt worden. Für das Erdbeben als Leiteinwirkung sind im Beispiel 1.5 Querkraft, Moment und zugehörige Normalkraft bestimmt worden.

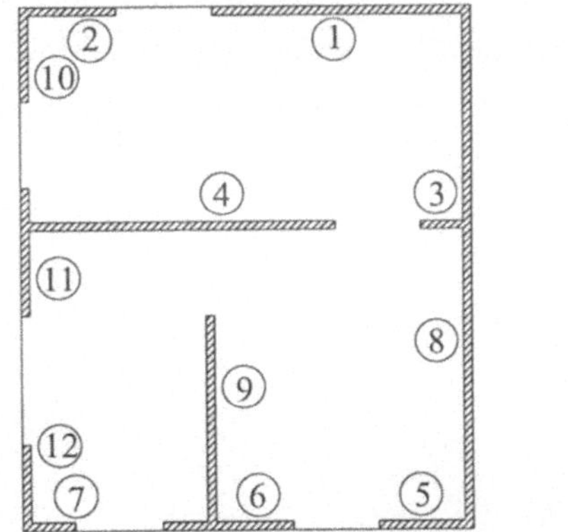

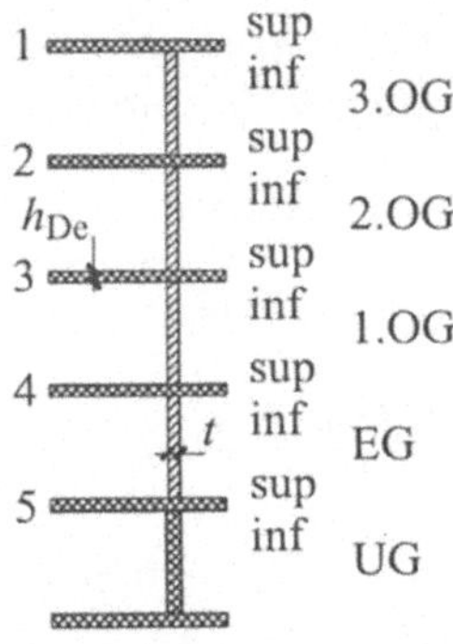

Bild 3.1 Gebäude mit Tragwänden

Bei den exzentrisch beanspruchten Wänden sind die Normalkräfte der Wände 2 und 5 (gleiche Querschnittsflächen) am größten (Bild 3.1). Beide beteiligen sich nur unwesentlich an der Aufnahme der Horizontalkräfte. Sie verhalten sich bezüglich der Deckenverdrehung ähnlich und weisen ungefähr gleiche Normalkräfte auf.

Bei den mehr oder weniger zentrisch beanspruchten Wänden ist vor allem die Normalkraft der kurzen Wand 3 groß. Die Wände 4 und 9 sind nicht rein zentrisch beansprucht. Sie dürfen jedoch innerhalb gewisser Schranken als solche behandelt werden. Der Einfluss der

Wandverdrehung infolge ungleicher Deckenspannweiten wird für die Wand 9 dennoch untersucht. Dabei wird eine möglicherweise gleichzeitig wirkende Horizontalkraft nicht berücksichtigt.

Die Wand 4 trägt horizontale Einwirkungen unter zentrischer und exzentrischer Normalkraft ab. Sie eignet sich für vergleichende Betrachtungen. Die Nachweise werden nach Beanspruchungsart und nach Ausführungsart der Wandkonstruktionen (unbewehrt, bewehrt und verstärkt) unterteilt.

3.2 Normalkraftbeanspruchung unbewehrter Wände

Bei den erweiterten Nachweisen wird in einem ersten Fall exemplarisch die aufwendige Handrechnung durchgeführt. In allen andern Berechnungen wird das Rechenprogramm [28], das auf den theoretischen Grundlagen des Abschnitts 2.4 basiert, verwendet.

3.2.1 Nachweis der Tragsicherheit

Im allgemeinen werden die Abmessungen der Wände und Decken gewählt und anschließend mit dem Nachweis der Tragsicherheit überprüft. Welche Wände untersucht werden müssen, ist aufgrund der Abmessungen und der Lage im Grundriss zu entscheiden.

Beispiel 3.1

Für alle Wände (Bild 3.1), die als Einsteinmauerwerk ausgeführt werden, wird vorerst von den gleichen Grunddaten ausgegangen. Die Stoßfugen sind vollflächig vermörtelt.

$$f_{xd} = 3.5 \ N/mm^2 \qquad E_{xd} = 2.5 \ kN/mm^2 \qquad f_{yd} = 0.5 \cdot f_{xd}$$

$$f_x = 7 \ N/mm^2 \qquad E_x = 5.0 \ kN/mm^2 \qquad G = 1.2 \ kN/mm^2$$

$$h_w = 2.5 \ m \qquad t = 0.18 \ m \qquad h_0 = 0.20 \ m$$

Wand 2

Die Wand 2 wird mit den Normalkräften, welche mit der Streifenmethode ermittelt werden, untersucht. Die Normalkräfte werden der Tabelle 1.5 entnommen. Zuerst wird das Materialversagen im Knoten 4 überprüft. Durchgeführt wird ein einfacher Nachweis [7].

$$N_{xRd} = 0.25 \cdot t \cdot f_{xd} = 0.25 \cdot 0.18 \cdot 3.5 = 157.5 \ kN/m$$

$$N_{xRd} = 157.5 \ kN/m \ < \ N_{xd,B} = 181.1 \ kN/m \qquad\qquad\qquad \textbf{\textit{(nicht i.O.)}}$$

Erst ab dem Schnitt 4,sup ist die Normalkraft kleiner als der gerechnete Wert. Für die Schnitte unterhalb ist deshalb ein erweiterter Nachweis mit den Bemessungsdiagrammen erforderlich. Nebst dem Normalkraftwiderstand ist auch das Stabilitätsversagen zu überprüfen. Die wirksame Höhe ist im Abschnitt 2.4.4 definiert worden.

Schnitt 4,inf (Bemessungsdiagramm V3):

$$B_{yd} = E_{xd} \cdot J_y \cdot \sqrt{1 - \frac{N_{xd}}{2 \cdot A_x \cdot f_{xd}}} \qquad h_{Ed} = \pi \cdot \sqrt{\frac{B_{yd}}{N_{xd}}} \qquad h_{ef} = 2.5 \ m$$

$$B_{yd} = 2.5 \cdot 10^6 \cdot 486 \cdot 10^{-6} \cdot \sqrt{1 - \frac{0.1811}{2 \cdot 0.18 \cdot 3.5}} = 1124.3 \ kNm^2/m$$

$$h_{Ed} = \pi \cdot \sqrt{\frac{1124.3}{181.1}} = 7.83 \ m \qquad \frac{h_{ef}}{h_{Ed}} = \frac{2.5}{7.83} = 0.32 \ < \ \zeta = 0.5 \qquad \textbf{\textit{(i.O.)}}$$

Schnitt 4,sup (Bemessungsdiagramm V2):

Wände, deren Biegelinie ungefähr in der Mitte einen Wendepunkt aufweisen, werden mit Bemessungsdiagrammen für den Fall V2 berechnet, wobei die halbe Wandhöhe einzusetzen ist.

$$B_{yd} = 2.5 \cdot 10^6 \cdot 486 \cdot 10^{-6} \cdot \sqrt{1 - \frac{0.1452}{2 \cdot 0.18 \cdot 3.5}} = 1142.9 \ kNm^2/m \qquad h_{ef} = 1.25 \ m$$

$$h_{Ed} = \pi \cdot \sqrt{\frac{1142.9}{145.2}} = 8.81 \ m \qquad \frac{h_{ef}}{h_{Ed}} = \frac{1.25}{8.81} = 0.14 \ < \ \zeta = 0.3 \qquad \textbf{\textit{(i.O.)}}$$

Das Stabilitätsversagen wird für die Wand 2 und damit auch für alle anderen Aussenwände nicht maßgebend. Zur Durchführung des erweiterten Nachweises im Knoten 4 wird die im Beispiel 1.3 (Bild 1.17) ermittelte Deckencharakteristik verwendet. Die aufsummierte Moment-Verdrehungs-Beziehung der am Knoten oben und unten anschließenden Wände wird für den Knoten 4 in das Diagramm mit der Deckenkurve hineingezeichnet (Bild 3.2). Die beiden Wandkurven der Wand 2 werden für das Geschoss 4-5 und für das Geschoss 3-4 getrennt ermittelt.

Schnitt 4,inf:

Es werden für den Bereich 4-5 zwei Verdrehungspunkte gewählt und die Wandmomente mit dem Bemessungsdiagramm V3 berechnet. Die durch den Nullpunkt verlaufende Wandkurve wird im Bild 3.2 aufgezeichnet.

$$N_{xd} = 181.1 \ kN/m$$

$$h_{ef} = 2.5 \ m \qquad h_{Ed} = 7.83 \ m \qquad h_{ef}/h_{Ed} = 0.32$$

$$\vartheta \cdot \frac{h_{Ed}}{t} = 0.3 \qquad \vartheta = 0.3 \cdot \frac{0.18}{7.83} = 6.90 \cdot 10^{-3} \qquad \frac{e_z}{t} = 0.265$$

$$m_{yd,w} = 0.265 \cdot 181.1 \cdot 0.18 = 8.6 \ kNm/m$$

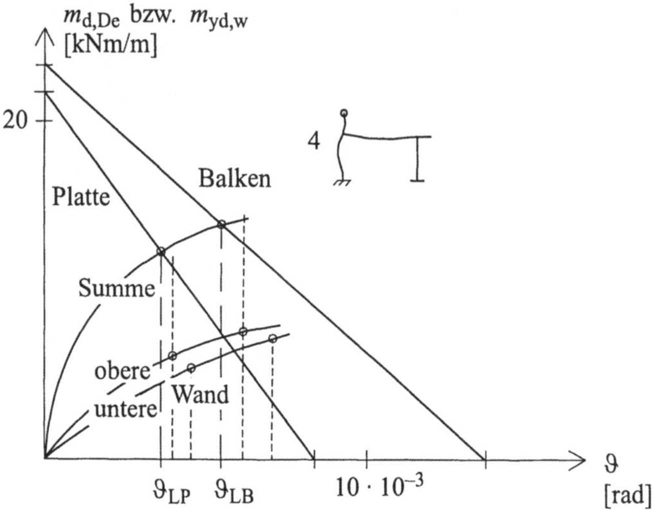

Bild 3.2 *Diagramm der Wand- und Deckenkurven*

$$\vartheta \cdot \frac{h_{Ed}}{t} = 0.2 \qquad \vartheta = 0.2 \cdot \frac{0.18}{7.83} = 4.60 \cdot 10^{-3} \qquad \frac{e_z}{t} = 0.20$$

$$m_{yd,w} = 0.20 \cdot 181.1 \cdot 0.18 = 6.5 \ kNm/m$$

Schnitt 4,sup:

Auch für den Bereich 3-4 werden zwei Verdrehungspunkte gewählt, die Wandmomente mit dem Bemessungsdiagramm V2 berechnet und im Bild 3.2 in Verbindung mit dem Nullpunkt als Wandkurve aufgezeichnet.

$$N_{xd} = 145.2 \ kN/m$$

$$h_{ef} = 1.25 \ m \qquad h_{Ed} = 8.81 \ m \qquad h_{ef}/h_{Ed} = 0.14$$

$$\vartheta \cdot \frac{h_{Ed}}{t} = 0.3 \qquad \vartheta = 0.3 \cdot \frac{0.18}{8.81} = 6.13 \cdot 10^{-3} \qquad \frac{e_z}{t} = 0.34$$

$$m_{yd,w} = 0.34 \cdot 145.2 \cdot 0.18 = 8.9 \ kNm/m$$

$$\vartheta \cdot \frac{h_{Ed}}{t} = 0.2 \qquad \vartheta = 0.2 \cdot \frac{0.18}{8.81} = 4.09 \cdot 10^{-3} \qquad \frac{e_z}{t} = 0.28$$

$$m_{yd,w} = 0.28 \cdot 145.2 \cdot 0.18 = 7.3 \ kNm/m$$

Die Kurven der beiden Wände werden addiert. Der Schnittpunkt der Wandkurve mit der Deckenkurve ist der Lösungspunkt, da in diesem Punkt Gleichgewicht und Verträglichkeit erfüllt sind. Die Resultate werden für die als Platte eingegebene Decke direkt mit den Werten aus dem Programm[28] verglichen (Index P: Plattenmodell). Gerechnet ist auch das Balkenmodell (Index B: Balkenmodell).

$$\vartheta_{L,B} = 5.4 \cdot 10^{-3}$$

$$\vartheta_{L,P} = 3.6 \cdot 10^{-3} \qquad \vartheta_{L,P} = 3.8 \cdot 10^{-3} \quad (Programm)$$

Mit dem Lösungspunkt für die Verdrehung wird aus den Diagrammen der normierte Normalkraftwiderstand für die entsprechenden Wandkurven herausgelesen.

Wand 2, Schnitt 4,inf (Fall V3):

$$\vartheta_{L,B} \cdot \frac{h_{Ed}}{t} = 5.4 \cdot 10^{-3} \cdot \frac{7.83}{0.18} = 0.235 \qquad \frac{N_{xRd}}{A_x \cdot f_{xd}} = 0.56 \qquad \frac{e_z}{t} = 0.22$$

$$N_{xRd,B} = 0.56 \cdot 0.18 \cdot 3500 = 353 \ kN/m$$

$$m_{yd,w,inf,4,B} = 0.22 \cdot 0.18 \cdot 181.1 = 7.2 \ kNm/m$$

$$\vartheta_{L,P} \cdot \frac{h_{Ed}}{t} = 3.6 \cdot 10^{-3} \cdot \frac{7.83}{0.18} = 0.157 \qquad \frac{N_{xRd}}{A_x \cdot f_{xd}} = 0.66$$

$$N_{xRd,P} = 0.66 \cdot 0.18 \cdot 3500 = 416 \ kN/m \ > \ N_{xd} = 181.1 \ kN/m \qquad\qquad (i.O.)$$

$$N_{xRd,P} = 410 \ kN/m \quad (Programm)$$

Wand 2 Schnitt 4,sup (Fall V2):

$$\vartheta_{L,B} \cdot \frac{h_{Ed}}{t} = 5.4 \cdot 10^{-3} \cdot \frac{8.81}{0.18} = 0.264 \qquad \frac{N_{xRd}}{A_x \cdot f_{xd}} = 0.36 \qquad \frac{e_z}{t} = 0.32$$

$$N_{xRd,B} = 0.36 \cdot 0.18 \cdot 3500 = 227 \ kN/m$$

$$m_{yd,w,sup,4,B} = 0.32 \cdot 0.18 \cdot 145.2 = 8.4 \ kNm/m$$

$$\vartheta_{L,P} \cdot \frac{h_{Ed}}{t} = 3.6 \cdot 10^{-3} \cdot \frac{8.81}{0.18} = 0.176 \qquad \frac{N_{xRd}}{A_x \cdot f_{xd}} = 0.48$$

$$N_{xRd,P} = 0.48 \cdot 0.18 \cdot 3500 = 302 \ kN/m \ > \ N_{xd} = 145.2 \ kN/m \qquad\qquad (i.O.)$$

$$N_{xRd,P} = 296 \ kN/m \quad (Programm)$$

Damit ist die Tragsicherheit der Wand 2 nachgewiesen. Programm und Handrechnung stimmen gut überein.

Ergänzung

Im Programm [28] ist direkt die Deckenkurve des Plattenmodells eingegeben worden. Die Decke kann auch als Balkenmodell eingeführt werden. Dabei muss der Ingenieur entscheiden, ob sie in ihrer Gesamtheit als gerissen oder ungerissen zu betrachten ist. Mit der Momentenverteilung der Wände aus den obenstehenden Nachweisen wird der Zustand der Decke als Balkenmodell kontrolliert.

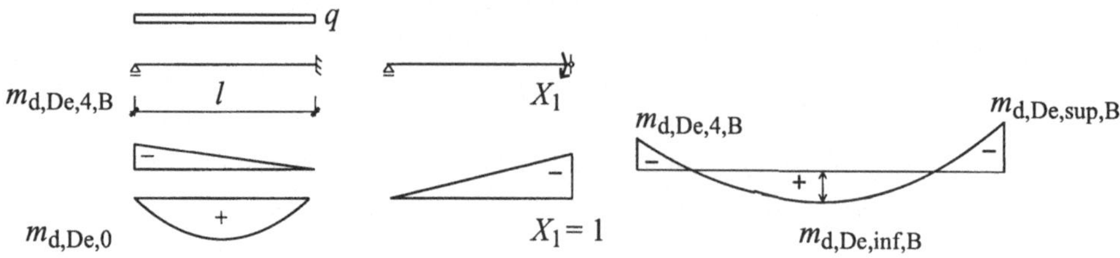

Bild 3.3 *Deckenstreifen*

Moment am Deckenrand:

$$m_{yd,w,inf,4,B} + m_{yd,w,sup,4,B} = 7.2 + 8.4 = 15.6 \; kNm/m = m_{d,De,4,B}$$

$$m_{d,De,f} = \frac{q_d \cdot l^2}{8} = 39.8 \; kNm/m$$

Für das Moment über der Innenwand wird von einer festen Einspannung des Balkens ausgegangen (Bild 3.3). Mit dem bekannten Randmoment lässt sich das Stützenmoment bestimmen.

$$\delta_{10} = \left(\frac{1}{6} \cdot 15.6 - \frac{1}{3} \cdot 39.8 \right) \cdot \frac{l}{EJ} \; kNm \, / \, m \qquad \delta_{11} = \frac{1}{3} \cdot \frac{l}{EJ}$$

$$X_1 = -\frac{\delta_{10}}{\delta_{11}} = m_{d,De,sup,B} = 32.0 \; kNm/m \; > \; m_{rd} = m_r = 20.2 \; kNm/m$$

$$m_{d,De,inf,B} = 16 \; kNm/m \; < \; m_{rd} = m_r = 20.2 \; kNm/m$$

Der Feldbereich ist analog zur Platte ungerissen. Das wirkliche Verhalten der Decke als Balken ist damit etwas günstiger als das Verhalten gemäss Berechnung mit dem Programm [28].

Wand 3

Die Wand 3 ist sehr kurz und durch die Wand 8 ausgesteift bzw. über die gesamte Wandhöhe nahezu unverschieblich gehalten. Die Annahme der Knickfigur gemäß Bild 3.4 ist daher konservativ. Die Normalkräfte werden der Tabelle 1.5 entnommen. Da es sich um eine zentrisch beanspruchte Wand handelt, treten im Gebrauchszustand keine horizontalen Risse auf und es ist nur ein Tragsicherheitsnachweis erforderlich. Das Materialversagen wird nach Abschnitt 2.4.3 überprüft.

$$N_{xRd} = t \cdot f_{xd} = 0.18 \cdot 3.5 = 630 \; kN/m \; > \; N_{xd} = 394.4 \; kN/m \qquad\qquad \textbf{(i.O.)}$$

Das Stabilitätsversagen wird im Schnitt 5,sup mit der Knickfigur gemäß Bild 3.4 überprüft.

$$h_{cr} = 0.5 \cdot h_w = 1.25 \; m \qquad\qquad h_{Ed} = \pi \cdot \sqrt{\frac{B_{yd}}{N_{xd}}}$$

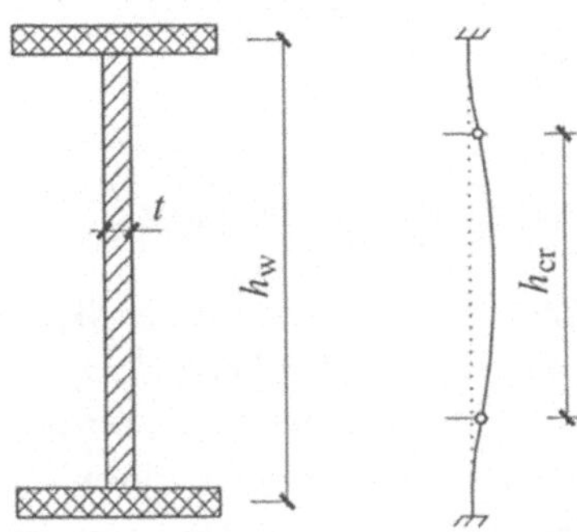

Bild 3.4
Zentrisch beanspruchte Wand

$$B_{yd} = E_{xd} \cdot J_y \cdot \sqrt{1 - \frac{N_{xd}}{2 \cdot A_x \cdot f_{xd}}}$$

$$= 2.5 \cdot 10^6 \cdot 486 \cdot 10^{-6} \cdot \sqrt{1 - \frac{0.3944}{2 \cdot 0.18 \cdot 3.5}} = 1007 \; kNm^2 / m$$

$$h_{Ed} = \pi \cdot \sqrt{\frac{1007}{394.4}} = 5.02 \; m \qquad \frac{h_{cr}}{h_{Ed}} = \frac{1.25}{5.02} = 0.25 \; < \; 1.0 \qquad\qquad (\textbf{\textit{i.O.}})$$

Für die zentrisch beanspruchte Innenwand ist somit der Nachweis erfüllt. Die Wand 3 ist so kurz, dass sie für die Aufnahme der horizontalen Kräfte nicht beigezogen wird. Daher ist im Gegensatz zur Wand 4 oder auch 9 keine Untersuchung für kombinierte Beanspruchungen erforderlich. Die Wand muss nur in der Lage sein, den Verformungen der stabilisierenden Tragwände zu folgen.

Wand 9

Die Wand 9 wird in der nachfolgenden Berechnung durch eine exzentrische Normalkraft beansprucht. Die Deckenkurve ist im Beispiel 1.3 mit einem Plattenprogramm [2] bestimmt worden. Die Berechnung der Wand wird direkt mit dem Programm [28] durchgeführt. Untersucht werden nur die Knoten 1 und 4. Nebst den entsprechenden Normalkräften wird auch die Deckenkurve eingegeben.

$$m_{De}(\vartheta_{De} = 0) = 21.0 \; kNm/m$$

$$\vartheta_{De}(m_{De} = 0) = 3.55 \cdot 10^{-3}$$

Knoten 4 (Programmeingabe und Resultate):

$$N_{xd,inf} = 274.3 \; kN/m \qquad N_{xd,sup} = 215.1 \; kN/m$$

untere Wand: $h_w / h_{Ed} = 0.402$ $\qquad N_{xRd} = 544.1 \; kN/m \; > \; N_{xd,inf} = 274.3 \; kN/m$

obere Wand: $h_w / h_{Ed} = 0.175$ $\qquad N_{xRd} = 465.2 \; kN/m \; > \; N_{xd,sup} = 215.1 \; kN/m$

Knoten 1 (Programmeingabe und Resultat):

$N_{xd,inf} = 59.2\ kN/m$

untere Wand: $h_w / h_{Ed} = 0.089$ $N_{xRd} = 180.5\ kN/m\ >\ N_{xd,inf} = 59.2\ kN/m$

Die Resultate zeigen, dass im untersuchten Knoten die Beanspruchungen von der Wand problemlos aufgenommen werden können. Allerdings liegen die maximalen Normalkraftwiderstände teilweise erheblich unter dem Maximalwert von 630 kN/m der rein zentrisch beanspruchten Wand. Dieses Resultat zeigt, dass schon kleine Verdrehungen durch die Decken einen erheblichen Abfall des Tragwiderstandes verursachen können. Das kann bei Wänden, die durch große Normalkräfte beansprucht sind, zu einem Tragsicherheitsproblem führen.

3.2.2 Nachweis der Gebrauchstauglichkeit

Vor allem Wände mit kleinen Normalkräften und bedeutenden Deckenverdrehungen sind rissgefährdet. Das System, die Normalkräfte und die Materialdaten werden aus den bisher untersuchten Beispielen übernommen und mit entsprechenden Richtwerten ergänzt. Für die Nachweise werden normale Anforderungen der Tabelle 2.7 vorausgesetzt. Damit ist die rechnerische Rissbreite festgelegt.

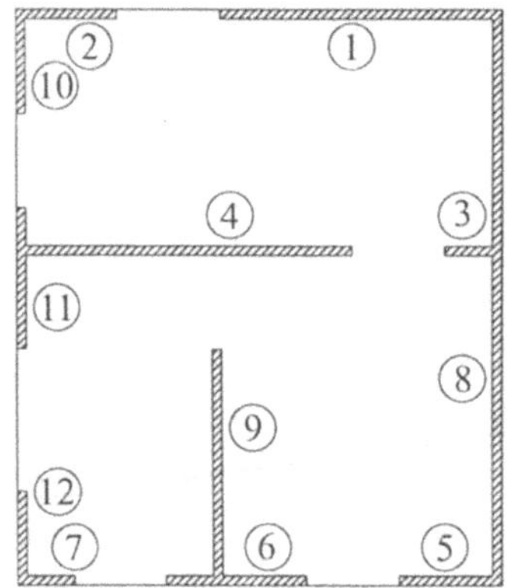
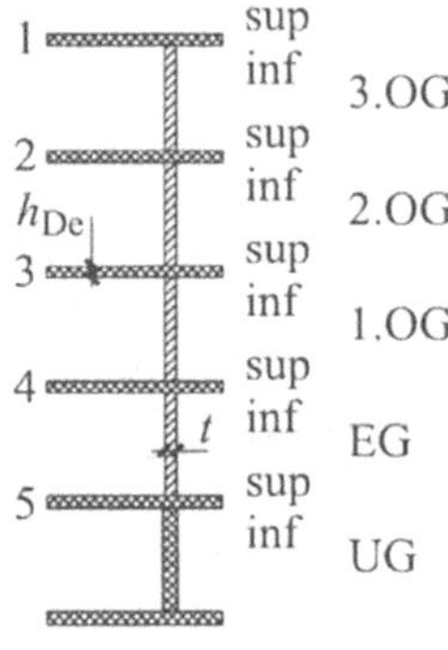

Bild 3.5 Gebäude mit Tragwänden

Zu den langen exzentrisch beanspruchten Wänden gehören die Wände 1 und 8 (Bild 3.5). Beide weisen kleine Normalkräfte auf. Unter kleinen Normalkräften müssen bei den exzentrisch beanspruchten Wänden größere Risse erwartet werden. Die Wände 9 und 4 sind beschränkt zentrisch beansprucht. Beiden Wänden ist gemeinsam, dass sie als lange Wände auch noch Horizontalkräfte aufnehmen müssen und daher kombiniert beansprucht sind. Diese Beanspruchung wird später behandelt.

Bei den Gebrauchsnormalkräften sind als Minimalwert nur die minimalen und als Maximalwert nur die maximalen Lasten berücksichtigt. Effektiv sollte für den ungünstigsten Fall nur die Decke im untersuchten Knoten mit dem Maximalwert belastet werden, während in den übrigen, darüberliegenden Decken die minimalen Deckenlasten aufzubringen sind. Dadurch wird die kleinste Normalkraft mit der größten Deckenverdrehung kombiniert. Die Unterschiede sind bei kleineren Nutzlasten allerdings unbedeutend.

Da Minimal- oder Maximalwerte alleine mit weniger Aufwand zu berechnen sind, wird der Nachweis im Beispiel 3.2 mit dem Minimalwert der Normalkraft geführt.

Beispiel 3.2

Die rechnerischen Rissbreiten werden für die Wände 1, 8 und 9 des Bildes 3.1 mit den Daten aus dem Beispiel 3.1 bestimmt.

Wand 1

Die Normalkräfte werden der Tabelle 1.5 entnommen. Die Deckenkurve, die zur Wand 1 gehört, ist im Beispiel 1.3 bestimmt worden.

$$m_{1,ser,De,P} = 18.3 \ kNm/m \qquad \vartheta_{1,ser,P} = \left(\frac{220}{180}\right)^3 \cdot 5.9 \cdot 0.71 \cdot 10^{-3} = 7.6 \cdot 10^{-3}$$

Untersucht werden die Knoten 4, 2 und 1 mit den im Abschnitt 2.4.4 hergeleiteten Näherungsformeln für eine Rissberechnung.

$$e_{inf} = \frac{t}{2} - \frac{2}{3} \cdot \frac{N_{x,inf}}{f_x} \geq \frac{t}{6} \qquad\qquad e_{sup} = \frac{t}{2} - \frac{2}{3} \cdot \frac{N_{x,sup}}{f_x} \geq \frac{t}{6}$$

$$m_{yw} = m_{De} = N_{x,sup} \cdot e_{sup} + N_{inf} \cdot e_{inf} \qquad \vartheta_{red} = \vartheta_{ser,P,0} \cdot \frac{m_{De,0} - m_{De}}{m_{De,0}} \geq 0$$

$$t_{r,inf} = t - 2 \cdot \frac{N_{x,inf}}{f_x} \geq 0 \qquad\qquad t_{r,sup} = t - 2 \cdot \frac{N_{x,sup}}{f_x} \geq 0$$

$$r_{inf} = t_{r,inf} \cdot \vartheta_{red} \qquad\qquad r_{sup} = t_{r,sup} \cdot \vartheta_{red}$$

Knoten 4:

$$e_{inf} = \frac{0.18}{2} - \frac{2}{3} \cdot \frac{0.096}{7} = 0.0809 \ m \qquad e_{sup} = \frac{0.18}{2} - \frac{2}{3} \cdot \frac{0.0792}{7} = 0.0825 \ m$$

$$m_{yw} = m_{De} = 96 \cdot 0.0809 + 79.2 \cdot 0.0825 = 14.3 \ kNm/m$$

$$\vartheta_{red} = 7.6 \cdot 10^{-3} \cdot \frac{18.3 - 14.3}{18.3} = 1.66 \cdot 10^{-3}$$

$$t_{r,inf} = 0.18 - 2 \cdot \frac{0.096}{7} = 0.1526 \ m \qquad\qquad t_{r,sup} = 0.18 - 2 \cdot \frac{0.0792}{7} = 0.1574 \ m$$

$$r_{inf} = 0.25 \ mm \ > \ r_{adm} = 0.20 \ mm \qquad\qquad r_{sup} = 0.26 \ mm \ > \ r_{adm} = 0.20 \ mm$$

Knoten 2:

$$e_{inf} = \frac{0.18}{2} - \frac{2}{3} \cdot \frac{0.0432}{7} = 0.0859 \, m \qquad e_{sup} = \frac{0.18}{2} - \frac{2}{3} \cdot \frac{0.0264}{7} = 0.0875$$

$$m_{yw} = m_{De} = 43.2 \cdot 0.0859 + 26.4 \cdot 0.0875 = 3.71 + 2.31 = 6.02 \, kNm/m$$

$$\vartheta_{red} = 7.6 \cdot 10^{-3} \cdot \frac{18.3 - 6.02}{18.3} = 5.10 \cdot 10^{-3}$$

$$t_{r,inf} = 0.18 - 2 \cdot \frac{0.0432}{7} = 0.1677 \, m \qquad t_{r,sup} = 0.18 - 2 \cdot \frac{0.0264}{7} = 0.1725 \, m$$

$$r_{inf} = 0.86 \, mm \; > \; r_{adm} = 0.2 \, mm \qquad r_{sup} = 0.88 \, mm \; > \; r_{adm} = 0.2 \, mm$$

Knoten 1 (Beim Knoten 1 verschwinden alle Terme mit dem Index sup):

$$e_{inf} = \frac{0.18}{2} - \frac{2}{3} \cdot \frac{0.0168}{7} = 0.0884 \, m$$

$$m_{yw} = m_{De} = 16.8 \cdot 0.0884 = 1.49 \, kNm/m$$

$$\vartheta_{red} = 7.6 \cdot 10^{-3} \cdot \frac{18.3 - 1.49}{18.3} = 6.98 \cdot 10^{-3}$$

$$t_{r,inf} = 0.18 - 2 \cdot \frac{0.0168}{7} = 0.1752 \, m \qquad r_{inf} = 1.22 \, mm \; \gg \; r_{adm} = 0.2 \, mm$$

In der obersten Wand kann die Rissbreite bei kleinen Normalkräften direkt abgeschätzt werden. Bei teilweise eingebundenen Decken ist diese Abschätzung nicht ohne Korrekturen anwendbar.

$$r_{inf} = t \cdot \vartheta_{ser,P,0} = 0.18 \cdot 7.6 \cdot 10^{-3} = 1.37 \, mm \; \gg \; r_{adm} = 0.2 \, mm$$

Der erweiterte Nachweis wird mit den Rissdiagrammen durchgeführt. Im Programm[28] wird die Deckenkurve eingegeben.

$$m_{De}(\vartheta_{De} = 0) = 18.3 \, kNm/m$$

$$\vartheta_{De}(m_{De} = 0) = 7.60 \cdot 10^{-3}$$

Knoten 4 (Eingabe im Programm):

$$N_{x,inf} = 96.0 \, kN/m \qquad N_{x,sup} = 79.2 \, kN/m$$

Resultate:

$$\text{untere Wand:} \quad h_w/h_E = 0.16 \qquad r = 0.16 \text{ mm} \qquad r_{pl} = 0.0 \text{ mm}$$

$$\text{obere Wand:} \quad h_w/h_E = 0.0.072 \qquad r = 0.34 \text{ mm} \qquad r_{pl} = 0.15 \text{ mm}$$

Knoten 2 (Eingabe im Programm):

$$N_{x,inf} = 43.2 \text{ kN/m} \qquad\qquad N_{x,sup} = 26.4 \text{ kN/m}$$

Resultate:

$$\text{untere Wand:} \quad h_w/h_E = 0.053 \qquad r = 0.91 \text{ mm} \qquad r_{pl} = 0.81 \text{ mm}$$

$$\text{obere Wand:} \quad h_w/h_E = 0.042 \qquad r = 0.95 \text{ mm} \qquad r_{pl} = 0.89 \text{ mm}$$

Knoten 1 (Eingabe im Programm):

$$N_{x,inf} = 16.8 \text{ kN/m}$$

Resultat:

$$\text{untere Wand:} \quad h_w/h_E = 0.033 \qquad r = 1.24 \text{ mm} \qquad r_{pl} = 1.20 \text{ mm}$$

Die Gebrauchstauglichkeit ist nur im untersten Geschoss der Wand 1 erfüllt. In der Tabelle 3.1 sind die Resultate der Näherung und der Werte aus dem Programm [28] miteinander verglichen.

Tabelle 3.1 *Rechnerische Rissbreiten*

Knoten	**4**		**2**		**1**	
	Näherung	*[28]*	*Näherung*	*[28]*	*Näherung*	*[28]*
r_{inf}	0.25 mm	0.16 mm	0.86 mm	0.91 mm	1.22 mm	1.24 mm
r_{sup}	0.26 mm	0.34 mm	0.88 mm	0.95 mm	–	–

Wand 8

Die Normalkräfte werden der Tabelle 1.5 entnommen. Die zur Wand 8 gehörende Decken-kurve ist im Beispiel 1.3 bestimmt worden. Die Berechnung wird direkt mit dem Programm [28] durchgeführt, wobei die Deckenkurve eingegeben wird.

$$m_{De}(\vartheta_{De} = 0) = 20.2 \text{ kNm/m}$$

$$\vartheta_{De}(m_{De} = 0) = 2.3 \cdot 10^{-3}$$

Knoten 4 (Programmeingabe und Resultate):

    $N_{x,inf} = 63.6\ kN/m$ $N_{x,sup} = 54.9\ kN/m$

    untere Wand: $h_w/h_E = 0.13$ $r = 0.06\ mm$ $r_{pl} = 0.0\ mm$

    obere Wand: $h_w/h_E = 0.06$ $r = 0.14\ mm$ $r_{pl} = 0.1\ mm$

Knoten 2 (Programmeingabe und Resultate):

    $N_{x,inf} = 27.0\ kN/m$ $N_{x,sup} = 18.3\ kN/m$

    untere Wand: $h_w/h_E = 0.042$ $r = 0.29\ mm$ $r_{pl} = 0.22\ mm$

    obere Wand: $h_w/h_E = 0.035$ $r = 0.31\ mm$ $r_{pl} = 0.27\ mm$

Knoten 1 (Programmeingabe und Resultate):

    $N_{x,inf} = 8.7\ kN/m$

    untere Wand: $h_w/h_E = 0.024$ $r = 0.38\ mm$ $r_{pl} = 0.36\ mm$

Die Gebrauchstauglichkeit ist nur im untersten Geschoss im Knoten 4 für die untere Wand 8 erfüllt. Mögliche Maßnahmen werden im Abschnitt 3.2.3 beschrieben.

Wand 9

Die Wand 9 wird wie beim Nachweis der Tragsicherheit als eine exzentrisch beanspruchte Wand behandelt. Die Normalkräfte werden der Tabelle 1.5 entnommen. Die zur Wand 9 gehörende Deckenkurve ist im Beispiel 1.3 bestimmt worden. Die Berechnung wird auch in diesem Beispiel direkt mit dem Programm [28] durchgeführt.

    $m_{De}(\vartheta_{De} = 0) = 10.4\ kNm/m$

    $\vartheta_{De}(m_{De} = 0) = 0.58 \cdot 10^{-3}$

Knoten 4 (Programmeingabe und Resultate):

    $N_{x,inf} = 186.4\ kN/m$ $N_{x,sup} = 147.0\ kN/m$

    untere Wand: $h_w/h_E = 0.225$ $r = 0\ mm$

    obere Wand: $h_w/h_E = 0.099$ $r = 0\ mm$

Knoten 1 (Programmeingabe und Resultate):

$N_{x,inf} = 39.4 \ kN/m$

untere Wand: $\ h_w / h_E = 0.051 \qquad r = 0.02 \ mm \ < \ 0.05 \ mm$

$r_{pl} = 0 \ mm$

Aus den Deckenverdrehungen gibt es in den Wänden kaum sichtbare Risse, da auch die oberste Wand noch hohe Anforderungen erfüllt.

3.2.3 Risse

Mit einer außen auf der Tragwand aufgebrachten Wärmedämmschicht sind die Risse der Witterung und der Sicht entzogen. Innen treten die Risse am Fuß der Wand auf. Da die Decken noch über mehrere Jahre kriechen, ist es bei kleinen Normalkräften wünschenswert, den Riss in den Übergang zwischen Decke und Wand zu zwingen. Es genügt, die erste Lagerfuge mit einer Kunststoffolie oder einem andern Mittel von der Decke zu trennen. Es ist auch möglich, die Verdrehungen der Decken und dadurch die Rissgrößen zu verkleinern, indem die Decken vorgespannt werden. Dabei ist es zweckmäßig, so vorzuspannen, dass die Umlenkkräfte die Eigen- und Auflasten kompensieren.

Bei den Nachweisen der Gebrauchstauglichkeit sind das Schwinden der Decken und allfällige Verkürzungen bzw. Verlängerungen infolge von Temperaturunterschieden nicht berücksichtigt worden. Verkürzungen wirken sich auf den Wandanschluss unter der Decke günstig und auf den Wandanschluss über der Decke ungünstig aus. Zu beachten ist, dass ohnehin nur die Differenzen der Längenänderungen zwischen den Decken wirksam werden. Zudem behindern die Querwände Längsverformungen der Decken. Die rechnerische Erfassung ist daher mit großen Unsicherheiten behaftet. Bei großen Spannweiten ist zu bedenken, dass Stahlbetondecken infolge Verkürzungen aus Schwinden und Temperatur in den obersten Steinlagen entlang den Lagerfugen abscheren oder auch in den Wänden abgestuft Trennrisse bilden können. Dies trifft vor allem dann zu, wenn die Normalkräfte in den Wänden klein sind. Mit einer Bewehrung parallel und senkrecht zu den Lagerfugen können die Risse in den gefährdeten Zonen klein gehalten, jedoch nicht verhindert werden.

Werden Gleitlager verwendet, ist unbedingt darauf zu achten, dass die Standfestigkeit des Gebäudes gegen Erdbeben- und Windkräfte gewährleistet ist. In den Prospekten angegebene Erfahrungswerte sind vorsichtig zu beurteilen. Vor allem ist darauf zu achten, dass die Gefahr besteht, dass die Linienlager infolge zu kleiner Normalspannungen als Gleitlager wirken.

Bei bewitterten Wänden ist abzuklären, ob Wasser in die Risse eindringen kann. In diesem Fall sind auch feine Risse gefährlich, weil sie zu Folgeschäden führen können. Die Dauerhaftigkeit des Mauerwerks und auch des Putzes ist beeinträchtigt.

3.3 Schubbeanspruchung mit zentrischer Normalkraft

Wie schon erwähnt, existieren praktisch keine rein zentrisch beanspruchten Tragwände, da die Grundrisse selten so ausgebildet sind, dass bei durchlaufenden Decken perfekte Symmetrie in Geometrie und Last vorhanden ist.

Die durch Öffnungen unterbrochenen Mauerwerkswände werden in entsprechende Abschnitte unterteilt, die jede für sich als unabhängige Tragwand bemessen werden.

3.3.1 Einfacher Nachweis der Tragsicherheit

Es lohnt sich in jedem Fall, zuerst den einfachen Nachweis zu führen, wobei grundsätzlich zu überlegen ist, welche Wände zu untersuchen sind.

Beispiel 3.3

Im Vergleich mit der Wandlänge wird die Wand 4 in der Scheibenebene am stärksten beansprucht (Bild 3.6). Die Normalkraft wirkt nahezu zentrisch. Die Schnittkräfte sind in der Tabelle 1.7 zusammengestellt. Die Wand 4 weist vollflächig vermörtelte Stoßfugen auf. Das wirkt sich auf die Festigkeit günstig aus. Verwendet wird ein Mauerwerk, für das vom Hersteller eine erhöhte Festigkeit nachgewiesen und deklariert wird (Einsteinmauerwerk mit erhöhter Festigkeit [7]).

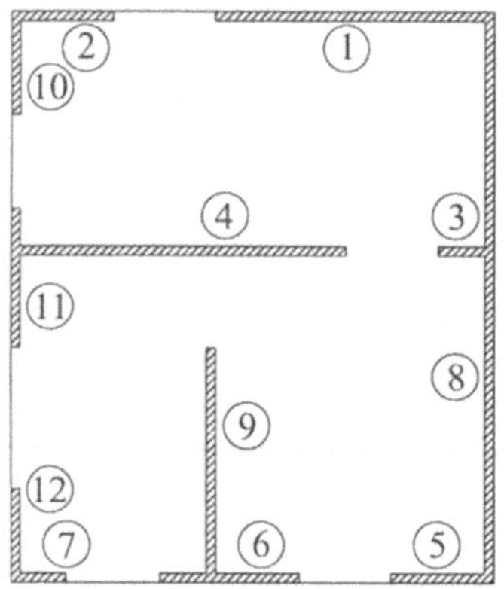
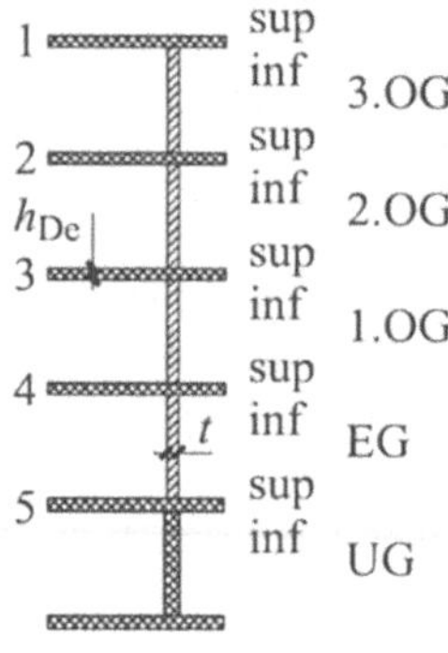

Bild 3.6 *Gebäude mit Tragwänden*

$$f_{xd} = 6 \ N/mm^2 \qquad f_{yd} = 0.5 \cdot f_{xd} = 3 \ N/mm^2 \qquad E_{xd} = 3.5 \ kN/mm^2$$

$$h_w = 2.5 \ m \qquad t = 0.18 \ m \qquad G = 2.2 \ kN/mm^2$$

$$(tan\varphi)_d = 0.60 \qquad E_x = 7.0 \ kN/mm^2 \qquad l_w = 7.0 \ m$$

$$tan\alpha_{i\text{-}j} = \frac{V_{d,i\text{-}j}}{N_{xd,i\text{-}j}} < (tan\varphi)_d \qquad tan\alpha_{1\text{-}2} = \frac{149.8}{289.6} = 0.52 < 0.60$$

Der Gleitwinkel der Lagerfuge wird, wie die Kontrolle zeigt, überall eingehalten. Zuerst wird untersucht, ob der einfache Nachweis erfüllt ist. Die Resultierenden sind im Bild 3.7 über die Wandhöhe aufskizziert.

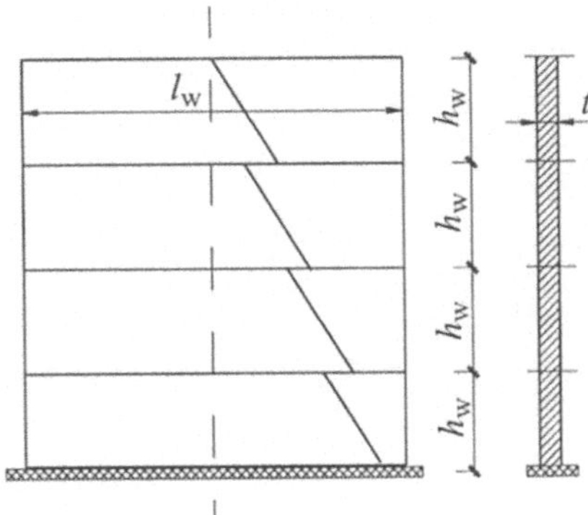

Bild 3.7
Resultierende in Tragwand

Geschoss 4-5:

$$V_d = 419.3 \; kN \qquad\qquad N_{xd} = 1158.4 \; kN$$

$$M_{zd1} = 1946.8 \; kNm \qquad\qquad M_{zd2} = 2995.0 \; kNm$$

$$\tan\alpha = \frac{V_d}{N_{xd}} = \frac{419.3}{1158.4} = 0.362 \qquad l_2 = l_w - 2 \cdot \frac{M_{zd2}}{N_{xd}} = 7.0 - 2 \cdot \frac{2995.0}{1158.4} = 1.829 \; m$$

$$N_{xd} = 1158.4 \; kN \; < \; f_{yd} \cdot l_2 \cdot t \cdot \cos^2\alpha$$

$$N_{xd} = 1158.4 \; kN \; < \; 3000 \cdot 1.829 \cdot 0.18 \cdot 0.8842 = 873 \; kN \qquad\qquad \textbf{\textit{(nicht i.O.)}}$$

Geschoss 3-4:

$$\tan\alpha = \frac{V_d}{N_{xd}} = \frac{359.4}{868.8} = 0.4137 \qquad l_2 = 7.0 - 2 \cdot \frac{1946.8}{868.8} = 2.518 \; m$$

$$N_{xd} = 868.4 \; kN \; < \; 3000 \cdot 2.518 \cdot 0.18 \cdot 0.8539 = 1161 \; kN \qquad\qquad \textbf{\textit{(i.O.)}}$$

Geschoss 2-3:

$$\tan\alpha = \frac{269.5}{579.2} = 0.465 \qquad l_2 = 7.0 - 2 \cdot \frac{1048.3}{579.2} = 3.38 \; m$$

$$N_{xd} = 579.2 \; kN \; < \; 3000 \cdot 3.38 \cdot 0.18 \cdot 0.822 = 1500 \; kN \qquad\qquad \textbf{\textit{(i.O.)}}$$

Die ungünstige, asymmetrische Anordnung der Wände führt dazu, dass die Wand 4 eine sehr hohe Erdbebenbeanspruchung erfährt. Im untersten Geschoss ist der einfache Nachweis der Tragsicherheit nicht erfüllt. Ob erweiterte Nachweise zum Ziel führen, ist noch zu untersuchen.

3.3.2 Erweiterter Nachweis der Tragsicherheit

Maßgebend ist das unterste Mauerwerksgeschoss (Bild 3.8). Dieses wird zuerst mit möglichst einfachen Spannungsfeldern untersucht. Falls erforderlich, werden später raffiniertere Spannungsfelder eingeführt.

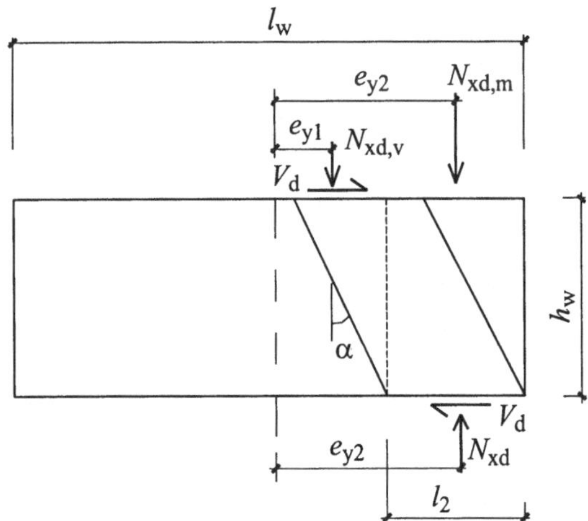

Bild 3.8
Spannungsfeld unter Schubbeanspruchung

Beispiel 3.4

Das Spannungsfeld der Schubbeanspruchung mit der zentrischen Normalkraft ist im Bild 3.8 dargestellt. Dabei wird die Normalkraft am oberen Rand der Wand so aufgeteilt, dass die Querkraft gerade unter dem Grenzwinkel aufgenommen wird. Der Rest der Normalkraft wird vertikal in der Wirkungslinie der unten angreifenden Normalkraft durch die Wand geführt. Ob die Länge, die für die Übertragung der Diagonalkraft zur Verfügung steht, tatsächlich genügt, ist zu überprüfen.

$$N_{xd,v} = \frac{V_d}{(tan\varphi)_d} = \frac{419.3}{0.6} = 698.8 \; kN \qquad e_{y2} = \frac{2995.0}{1158.4} = 2.5855 \; m$$

$$l_2 = l_w - 2 \cdot e_{y2} = 7.0 - 2 \cdot 2.5855 = 1.829 \; m$$

$$N_{xd,v} = 698.8 = f_{yd} \cdot t \cdot l_{2v,erf} \cdot (cos^2\varphi)_d = 3000 \cdot 0.18 \cdot l_{2v,erf} \cdot 0.7353$$

$$l_{2v,erf} = 1.76 \; m \; < \; l_2$$

$$N_{xd,m} = N_{xd} - N_{xd,v} = 1158.4 - 698.8 = 459.6 \; kN \; < \; (f_{xd} - f_{yd}) \cdot l_2 \cdot t$$

$$N_{xd,m} = 459.6 \; kN \; < \; 3000 \cdot 1.829 \cdot 0.18 = 987.7 \; kN \qquad \qquad \textit{(i.O.)}$$

Ergänzend wird als Vergleich der gleiche Nachweis ohne vollflächige Stoßfugenvermörtelung geführt (Bild 3.9).

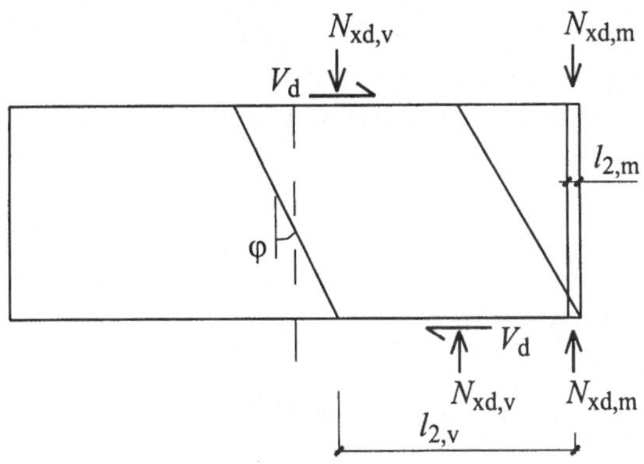

Bild 3.9 *Erweitertes Spannungsfeld unter Schubbeanspruchung*

$$f_{yd} = 0.3 \cdot f_{xd} = 1.8 \ N/mm^2$$

$$N_{xd,v} = 698.8 \ < \ f_{yd} \cdot t \cdot l_{2v} \cdot (cos^2\varphi)_d = 1800 \cdot 0.18 \cdot l_{2v} \cdot (cos^2\varphi)_d \qquad l_{2v} = 2.9332 \ m$$

$$N_{xd,m} = N_{xd} - N_{xd,v} = 1158.4 - 698.8 = 459.6 \ kN$$

$$M_{zd2} = 2995.0 = 698.8 \cdot 0.5 \cdot (7 - 2.9322) + 459.6 \cdot 0.5 \cdot (7 - l_{2m}) \qquad l_{2m} = 0.1503 \ m$$

$$N_{xd,m} = 459.6 \ kN \ < \ 0.1503 \cdot 0.18 \cdot 4200 = 113.6 \ kN \qquad\qquad \textbf{\textit{(nicht i.O.)}}$$

Wird auf die vollflächige Stoßfugenvermörtelung, die eine höhere Festigkeit parallel zur Lagerfuge gestattet, verzichtet, ist der Nachweis der Tragsicherheit nicht erfüllt.

3.3.3 Tragsicherheit der schlaff bewehrten Mauerwerkswand

Untersucht wird das Verhalten einer schlaff bewehrten Mauerwerkswand. Für die Zugzone steht nur der Bereich, in dem keine Druckspannungen übertragen werden, zur Verfügung. Zur Ermittlung des Querkraftwiderstandes wird angenommen, dass die Diagonalenneigung dem Grenzwinkel entspricht.

Beispiel 3.5

Die Daten der Wand aus dem Beispiel 3.4 werden nicht verändert, außer dass der Nachweis ohne vollflächig vermörtelte Stoßfuge durchgeführt wird. Oft sehen Normvorschriften [7] vor, dass bewehrte Mauerwerkswände mit vollflächig vermörtelten Stoßfugen ausgeführt werden. Berücksichtigt wird der Verformungsbeiwert für bewehrtes Mauerwerk. Das bedeutet, dass alle Wände die gleiche Duktilität aufweisen müssen, da sie den Bewegungen und den Deformationen der Wand 4 folgen müssen. Bei kurzen Wänden, die praktisch nur Normalkräfte aufnehmen, ist die Mindestbewehrung abhängig vom Wert der Normalkraft und der aufgezwungenen Verformung. Tragwände, die an der Aufnahme der Horizontalkräfte beteiligt sind, sollten ohnehin die Duktilitätskriterien erfüllen. Wenn einzelne Tragwände des Systems nicht bewehrt werden können, muss für alle Wände mit der Duktilität des unbewehrten Mauerwerks gerechnet werden. Der größere Verformungsbeiwert für bewehrtes Mauerwerk bewirkt eine Abminderung der Querkraft und damit auch des Biegemomentes infolge Erdbebenbeanspruchung. Der Betrag der Normalkraft ändert nicht. Die neuen Schnittkräfte, für welche die Tragsicherheit nachgewiesen wird, werden zuerst neu berechnet.

$$l_3 = l_T \qquad\qquad f_{yd} = 0.3 \cdot f_{xd} = 1.8 \ N/mm^2$$

$$K = 1.7 \ (Bauwerksklasse \ I) \qquad \kappa_{red} = \frac{1.2}{1.7} = 0.706$$

$$N_{xd} = 1158.4 \ kN \qquad\qquad V_d = 0.706 \cdot 419.3 = 296.0 \ kN$$

$$M_{zd1} = 1374.4 \ kNm \qquad\qquad M_{zd2} = 2114.5 \ kNm$$

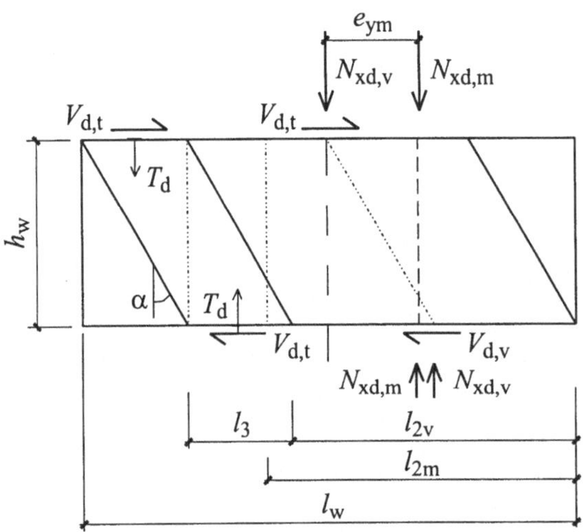

Bild 3.10 *Spannungsfeld mit Bewehrung*

Der Nachweis wird zuerst mit der Bewehrungsfläche (Ø 12, s = 30) alleine geführt. Der restliche Anteil der Querkraft muss durch die Normalkraft aufgebaut werden. Mit dem im Bild 3.10 dargestellten Spannungsfeld werden die aufnehmbaren Schnittkräfte für die gewählte Bewehrung bestimmt. Das Spannungsfeld der Bewehrung wird am Rand der Wand unter Annahme des Grenzwinkels für die Diagonalenneigung gewählt. Das Moment am oberen Rand ändert sich dadurch nicht. Mit dem gewählten Spannungsfeld wird der größtmögliche Querkraftanteil infolge Bewehrung erzeugt. Die verbleibende Querkraft wird mit dem gleichen Diagonalwinkel über die restliche Fläche der Wand mit dem erforderlichen Normalkraftanteil aufgebaut. Die verbleibende Normalkraft wird vertikal durch die Wand durchgeführt.

$$l_3 = l_T = h_w \cdot (tan\varphi)_d = 0.6 \cdot 2.5 = 1.5 \ m$$

$$A_s = 1.5 \cdot 376.7 = 565 \ mm^2$$

$$T_d = 565 \cdot 0.383 = 216.6 \; kN \; < \; f_{yd} \cdot l_3 \cdot t \cdot (cos^2\varphi)_d = 1.8 \cdot 1.5 \cdot 0.18 \cdot 0.735$$

$$T_d = 357.4 \; kN$$

$$V_{d,t} = T_d \cdot (tan\varphi)_d = 130.0 \; kN$$

$$V_{d,v} = V_d - V_{d,t} = 296.0 - 130.0 = 166.1 \; kN$$

$$N_{xd,v} = \frac{V_{d,Nv}}{(tan\varphi)_d} = \frac{166.1}{0.6} = 276.8 \; kN$$

$$N_{xd,m} = N_{xd} - N_{xd,v} = 1158.4 - 276.8 = 881.7 \; kN$$

Da mit der Wahl des diagonalen Spannungsfeldes die Lage von $N_{xd,v}$ bestimmt ist, kann mit Hilfe der Momentenbedingung die Lage von $N_{xd,m}$ bestimmt werden. Mit den Exzentrizitäten der Normalkräfte sind die zugehörigen Spannungsfeldabmessungen gegeben.

$$l_{2v} = 7 - 1.5 - 1.5 = 4.0 \; m$$

$$e_{yv,sup} = 0.5 \cdot l_w - 0.5 \cdot l_{2v} - h_w \cdot (tan\varphi)_d = 3.5 - 2 - 1.5 = 0$$

$$N_{xd,v} = 276.8 \; kN \; < \; N_{xRd,v} = 1800 \cdot 4 \cdot 0.18 \cdot 0.735 = 952.9 \; kN$$

$$M_{zd1} = 1374.4 = N_{xd,v} \cdot 0 + N_{xd,m} \cdot e_{ym} \qquad e_{ym,sup} = 1.559 \; m$$

$$l_{2m} = l_w - 2 \cdot e_{ym} = 7.0 - 2 \cdot 1.559 = 3.88 \; m \; < \; l_{2v} + l_3 = 4 + 1.5 = 5.5 \; m$$

$$N_{xd,m} = 881.7 \; kN \; < \; N_{xRd,m} = (f_{xd} - f_{yd}) \cdot l_{2m} \cdot t$$

$$N_{xd,m} = 881.7 \; kN \; < \; N_{xRd,m} = 4200 \cdot 3.882 \cdot 0.18 = 2935 \; kN \qquad \textbf{(i.O.)}$$

3.3.4 Tragsicherheit der vorgespannten Mauerwerkswand

Die Vorspannung wird mit dem System [13] durchgeführt. Bei Verstärkungen sind auch andere Ausführungen denkbar.

Beispiel 3.6

Die Spannglieder werden an den beiden Rändern der Tragwand eingelegt (Bild 3.11). Für den Nachweis werden 5 Litzen zu 0.6" angenommen. Die Stoßfuge wird wieder wie bei der schlaff bewehrten Wand vollflächig vermörtelt. Der Nachweis wird mit einer geschätzten Vorspannung geführt und nach dem ersten Rechnungsgang, falls erforderlich, entsprechend korrigiert.

$$f_{xd} = 6 \; N/mm^2 \qquad\qquad f_{yd} = 0.5 \cdot f_{xd} = 3 \; N/mm^2$$

$$N_{xd} = 1158.4 \; kN \qquad\qquad A_p = 5 \cdot 150 = 600 \; mm^2$$

$$P_d = P_\infty = 160 \; kN \qquad\qquad 5 \cdot P_d = 800 \; kN$$

Wenn die überlagerten Spannungen aus Normalkraft und Vorspannung die Differenz der Spannungen der x- und y-Richtung nicht überschreiten (Abschnitt 2.4.2), kann die diagonal eingeleitete Querkraft mit der Festigkeit der y-Richtung aufgenommen werden. Unter den Verankerungen wird die gleiche Bedingung kontrolliert. Die Wandbreite für die Spanngliedführung wird gewählt und später überprüft.

$$N_{xd} + 10 \cdot P_d = 2758.4 \; kN \; < \; N_{xRd,m} = (f_{xd} - f_{yd}) \cdot t \cdot l_w = 3000 \cdot 0.18 \cdot 7 = 3780 \; kN$$

$$5 \cdot P_d = 0.8 \; MN = (f_{xd} - f_{yd}) \cdot t \cdot l_p = 3.0 \cdot 0.18 \cdot l_p \qquad l_p = 1.48 \; m$$

$$l_p = 1.50 \; m \qquad l_0 = l_w - 0.5 \cdot l_p = 7.0 - 0.75 = 6.25 \; m$$

Die Horizontalkräfte werden mit der Vorspannung direkt auf den Wandfuß abgeleitet (Bild 3.11). Gestartet wird mit einer Diagonale mit dem Grenzwinkel der Lagerfugenneigung. Die Normalkraft wird vorläufig vernachlässigt.

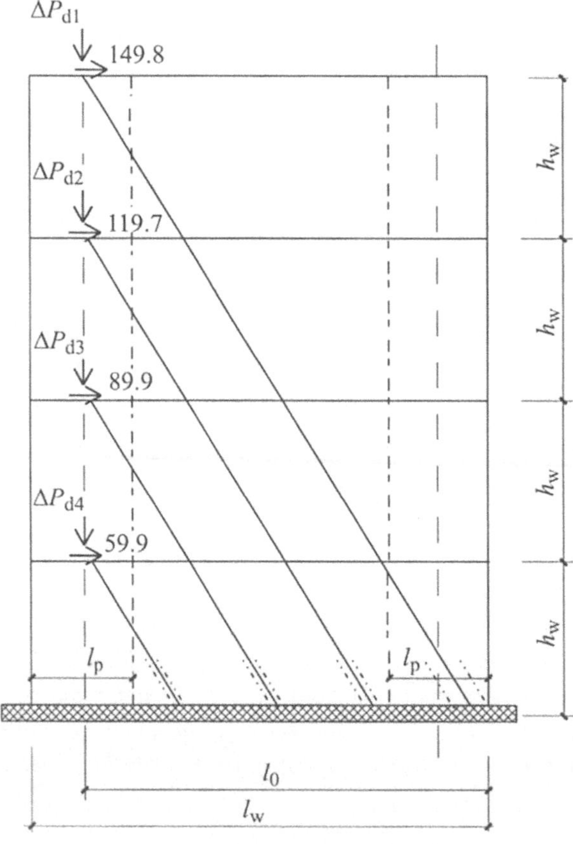

Bild 3.11 *Tragwand mit Vorspannung*

Knoten 1:

$$Q_{d1} = 149.8 \ kN \qquad\qquad tan\alpha_1 = (tan\varphi)_d = 0.6$$

$$l_{01} = 0.6 \cdot 4 \cdot h_w = 6 \ m \qquad \Delta l_1 = 2 \cdot (l_0 - l_{01}) = 0.50 \ m$$

$$\Delta P_{d1} = \frac{Q_{d1}}{(tan\varphi)_d} = \frac{149.8}{0.6} = 249.7 \ kN \ < \ \Delta l_1 \cdot t \cdot f_{yd} \cdot (cos^2\varphi)_d$$

$$\Delta P_{d1} = 249.7 \ kN \ < \ 0.5 \cdot 0.18 \cdot 3000 \cdot 0.735 = 198.5 \ kN \qquad\qquad \textbf{(nicht } i.O.)$$

Die Diagonale muss steiler gerichtet werden. Der Winkel wird aus der neuen Druckzonen-breite, die mit ΔP_{d1} abgeschätzt werden kann, bestimmt.

$$\Delta l_1 = 0.64 \ m \qquad tan\alpha_1 = \frac{l_0 - 0.5 \cdot \Delta l_1}{4 \cdot h_w} = \frac{6.25 - 0.32}{10} = 0.593$$

$$\Delta P_{d1} = \frac{Q_{d1}}{tan\alpha_1} = \frac{149.8}{0.593} = 252.6 \ kN$$

$$\Delta P_{d1} = 252.6 \ kN \le 0.64 \cdot 0.18 \cdot 3000 \cdot 0.740 = 255.7 \ kN \qquad\qquad \textbf{(}i.O.\textbf{)}$$

Wenn die berechneten Abmessungen der Spannungsfelder im Bild 3.11 eingetragen wer-den, kann die Bemessung laufend kontrolliert werden.

Knoten 2:

$$Q_{d2} = 119.7 \ kN \qquad\qquad \Delta P_{d2} = \frac{119.7}{0.6} = 199.5 \ kN \qquad\qquad \Delta l_2 = 0.30 \ m$$

Knoten 3:

$$Q_{d3} = 89.9 \ kN \qquad\qquad \Delta P_{d3} = 149.8 \ kN \qquad\qquad \Delta l_3 = 0.23 \ m$$

Knoten 4:

$$Q_{d4} = 59.9 \ kN \qquad\qquad \Delta P_{d4} = 99.8 \ kN \qquad\qquad \Delta l_4 = 0.15 \ m$$

Kontrolle:

$$\Sigma \Delta P_d = 701.7 \ kN \ < \ 5 \cdot P_\infty = 800 \ kN$$

Es ist vielleicht möglich, eine bessere Ausnützung der Wand als die berechnete zu finden. Der zusätzliche rechnerische Aufwand lohnt sich jedoch nicht.

3.3.5 Tragsicherheit der verstärkten Mauerwerkswand

Wird die Tragwand mit Gewebe verstärkt, so können Wandbereiche ohne Bewehrung und konzentrierte Krafteinleitungen vermieden werden. Bild 3.12 zeigt eine mögliche Lösung, mit welcher durch kreuzweise angeordnete Gewebebahnen eine gleichmäßige Verstärkung der Tragwand erreicht wird. Die Gewebe sind am oberen und unteren Rand in den Betonplatten zu verankern. Die entlang der Linie BC angreifende Schubkraft wird über das Gewebe in die untere Betonplatte abgeleitet. Daraus resultiert ein vertikales Druckfeld ABCF, das dem Zugfeld BCEF und dem Druckfeld ACDF zu überlagern ist. Der Schubkraftanteil entlang der Linie CD kann direkt über ein Druckfeld zum unteren Tragwandrand AF geführt werden. Ein weiteres statisch zulässiges Spannungsfeld für verstärkte Tragwände berücksichtigt die im Versuch BW7 gewählte Gewebeanordnung (Bild 3.13). Auf der Tragwand BW7 wird zusätzlich zum Gewebe entlang den vertikalen Rändern eine CFK-Lamelle angeordnet. Diese verhindert das Kippen in der Wandebene und leitet die Kräfte des Zugfeldes in die untere Betonplatte ein. Die gewählte Verstärkungsart ist speziell für Tragwände interessant, welche in vertikaler Richtung bereits ausreichend bewehrt, aber horizontal noch nicht verstärkt sind. Dies ist in Tragwänden amerikanischer Mauerwerksbauten oft der Fall. Die in den USA, Australien und weiteren Ländern verwendeten Hohlblocksteine ermöglichen bei Neubauten vertikale, aber nur in Ausnahmefällen horizontale Bewehrungen. Normalerweise ist die vertikale Bewehrung ausreichend. Die fehlende horizontale Bewehrung kann im Rahmen einer Verstärkung hinzugefügt werden.

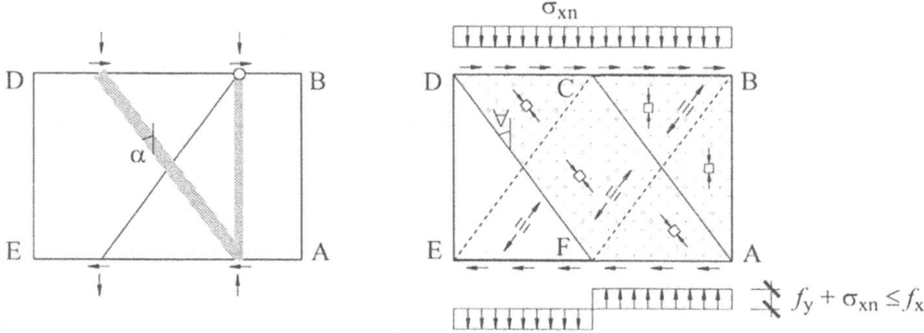

Bild 3.12 Resultierende und Spannungsfeld für mit Gewebe verstärkte Tragwand

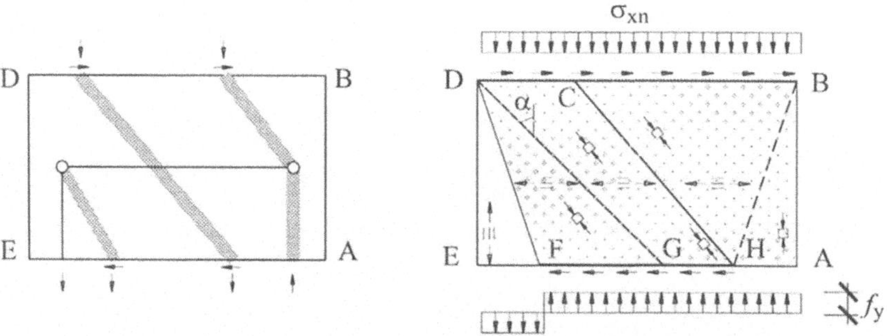

Bild 3.13 Spannungsfeld und Resultierende für verstärkte Tragwand BW7

Beim Verstärken erdbebenbeanspruchter Tragwände ist darauf zu achten, dass die Rotationsduktilität von Tragwänden erhalten bleibt. Der Schubwiderstand wird durch Verstärkungen gesteigert. Der Biegewiderstand soll dadurch nicht erhöht werden. Eine nachträglich aufgebrachte, horizontale Verstärkung erfüllt diese Anforderungen, da nur der Schubwiderstand der Tragwand gesteigert wird. Der Biegewiderstand der vorhandenen vertikalen Bewehrung bleibt gleich. Ein Vorteil dieser Verstärkungsanordnung sind die wenigen Gewebeverankerungen in den Betonplatten. Da das Gewebe nur am Rand in den Betonplatten verankert wird, ist der Aufwand für die Verankerungen gering. Die Umlenkung der Schub- und Normalkräfte durch Druck- und Zugspannungsfelder ist im Bild 3.13 dargestellt. Entlang dem unteren Rand ist eine weitgehend gleichmäßige Spannungsverteilung anzustreben [22].

3.3.6 Tragsicherheit der bewehrten mehrgeschossigen Wand

Mehrgeschossige Tragwände (Bild 3.14) werden eventuell durch Türen und Fenster in voneinander getrennte Wände aufgelöst. Wenn die Türen der einzelnen Geschosse direkt übereinander liegen, wird eine Tragwand in zwei einzelne, durch Geschossdecken gekoppelte Kragarme geteilt. Diese sind als unabhängige Tragwände zu behandeln, da die Steifigkeit der Decken vernachlässigbar klein ist. Fensterbrüstungen und Fensterstürze können in der Berechnung als Koppelungsträger mitberücksichtigt werden, falls sie genügend Duktilität und Widerstand, erzeugt durch eine Bewehrung oder Verstärkung, besitzen. Die Spannungsfelder der einzelnen Tragwände werden analog den bisherigen entwickelt.

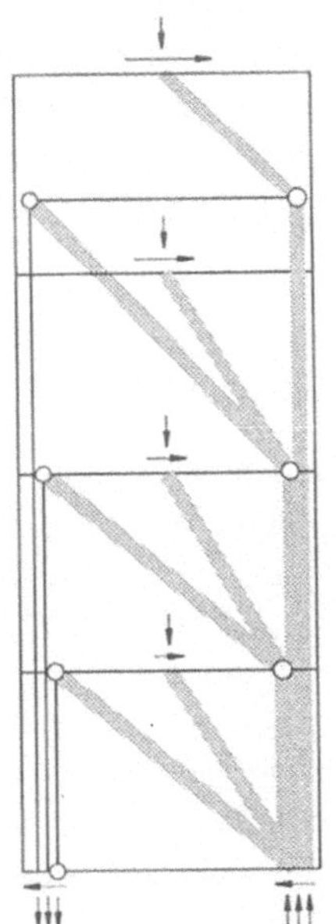

Tragwand ohne Öffnung

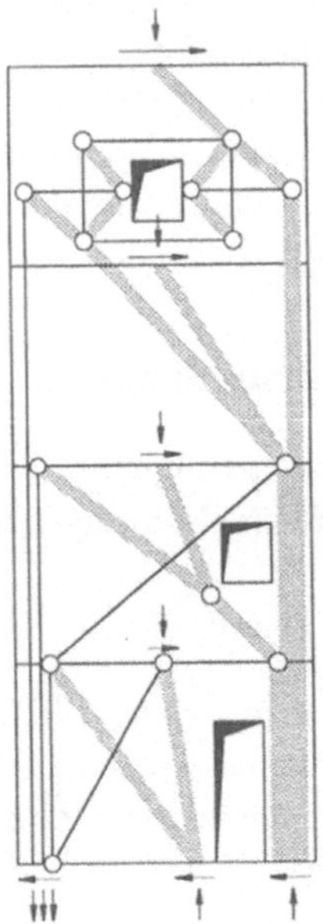

Tragwand mit Öffnung

Bild 3.14 Mehrgeschossige Tragwand mit und ohne Öffnungen

In den Tragwänden der oberen Geschosse entstehen im allgemeinen große Schubkräfte, kombiniert mit geringen Normalkräften. Der Tragwiderstand wird durch das ungünstige Verhältnis von Normalkraft zu Schubkraft oft überschritten. Der Biegewiderstand ist meistens ausreichend. Somit ist in diesen Geschossen eine Verstärkung anzuordnen, welche die hohen Schubkräfte über zug- und druckbeanspruchte Diagonalen abträgt. Am unteren Kragarmrand wird häufig der Biegewiderstand überschritten. Die resultierende Diagonalkraft liegt außerhalb der Tragwand. Der Biegewiderstand lässt sich mit vertikalen, an den Rändern angeordneten Verstärkungen erhöhen. Die Anordnung der Verstärkung ist wesentlich von der Schnittkraftkombination Moment-Normalkraft-Querkraft abhängig. Die Anforderungen an die Verstärkung der kritischen Tragwände sind in den untersten und in den obersten Geschossen verschieden.

Die Resultierenden werden um die Aussparungen herumgeführt. Die notwendigen Verstärkungen können konzentriert als Lamellenverstärkung oder aber verteilt als Gewebeverstärkung angeordnet werden. Speziell zu untersuchen sind die Verankerungen der Verstärkungen und die Bereiche der maximal beanspruchten Druckzonen. Die Kriterien für den Entwurf der Spannungsfelder unterscheiden sich nicht wesentlich von denen der Stahlbetontragwerke [30].

Bei zyklischer Beanspruchung ist es vorteilhaft, die CFK-Lamellen gleichmäßig auf der Tragwand zu verteilen. Dadurch lassen sich auch die Risse gleichmäßig verteilen. Der Neigungswinkel der Lamellen bezüglich der Vertikalen ist möglichst groß zu wählen. Je flacher die Lamellen auf der Tragwand angeordnet sind, desto größer sind die Schubkräfte, die abgetragen werden können. Die Zug- und Druckresultierenden dürfen sich nicht unter spitzem Winkel schneiden.

Gewebe und Lamellen sind am Rand möglichst in den angrenzenden Betonplatten zu verankern. Die Wirksamkeit der Lamellenverankerungen im Mauerwerk sollte mit Vorversuchen nachgewiesen werden. Infolge der geringen Querdruckfestigkeit der Steine können oft nicht genügend große Anpresskräfte mobilisiert werden, um ein Ausziehen der CFK-Lamelle aus der Verankerung zu verhindern.

3.3.7 Nachweis der Gebrauchstauglichkeit

Für den Nachweis der Gebrauchstauglichkeit werden unter der Erdbebeneinwirkung die gleichen Schnittkräfte wie für den Nachweis der Tragsicherheit verwendet.

Beispiel 3.7

Untersucht wird die Wand 4 aus dem Bild 3.6 des Beispiels 3.3 ohne Vorspannung. Schnittkräfte und Daten der Wand werden kurz repetiert. Die beiden maßgebenden Verformungen sind im Bild 3.15 dargestellt. Kontrolliert wird die Verschiebung eines Geschosses und die Randdehnung.

$$V = 419.3 \; kN \qquad M_{z1} = 1946.8 \; kNm \qquad N_x = 1158.4 \; kN$$

$$E_x = 7 \; kN/mm^2 \qquad G = 2.2 \; kN/mm^2$$

$$J_z = 5.145 \; m^4 \qquad A_x = 1.26 \; m^2$$

$$v = \frac{V \cdot h_w^3}{3 \cdot E_x J_z} + \frac{M_{z1} \cdot h_w^2}{2 \cdot E_x J_z} + \frac{V \cdot h_w}{G A_x} \qquad J_z = \frac{t \cdot l^3}{12} \qquad A_x = t \cdot l$$

$$v = \frac{419.3 \cdot 2.5^3}{3 \cdot 7 \cdot 10^6 \cdot 5.145} + \frac{1946.8 \cdot 2.5^2}{2 \cdot 7 \cdot 10^6 \cdot 5.145} + \frac{419.3 \cdot 2.5}{2.2 \cdot 10^6 \cdot 1.26} = 0.061 + 0.169 + 0.378$$

$$v = 0.61 \ mm \qquad\qquad v / h_w = 2.4 \cdot 10^{-4} < 3 \cdot 10^{-4}$$

Der Schubanteil überwiegt in der Geschossverschiebung.

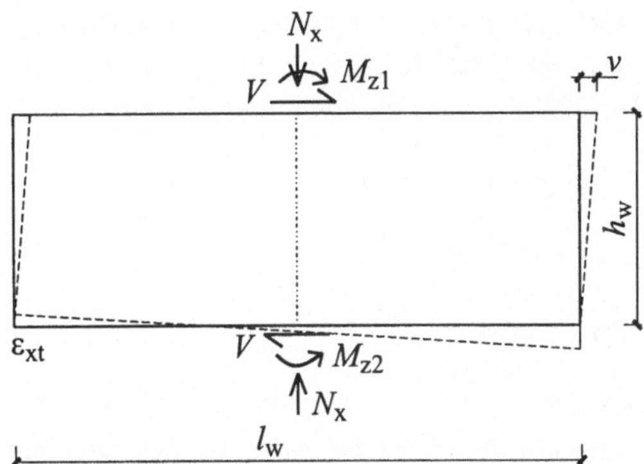

Bild 3.15 *Verformungen*

$$\varepsilon_{xt} = \frac{\sigma_{xt}}{E_x} = -\frac{N_x}{l_w \cdot t \cdot E_x} + 6 \cdot \frac{M_{z1} + V \cdot h_w}{t \cdot l_w^2 \cdot E_x}$$

$$\varepsilon_{xt} = \frac{\sigma_{xt}}{E_x} = -\frac{1158.4}{7 \cdot 0.18 \cdot 7 \cdot 10^6} + 6 \cdot \frac{1946.8 + 403.8 \cdot 2.5}{0.18 \cdot 7^2 \cdot 7 \cdot 10^6} = (-0.1313 + 0.2873) \cdot 10^{-3}$$

$$\varepsilon_{xt} = 1.6 \cdot 10^{-4} \qquad 10^{-4} < \varepsilon_{xt} = 1.6 \cdot 10^{-4} < 10^{-3}$$

Für die Wand 4 werden somit normale Anforderungen erfüllt. In den Normen sind diese für die aussergewöhnliche Einwirkung Erdbeben nicht verlangt.

3.4 Schubbeanspruchung mit exzentrischer Normalkraft

Viele Mauerwerkswände müssen gleichzeitig auf exzentrische Normalkräfte und auf Schubbeanspruchungen in der Wandebene bemessen werden. So gehören alle Aussenwände, die Horizontalkräfte aufnehmen müssen, in diese Beanspruchungskategorie.

3.4.1 Nachweis der Tragsicherheit

Gemäss [7] muss unabhängig davon, ob es sich um den einfachen oder den erweiterten Nachweis handelt, die vereinfachte Stabilitätsbedingung erfüllt sein. Der Nachweis wird auch für schlaff bewehrte und vorgespannte Mauerwerkswände geführt. Exzentrisch beanspruchte, bewehrte Mauerwerkswände lassen sich grundsätzlich wie Stahlbetonwände behandeln. Die Erforschung des bewehrten Mauerwerks ist am Institut für Baustatik und Konstruktion der ETH Zürich [33] noch in vollem Gange.

Beispiel 3.8

Untersucht wird erneut die Wand 4 im Knoten 4 (Bild 3.16). Dabei ist die von der Decke aufgezwungene Verdrehung beim Nachweis der Schubbeanspruchung mit exzentrischer Normalkraft zu berücksichtigen. Als Leiteinwirkung greift weiterhin die Erdbebenbeanspruchung an. Die Daten der Wand und die Deckenkurve werden noch einmal angegeben.

$$f_{xd} = 6 \ N/mm^2 \qquad f_{yd} = 3 \ N/mm^2 \qquad E_{xd} = 3.5 \ kN/mm^2$$

$$h_w = 2.5 \ m \qquad l_w = 7 \ m \qquad t = 0.18 \ m$$

$$m_{d,De}(\vartheta_{P,d} = 0) = 19 \ kNm/m \qquad \vartheta_{d,P}(m_{d,De} = 0) = 1.7 \cdot 10^{-3} \qquad h_0 = 0.2 \ m$$

Zuerst wird die Exzentrizität mit dem Nachweis der Normalkraftbeanspruchung bestimmt. Sobald diese bekannt ist, kann die von der Tragwand aufnehmbare Normalkraft unter der Schubbeanspruchung überprüft werden. Nebst den Schnittkräften am Knoten 4 für die obere und die untere Wand müssen auch die Querkraft und das Biegemoment am unteren Rand der unteren Wand einbezogen werden. Mit den Biegemomenten können die Abmessungen der Druckzonen bestimmt werden.

$$N_{xd,sup} = 868.8 \ kN \qquad M_{zd2,sup} = 1946.8 \ kNm \qquad V_{d,sup} = 359.4 \ kN$$

$$N_{xd,inf} = 1158.4 \ kN \qquad M_{zd1,inf} = 1946.8 \ kNm$$

$$M_{zd2,inf} = 2995.0 \ kNm \qquad V_{d,inf} = 419.3 \ kN$$

$$l_{2,inf} = l_w - 2 \cdot \frac{M_{zd2,inf}}{N_{xd,inf}} = 1.829 \ m \qquad l_{2,sup} = l_w - 2 \cdot \frac{M_{zd2,sup}}{N_{xd,sup}} = 2.518 \ m$$

$$l_{1,inf} = l_w - 2 \cdot \frac{M_{zd1,inf}}{N_{xd,inf}} = 3.639 \ m \qquad l_{w,red} = \frac{l_{1,inf} + l_w}{2} = \frac{3.639 + 7.0}{2} = 5.319 \ m$$

Einfacher Nachweis der Tragsicherheit

Der einfache Nachweis wird nur für die kritische Wand geführt. Die Steifigkeit wird näherungsweise mit der kleinsten Spannungsfeldabmessung bestimmt.

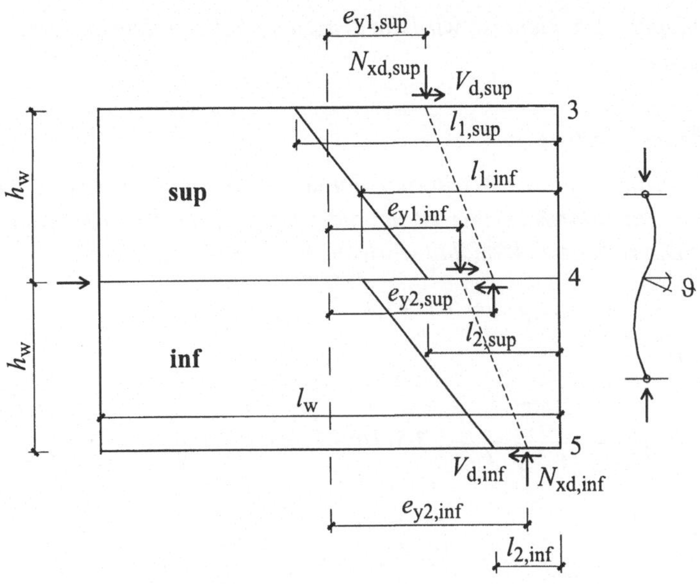

Bild 3.16 *Schubbeanspruchung unter exzentrischer Normalkraft*

$$l_{2,inf} = 1.829 \; m \qquad A_{x,red} = l_{2,inf} \cdot t = 1.829 \cdot 0.18 = 0.329 \; m^2$$

$$J_{y,red} = \frac{l_{2,inf} \cdot t^3}{12} = \frac{1.829 \cdot 0.18^3}{12} = 0.889 \cdot 10^{-3} \; m^4$$

$$B_{yd,red,inf} = E_{xd} \cdot J_{y,red} \cdot \sqrt{1 - \frac{N_{xd}}{2 \cdot A_{xred} \cdot f_{xd}}} = 3.5 \cdot 10^3 \cdot 0.889 \cdot 10^{-3} \cdot \sqrt{1 - \frac{1.158}{2 \cdot 0.329 \cdot 6}}$$

$$B_{yd,red,inf} = 2.62 \; MNm^2$$

$$h_{Ed,inf} = \pi \cdot \sqrt{\frac{B_{yd,red}}{N_{xd}}} = \pi \cdot \sqrt{\frac{2.62}{1.158}} = 4.72 \; m$$

$$h_{ef,inf} = 2.5 \; m > 0.5 \cdot h_{Ed,inf} = 0.5 \cdot 4.72 = 2.36 \; m \qquad \text{(\textbf{nicht i.O.})}$$

Das Stabilitätskriterium, gerechnet mit der kleinsten Spannungsfeldabmessung, ist beim einfachen Nachweis nicht erfüllt.

$$t_{red} = 0.25 \cdot t = 0.045 \; m \qquad tan\alpha = \frac{V_d}{N_{xd}} = \frac{419.3}{1158.4} = 0.362 \; < \; (tan\varphi)_d = 0.6$$

$$N_{xRd} = f_{yd} \cdot l_{2,inf} \cdot t_{red} \cdot cos^2\alpha = 3000 \cdot 1.829 \cdot 0.045 \cdot 0.884 = 218 \; kN$$

$$N_{xd} = 1158.4 \; kN \; < \; N_{xRd} = 218 \; kN \qquad \text{(\textbf{nicht i.O.})}$$

Da auch der Normalkraftwiderstand zu klein ist, wird die Tragsicherheit mit dem einfachen Nachweis bei weitem nicht erfüllt.

Erweiterter Nachweis der Tragsicherheit

Beim erweiterten Nachweis wird das Stabilitätskriterium mit den größeren Spannungsfeldabmessungen gerechnet. Das Stabilitätskriterium ist für die am untersuchten Knoten anschließenden Wände erfüllt. Die reduzierte Wandlänge wird von vorne übernommen.

$$l_{w,red} = 5.319\ m \qquad A_{x,red} = l_{w,red} \cdot t = 5.319 \cdot 0.18 = 0.958\ m^2$$

$$J_{y,red} = 2.585 \cdot 10^{-3}\ m^4$$

$$B_{yd,red,inf} = E_{xd} \cdot J_{y,red} \cdot \sqrt{1 - \frac{N_{xd}}{2 \cdot A_{xred} \cdot f_{xd}}} = 3.5 \cdot 10^3 \cdot 2.585 \cdot 10^{-3} \cdot \sqrt{1 - \frac{1.158}{2 \cdot 0.958 \cdot 6}}$$

$$B_{yd,red,inf} = 8.58\ MNm^2 \qquad h_{Ed,inf} = \pi \cdot \sqrt{\frac{B_{yd,red}}{N_{xd}}} = \pi \cdot \sqrt{\frac{8.58}{1.158}} = 8.55\ m$$

$$B_{yd,red,sup} = 3.5 \cdot 10^3 \cdot 2.585 \cdot 10^{-3} \cdot \sqrt{1 - \frac{0.8688}{2 \cdot 0.958 \cdot 6}} = 8.70\ MNm^2$$

$$h_{Ed,sup} = \pi \cdot \sqrt{\frac{8.70}{0.8688}} = 9.94\ m$$

$$h_{ef,inf} = 2.5\ m\ <\ 0.5 \cdot h_{Ed,inf} = 0.5 \cdot 8.55 = 4.28\ m \qquad\qquad \textbf{\textit{(i. O.)}}$$

$$h_{ef,sup} = 1.25\ m\ <\ 0.3 \cdot h_{Ed,sup} = 0.3 \cdot 9.94 = 2.98\ m \qquad\qquad \textbf{\textit{(i. O.)}}$$

Zuerst wird ein Nachweis für die exzentrische Normalkraft ohne die Schubbeanspruchung erbracht. Dazu wird das Programm [28] verwendet. Die Normalkräfte pro Laufmeter für das Programm werden mit den Kontaktlängen im Knoten 4 gerechnet, die vorne bestimmt worden sind. Die Deckenkurve ist ebenfalls bekannt. Mit den in den Resultaten ausgedruckten Momenten der Wandanschlüsse werden die Exzentrizitäten der Normalkräfte bestimmt.

$$\text{\textit{Fall V3, }} h_{ef} = 2.5\ m\text{:} \qquad n_{xd,inf} = \frac{N_{xd,inf}}{l_{1,inf}} = \frac{1158.4}{3.64} = 318.2\ kN/m$$

$$\text{\textit{Fall V2, }} h_{ef} = 1.25\ m\text{:} \qquad n_{xd,sup} = \frac{N_{xd,sup}}{l_{2,sup}} = \frac{868.8}{2.52} = 344.8\ kN/m$$

$$m_{d,De}(\vartheta_{d,P} = 0) = 19.0\ kNm/m$$

$$\vartheta_{d,P}(m_{d,De} = 0) = 1.7 \cdot 10^{-3}$$

Resultate aus Rechenprogramm [28]:

$$m_{yd,w,sup} = 3.97\ kNm/m \qquad e_{z,sup} = \frac{m_{yd,w,sup}}{n_{xd,sup}} = \frac{3.97}{344.8} = 0.0115\ m$$

$$m_{yd,w,inf} = 2.64\ kNm/m \qquad e_{z,inf} = \frac{m_{yd,w,inf}}{n_{xd,inf}} = \frac{2.64}{318.2} = 0.0083\ m$$

Mit den Exzentrizitäten werden die reduzierten Wandstärken für den Schubnachweis be-stimmt.

$$t_{red,inf} = t - 2 \cdot e_{z,inf} = 0.18 - 2 \cdot 0.0083 = 0.163\ m$$

$$t_{red,sup} = t - 2 \cdot e_{z,sup} = 0.18 - 2 \cdot 0.0115 = 0.157\ m$$

Die Schubbeanspruchung wird für die obere und die untere Wand nachgewiesen. Der erweiterte Nachweis wird mit einem verfeinerten Spannungsfeld geführt. Die Querkraft wird unter dem Grenzwinkel der Lagerfugenneigung übertragen. Damit ist der Normal-kraftanteil der Diagonalenkraft bestimmt. Der Rest wird vertikal durch die Wand hindurch geleitet. Dabei müssen das Gleichgewicht und die Fließbedingungen erfüllt sein.

$$N_{xd,v,inf} = \frac{V_{d,inf}}{(\tan\varphi)_d} = \frac{419.3}{0.6} = 698.8\ kN \qquad e_{y2,inf} = \frac{2995.0}{1158.4} = 2.586\ m$$

$$l_{2,inf} = l_w - 2 \cdot e_{y2,inf} = 7.0 - 2 \cdot 2.586 = 1.829\ m$$

$$N_{xd,v,sup} = \frac{V_{d,sup}}{(\tan\varphi)_d} = \frac{359.4}{0.6} = 599.0\ kN \qquad e_{y2,sup} = \frac{1946.8}{868.8} = 2.241\ m$$

$$l_{2,sup} = l_w - 2 \cdot e_{y2,sup} = 7.0 - 2 \cdot 2.241 = 2.518\ m$$

Nachweis für untere Wand:

$$N_{xd,v,inf} = 698.8 = f_{yd} \cdot t_{red,inf} \cdot l_{2v,inf} \cdot (\cos^2\varphi)_d = 3000 \cdot 0.163 \cdot l_{2v,inf} \cdot 0.735$$

$$N_{xd,m,inf} = N_{xd,inf} - N_{xd,v,inf} = 1158.4 - 698.8 = 459.6\ kN \qquad l_{2v,inf} = 1.939\ m$$

$$M_{zd2,inf} = N_{xd,v} \cdot 0.5 \cdot (l_w - l_{2v,inf}) + N_{xd,m} \cdot 0.5 \cdot (l_w - l_{2m,inf})$$

$$2995.0\ kNm = 698.8 \cdot 0.5 \cdot (7 - 1.939) + 459.6 \cdot 0.5 \cdot (7 - l_{2m,inf}) \qquad l_{2m,inf} = 1.662\ m$$

$$N_{xd,m,inf} = 459.6\ kN < (f_{xd} - f_{yd}) \cdot l_{2m,inf} \cdot t_{red,inf}$$

$$N_{xd,m,inf} = 459.6\ kN < 3000 \cdot 1.662 \cdot 0.163 = 814.9\ kN \qquad \textbf{\textit{(i.O.)}}$$

Nachweis für obere Wand:

$$N_{xd,v,sup} = 599.0 \; < \; f_{yd} \cdot t_{red,sup} \cdot l_{2,sup} \cdot (\cos^2\varphi)_d$$

$$N_{xd,v,sup} = 3000 \cdot 0.157 \cdot 2.518 \cdot 0.735 = 872.2 \; kN$$

$$N_{xd,m,sup} = N_{xd,sup} - N_{xd,v,sup} = 868.8 - 599.0 = 269.8 \; kN \; < \; (f_{xd} - f_{yd}) \cdot l_{2,sup} \cdot t_{red,sup}$$

$$N_{xd,m,sup} = 269.8 \; kN \; < \; 3000 \cdot 2.518 \cdot 0.157 = 1186.2 \; kN \qquad\qquad (i.O.)$$

3.4.2 Nachweis der Gebrauchstauglichkeit

Für den Nachweis der Gebrauchstauglichkeit werden die Wandabmessungen nicht reduziert. Daher können die Nachweise für die Rissbreiten infolge Biegung und die Verformungen infolge der Querkraft einzeln geführt werden. Die kombinierte Beanspruchung wird mit der Näherung von Bild 2.62 nachgewiesen.

Beispiel 3.9

Untersucht wird weiterhin die Wand 4 im Knoten 4 (Bild 3.16). Schnittkräfte, Daten der Wand und Resultate aus dem Beispiel 3.5 sind unverändert gültig. Sie werden kurz repetiert. Nebst den Verformungen wird die Rissweite für die exzentrische Normalkraft ohne die Schubbeanspruchung bestimmt. Dazu ist die Deckenkurve des Knotens 4 erforderlich. Auch die Eingabedaten werden kurz repetiert.

$$N_{xser,inf} = 1158.4 \; kN \qquad M_{zser2,inf} = 2995.0 \; kNm \qquad V_{ser,inf} = 419.3 \; kN$$

$$E_x = 7 \; kN/mm^2 \qquad\qquad G = 2.2 \; kN/mm^2$$

$$h_w = 2.5 \; m \qquad\qquad l_w = 7 \; m \qquad\qquad t = 0.18 \; m$$

$$v/h_w = 2.4 \cdot 10^{-4} < 3 \cdot 10^{-4} \qquad 10^{-4} < \varepsilon_{xt} = 1.6 \cdot 10^{-4} < 10^{-3}$$

$$m_{ser,De}(\vartheta_{ser,P} = 0) = 19.0 \; kNm/m$$

$$\vartheta_{ser,P}(m_{ser,De} = 0) = 1.7 \cdot 10^{-3}$$

$$n_{xser,inf} = 318.2 \; kN/m \qquad\qquad n_{xser,sup} = 344.2 \; kN/m$$

Resultate aus Programm [28]:

$$\vartheta_{L,inf} = \vartheta_{L,sup} = 0.81 \cdot 10^{-3} \qquad\qquad r_{inf} = r_{sup} = 0 \; mm$$

Für die Näherung werden die Zugdehnung und der Riss aus der Verdrehung der Decke überlagert (Bild 2.62). Die Deckenverdrehung wird der Rissberechnung mit dem Programm [28] entnommen.

Resultat der Näherung:

$$0.05 < r \approx h_0 \cdot \varepsilon_{xt} + \vartheta \cdot \frac{t}{2} = 200 \cdot 1.6 \cdot 10^{-4} + 0.81 \cdot 10^{-3} \cdot 90 = 0.1 \ mm < 0.2 \ mm$$

Für die Wand 4 werden mit der Näherung normale Anforderungen erfüllt, die gemäss [3] für die Erdbebeneinwirkung nicht gefordert sind.

3.5 Fallbeispiele

In diesem Abschnitt werden verschiedene Mauerwerksbauten mit den vorgestellten Modellansätzen berechnet.

3.5.1 Einleitung

Unter den Standardbauten werden Mauerwerksbauten abgehandelt, 'für die bisher im Normalfall wenig statische Berechnungen durchgeführt wurden. Teilweise sind die Abmessungen ohne Nachweis als genügend beurteilt worden. Früher hatten Mauerwerksbauten bis zu drei Geschossen meistens genügend Steifigkeit und Widerstand, um die Horizontalkräfte aus Erdbeben und Wind aufzunehmen. Bei den modernen Grundrissen ist diese Voraussetzung nicht ohne weiteres gegeben. Die Gebäude werden ganzheitlich und nicht unterteilt nach den Beanspruchungsarten untersucht.

3.5.2 Zwei- bis viergeschossige Wohnbauten

Siedlungen mit Reihen-Einfamilienhäusern zeigen oft die gleichen Merkmale. Eine Richtung weist praktisch zwei durchgehende Tragwände auf, während in der andern Richtung kurze Wände, mehrere Pfeiler und wenige Stützen angeordnet sind. Wände und Pfeiler werden sehr oft als Mauerwerk ausgeführt, während die Stützen in Stahlbeton oder in Stahl gebaut werden. Für die Decken wird Stahlbeton oder Holz verwendet, wobei das Verhalten je nach Baustoff völlig verschieden ist.

Beispiel 3.10

Untersucht wird das Eckhaus einer Reihen-Einfamilienhaussiedlung (Bild 3.17). Gewählt wird ein Haus mit einem Kellergeschoss, das in Stahlbeton ausgeführt ist, und mit drei Obergeschossen, die vor allem mit Mauerwerkswänden tragen. Das oberste Geschoss wird auf der ganzen Höhe durch das Dach (Bild 3.18) geschnitten. Das Eckhaus ist statisch besonders interessant, weil die freie Frontseite im allgemeinen Fensteröffnungen aufweist. In einer ersten Stufe wird versucht, mit den einfachen Nachweisen die Tragsicherheit des Gebäudes zu beurteilen. Dazu müssen die Einwirkungen bekannt sein. Mit diesen können die Schnittkräfte der wichtigsten Bauteile bestimmt werden. Dazu gehören die Tragwände, welche die kombinierten Beanspruchungen Querkraft, Biegung und exzentrische Normalkraft aus der Wandebene aufnehmen müssen. Die kurzen Pfeiler werden nur durch die zentrischen oder exzentrischen Normalkräfte beansprucht. Die eingebauten Stahlbeton- und Stahlstützen sind nicht problematisch.

Tragwände (Mauerwerk MB):

$$f_{xd} = 4 \; N/mm^2 \qquad f_{yd} = 1.2 \; N/mm^2 \qquad E_{xd} = 2.3 \; kN/mm^2$$

$$E_x = 4.5 \; kN/mm^2 \qquad G = 1.4 \; kN/mm^2 \qquad t = 0.15 \; m$$

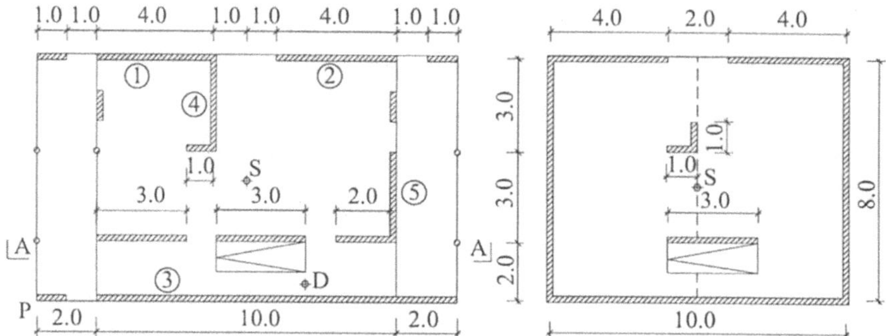

Bild 3.17 *Wohnungsgrundrisse mit Tragwänden*

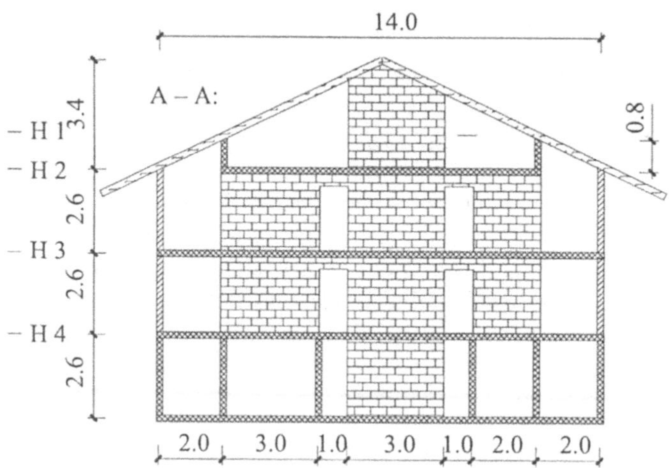

Bild 3.18 *Schnitt mit Tragwänden*

Stahlbetondecken (B35/25):

$$f_c = 16 \; N/mm^2 \qquad E_c = 35 \; kN/mm^2 \qquad \varphi = 2.5$$

$$f_{ct} = 2.5 \; N/mm^2 \qquad h = 0.20 \; m$$

$$g_{m,De} = 5 \; kN/m^2 \qquad q_{rN} = 2 \; kN/m^2 \; (3 \; kN/m^2) \qquad q_{rA} = 1.5 \; kN/m^2$$

Das Dach ist eine Holzbalkenkonstruktion, eingedeckt mit Ziegeln. In den Eigenlasten der Wände sind die Isolation und der Putz inbegriffen. Unterschieden werden tragende und nichttragende Wände.

$$g_{m,Da} = 0.5 \ kN/m^2 \qquad\qquad q_{rS} = 1.2 \ kN/m^2$$

$$g_{m,w,1} = 2.5 \ kN/m^2 \ (tragend) \qquad g_{m,w,2} = 1.6 \ kN/m^2 \ (nicht \ tragend)$$

Die Nutzlastunterschiede für Balkone und Treppen (Klammerwert) werden nicht beachtet. Diese kompensieren sich ungefähr mit den Lastreduktionen der Fenster- und Türbereiche sowie den kleineren Eigenlasten der Innenwände. Der Schnee ist für Meereshöhen unter 1000 m keine Begleiteinwirkung [3] zusammen mit außergewöhnlichen Einwirkungen.

Einwirkung Erdbeben

Das Haus steht nach [3] in der Erdbebenzone 1 und gehört zur Bauwerksklasse I. Die Grundfrequenzen werden mit den Näherungen nach [3] abgeschätzt. Sie ergeben im Bemessungsspektrum Höchstwerte.

$$f_{0x} = 13 \cdot C_s \cdot \frac{\sqrt{l}}{h} = 13 \cdot 1.0 \cdot \frac{\sqrt{14}}{11.2} = 4.3 \ Hz$$

$$f_{0y} = 13 \cdot C_s \cdot \frac{\sqrt{l}}{h} = 13 \cdot 1.0 \cdot \frac{\sqrt{8}}{11.2} = 3.3 \ Hz$$

$$\frac{a_h}{g} = 0.12 \qquad C_k = \frac{C_d}{K} = \frac{0.65}{1.2} = 0.542$$

Decken Niveau H3 und H4:

$$G_m + \psi_{acc} \cdot Q_r = 14 \cdot 8 \cdot 6.5 + 0.3 \cdot 112 \cdot 2 = 728 + 67.2 = 795 \ kN$$

Wände H2 bis H3 und H3 bis H4 (inklusive Stützen und Brüstungen):

$$G_m = 55 \cdot 2.4 \cdot 2.5 = 330 \ kN$$

Decke Niveau H2:

$$G_m + \psi_{acc} \cdot Q_r = 10 \cdot 8 \cdot 6.5 + 0.3 \cdot 80 \cdot 2 = 520 + 48 = 568 \ kN$$

Wände H1 bis H2:

$$G_m = 16 \cdot 0.8 \cdot 5 + 23 \cdot 1.77 \cdot 2.5 = 166 \ kN$$

Dach Niveau H1:

$$G_m = 16 \cdot 9 \cdot 0.5 = 72 \ kN$$

In der Tabelle 3.2 sind die Lasten mit dem Angriffspunkt über dem Einbindungshorizont angegeben. In der gleichen Tabelle werden auch die horizontalen Erdbebenkräfte gerechnet.

$$\sum \left(G_m + \psi_{acc} \cdot Q_r\right)_i \cdot h_i = 16573.6 \ kNm$$

$$Q_{acc} = \frac{a_h}{g} \cdot C_k \cdot (G_m + \psi_{acc} \cdot Q_r) = 0.12 \cdot 0.542 \cdot 3221 = 209.5 \ kN$$

Berechnung von V und M

Für die horizontale Stabilisierung werden die Wände 1 bis 5 im Bild 3.17 berücksichtigt. Der Schubmittelpunkt (D) und die Aufteilung der Horizontalkräfte werden nach dem ersten Kapitel berechnet. Für die Niveaus H1 und H2 werden die Schubmittelpunkte der Niveaus H3 und H4 übernommen.

$$J_{y1} = J_{y2} = 0.8 \ m^4 \qquad J_{x4} = J_{x5} = 0.338 \ m^4 \qquad J_{y3} = 21.6 \ m^4$$

$$\sum J_y = 23.2 \ m^4 \qquad\qquad \sum J_x = 0.675 \ m^4$$

$$\sum J_x \cdot x_i = 0.3375 \cdot (6 + 12) = 6.075 \qquad \sum J_y \cdot y_i = (0.8 + 0.8) \cdot 8 = 12.8$$

$$x_P = \frac{\sum (J_x \cdot x_i)}{\sum J_x} = 9.0 \ m \qquad\qquad y_P = \frac{\sum (J_y \cdot y_i)}{\sum J_y} = 0.552 \ m$$

$$x_D = 9 - 7 = 2.0 \ m \qquad\qquad y_D = 0.552 - 4 = -3.448 \ m$$

Tabelle 3.2 *Erdbebenkräfte*

Niveau	H_i (m)	$G_m + \psi_{acc} \cdot Q_r$ (kN)	$Q_{acc.i}$ (%)	$Q_{acc.i}$ (kN)	V_{tot} (kN)
H1	9.25	155	8.7	18.2	18.2
H2	7.80	816	38.4	80.5	98.7
H3	5.20	1125	35.3	73.9	172.6
H4	2.60	1125	17.6	36.9	209.5
Summen		3221	100.0	209.5	

Erdbeben in y-Richtung:

In diesem Fall müssen die kurzen Wände 4 und 5 untersucht werden.

Aufteilung der Querkraft:

$$V_{4y,V} = 0.5 \cdot V_y \qquad V_{5y,V} = 0.5 \cdot V_y$$

Aufteilung der Torsion:

$$V_{iy,T} = - V_y \cdot x_D \cdot \frac{x_i' \cdot J_{ix}}{\sum \left(y_i'^2 \cdot J_{iy} + x_i'^2 \cdot J_{ix} \right)}$$

$$x_4' = - 3.0 \; m \qquad\qquad x_5' = 3.0 \; m$$

$$y_1' = y_2' = 7.448 \; m \qquad y_3' = - 0.552 \; m$$

$$\sum \left(y_i'^2 \cdot J_{iy} + x_i'^2 \cdot J_{ix} \right) = 2 \cdot 7.4483^2 \cdot 0.8 + 0.5517^2 \cdot 21.6 + 2 \cdot 3.0^2 \cdot 0.3375 =$$
$$= 101.41$$

$$V_{4y,T} = + 0.02 \cdot V_y \qquad\qquad V_{5y,T} = - 0.02 \cdot V_y$$

Summe:

$$V_{4y} = V_{4y,V} + V_{4y,T} = 0.52 \cdot V_y$$

Der Zuwachs infolge des Torsionsmomentes ist, wie erwartet, unbedeutend. Da die Erdbebenkraft in beiden Richtungen wirkt, müssen die Wände 4 und 5 für die gleich großen Horizontalkräfte bemessen werden. Entscheidend sind die Unterschiede der gleichzeitig wirkenden Normalkräfte. Die Schnittkräfte der Erdbebeneinwirkung sind in den Tabellen 3.3a, 3.3b und 3.3c zusammengestellt.

Tabelle 3.3a *Schnittkräfte y-Richtung*

WQS 4 bzw. 5	Δh_i	V_y	M_{sup}	M_{inf}
	(m)	(kN)	(kNm)	(kNm)
Höhe 1	1.45	9.5	0	13.8
Höhe 2	2.60	51.4	13.8	147.4
Höhe 3	2.60	89.8	147.4	247.3
Höhe 4	2.60	109.0	247.3	530.7

Tabelle 3.3b *Schnittkräfte x-Richtung*

WQS 1 bzw. 2	Δh_i (m)	V_x (kN)	M_{sup} (kNm)	M_{inf} (kNm)
Höhe 1	1.45	4.3	0	6.2
Höhe 2	2.60	23.4	6.2	67.1
Höhe 3	2.60	40.9	67.1	173.4
Höhe 4	2.60	49.7	173.4	302.6

Tabelle 3.3c *Schnittkräfte x-Richtung*

WQS 3	Δh_i (m)	V_x (kN)	M_{sup} (kNm)	M_{inf} (kNm)
Höhe 1	1.45	9.6	0	13.9
Höhe 2	2.60	51.9	13.9	148.9
Höhe 3	2.60	90.8	148.9	384.9
Höhe 4	2.60	110.2	384.9	671.5

Erdbeben in x-Richtung:

In diesem Fall müssen die ungleichen Wände 1,2 und 3 untersucht werden.

Aufteilung der Querkraft und der Torsion:

$$V_{1x,V} = V_{2x,V} = \frac{0.8}{23.2} = 0.0345 \cdot V_x \qquad V_{3x,V} = \frac{21.6}{23.2} = 0.931 \cdot V_x$$

$$V_{ix,T} = - V_x \cdot y_D \cdot \frac{y_i' \cdot J_{iy}}{\sum \left(y_i'^2 \cdot J_{iy} + x_i'^2 \cdot J_{ix} \right)} = +V_x \frac{3.4483 \cdot y_i' \cdot J_{iy}}{101.41}$$

$$V_{1x,T} = V_{2x,T} = 0.2026 \cdot V_x \qquad V_{3x,T} = - 0.4052 \cdot V_x$$

Summe:

$$V_{1x} = V_{2x} = V_{1x,V} + V_{1x,T} = 0.2371 \cdot V_x \qquad V_{3x} = V_{3x,V} + V_{3x,T} = 0.5258 \cdot V_x$$

Damit sind für alle Tagwände, die untersucht werden, die maßgebenden Erdbebenbeanspruchungen bestimmt. Gesucht sind noch die zugehörigen Normalkräfte. Diese werden näherungsweise über die Lasteinzugsflächen von Hand bestimmt. Für die Tragwände 1 bis 5 werden die Normalkräfte nach der Streifenmethode gerechnet. Dazu werden die Grundrisse gemäß Bild 3.19 unterteilt. Für das Dach H1 wird die Aufteilung der Flächen von Bild 3.19b übernommen. Der Dachgiebel ist auf der Linie c–d gelagert. Die Decke H2 ist gemäß Bild 3.19a gelagert, wobei die Streifen von je zwei Metern auf beiden Seiten wegfallen. Die Berechnung der spezifischen Lasteinzugsflächen der Wände erfolgt in den Tabellen 3.4 bis 3.12.

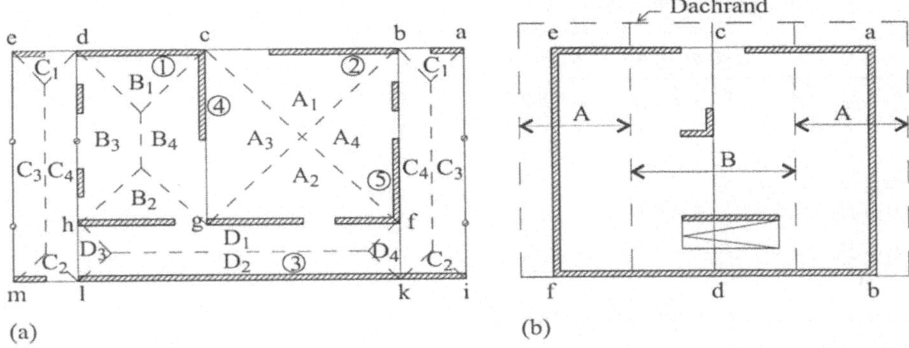

Bild 3.19 *Grundriss mit Abtragung der Deckenlasten*

Damit sind für alle Tagwände, die untersucht werden, die maßgebenden Erdbebenbean-spruchungen bestimmt. Gesucht sind noch die zugehörigen Normalkräfte. Diese werden näherungsweise über die Lasteinzugsflächen von Hand bestimmt. Für die Tragwände 1 bis 5 werden die Normalkräfte nach der Streifenmethode gerechnet. Dazu werden die Grund-risse gemäß Bild 3.19 unterteilt. Für das Dach H1 wird die Aufteilung der Flächen von Bild 3.19b übernommen. Der Dachgiebel ist auf der Linie c–d gelagert. Die Decke H2 ist gemäß Bild 3.19a gelagert, wobei die Streifen von je zwei Metern auf beiden Seiten weg-fallen. Die Berechnung der spezifischen Lasteinzugsflächen der Wände erfolgt in den Ta-bellen 3.4 bis 3.12.

Tabelle 3.4 *Lasteinzugsfläche auf Niveau H1*

	Fläche in m²	A_{tot}
A	$3.5 \cdot 9 = 31.5$	63.0
B	$5 \cdot 9 = 45$	45.0

Tabelle 3.5 *Lasteinzugsfläche der WA auf Niveau H1*

Wandabschnitte (WA)	**LEF**	**a' in m²/m**
$a{-}b = e{-}f$	*A*	3.5
$c{-}d$	*B*	5

Tabelle 3.6 *Lasteinzugsfläche der WQS auf Niveau H1*

WQS	**Art**	**Abschnitte**	**m²/m**	**m²/m**
1	*E*	$c{-}d, e{-}f$	$(2.5 \cdot 0.5 \cdot 5 + 1.5 \cdot 3.5)\,/4$	2.875
2	*E*	$a{-}b, c{-}d$	$(2.5 \cdot 0.5 \cdot 5 + 1.5 \cdot 3.5)\,/4$	2.875
3	*E*	$a{-}b, c{-}d, e{-}f$	$(1 \cdot 5 + 1 \cdot 3.5 + 1 \cdot 3.5)\,/10$	1.200
4	*Z*	$c{-}d$	$(3 \cdot 5)\,/3$	5.000
5	*E*	$a{-}b$	$(4.5 \cdot 3.5)\,/3$	5.250

Tabelle 3.7 *Lasteinzugsfläche auf Niveau H2*

LEF	Fläche in m^2	A_{tot} in m^2
$A_1 = A_2 = A_3 = A_4$	$3 \cdot 3 = 9.0$	36.0
$B_1 = B_2$	$2 \cdot 2 = 4.0$	8.0
$B_3 = B_4$	$2 \cdot 4 = 8.0$	16.0
$D_1 = D_2$	$1 \cdot 9 = 9.0$	18.0
$D_3 = D_4$	$1 \cdot 1 = 1.0$	2.0

Tabelle 3.8 *Lasteinzugsfläche der WA auf Niveau H2*

WA	LEF	m^2/m	a' in m^2/m	l_{tot} in m
$b\text{–}c = b\text{–}f$	A_1	$9/6$	1.5	12
$c\text{–}d$	B_1	$4/4$	1.0	4
$c\text{–}g$	A_3, B_4	$(9 + 8)/6$	2.8333	6
$d\text{–}h$	B_3	$8/6$	1.3333	6
$f\text{–}k = h\text{–}l$	D_4	$1/2$	0.5	4
$k\text{–}l$	D_2	$9/10$	0.9	10
$f\text{–}g$	A_2, D_1	$9/6 + 9/10$	2.4	6
$g\text{–}h$	B_2, D_1	$4/4 + 9/10$	1.9	4

Tabelle 3.9 *Lasteinzugsfläche der WQS auf Niveau H2*

WQS	Art	Abschnitte	m^2/m	a' in m^2/m
1	E	$b\text{–}c, c\text{–}d$	$(1 \cdot 1.5 + 4 \cdot 1)/4$	1.3750
2	E	$b\text{–}c, b\text{–}f$	$(5 \cdot 1.5 + 0.5 \cdot 1.5)/4$	2.0625
3	E	$k\text{–}l, f\text{–}k, h\text{–}l$	$(10 \cdot 0.9 + 0.5 \cdot 1 \cdot 2)/10$	1.000
4	Z	$c\text{–}g$	$(4.5 \cdot 2.8333)/3$	4.250
5	E	$b\text{–}f, f\text{–}k$	$(3.5 \cdot 1.5 + 1.0 \cdot 0.5)/3$	1.9167

Tabelle 3.10 *Lasteinzugsfläche auf Niveau H3*

LEF	Fläche in m^2	A_{tot} in m^2
$C_1 = C_2$	$1 \cdot 1 = 1.0$	4.0
$C_3 = C_4$	$7 \cdot 1 = 7.0$	28.0

Tabelle 3.11 *Lasteinzugsfläche der WA auf Niveau H3*

WA	LEF	m^2/m	a' in m^2/m
$a\text{–}b = d\text{–}e$	C_1	$1/2$	0.50
$b\text{–}f$	A_4, C_4	$9/6 + 7/8$	2.3750
$d\text{–}h$	B_3, C_4	$8/6 + 7/8$	2.2083
$f\text{–}k = h\text{–}l$	C_4, D_4	$7/8 + 1/2$	1.3750
$i\text{–}k = l\text{–}m$	C_2	$1/2$	0.50

Tabelle 3.12 *Lasteinzugsfläche der WQS auf Niveau H3*

WQS	Art	Abschnitte	m^2/m	a' in m^2/m
1	E	b–c, c–d, d–e, d–h	$(1 \cdot 1.5 + 4 \cdot 1 + 0.5 \cdot 0.5 + 0.5 \cdot 2.2083)/4$	1.7135
2	E	a–b, b–c, b–f	$(0.5 \cdot 0.5 + 5 \cdot 1.5 + 0.5 \cdot 2.375)/4$	2.2344
3	E	i–k, k–l, l–m, f–k, h–l, a–i	$(10 \cdot 0.9 + 2 \cdot 1 \cdot 1.375 + 1.0 + 0.25)/12$	1.0833
4	Z	c–g	$(4.5 \cdot 2.8333)/3$	4.2500
5	Z/E	b–f, f–k	$(3.5 \cdot 2.375 + 1 \cdot 1.375)/3$	3.2292

Berechnung der Normalkräfte

Mit den spezifischen Lasteinzugsflächen werden die Deckenreaktionen der zu untersuchenden Wände bestimmt (Tabelle 3.13). Dazu müssen nur noch die Einwirkungen der Decken mit den spezifischen Lasteinzugsflächen multipliziert werden. Die zur Erdbebenbeanspruchung zugehörigen Normalkräfte sind bekannt. Die Wände über H3 und H4 werden zusammengefasst. Die Wände über H2 müssen wegen den unterschiedlichen Höhen einzeln betrachtet werden. Mit den Deckenreaktionen und den Wandnormalkräften werden die Normalkräfte der untersuchten Wände bestimmt. Die Normalkräfte sind in der Tabelle 3.14 aufgelistet. Zusammen mit den Schnittkräften der Tabellen 3.2 und 3.3 wird die Tragsicherheit der Wände kontrolliert.

Tabelle 3.13 *Deckenreaktionen der WQS*

ΔN_{xd}	1E	2E	3E	4Z	5E/Z
q_r(Dach) in kN/m^2	0.5	0.5	0.5	0.5	0.5
H1 in kN/m	1.44	1.44	0.60	2.50	2.63
q_r(Decke) in kN/m^2	7.1	7.1	7.1	7.1	7.1
H2 in kN/m	9.76	14.64	7.1	30.18	13.61
H3 in kN/m	12.17	15.86	7.69	30.18	22.93

Tabelle 3.14 *Normalkräfte*

N_{xd}	WQS 1	WQS 2	WQS 3	WQS 4	WQS 5
l_w in m	4	4	10/12	3	3
q_r (Wand) über H2 in kN/m	4.5	4.5	4.2	5.6	4.0
auf Niveau H2 in kN	23.8	23.8	48.0	24.3	19.9
q_r (Wand) über H3/H4 in kN/m	6.0	6.0	6.0	6.0	6.0
auf Niveau H3 in kN	86.8	106.4	205.2	132.8	78.7
auf Niveau H4 in kN	159.5	193.8	369.5	241.3	165.5

Schnittkräfte der Wände

Die Schnittkräfte sind für alle Wände in den Tabellen 3.15 und 3.16 für die beiden zu untersuchenden Geschosse bzw. Knoten (2-3 und 3-4) zusammengefasst. Der Nachweis der Tragsicherheit wird zuerst für die Schubbeanspruchung mit zentrischer Normalkraft ge-

führt. Anschließend wird der einfache Nachweis auf die Schubbeanspruchung mit exzentrischer Normalkraft ausgedehnt.

Tabelle 3.15 *Schnittkräfte der Wände 1 bis 3*

WQS/Niveau	1/H2-3	1/H3-4	2/H2-3	2/H3-4	3/H2-3	3/H3-4
N_{xd} in kN	86.8	159.5	106.4	193.8	205.2	369.5
V_d in kN	23.4	40.9	23.4	40.9	51.9	90.8
M_{zd1} in kNm	6.2	67.1	6.2	67.1	13.9	148.9
M_{zd2} in kNm	67.1	173.4	67.1	173.4	148.9	384.9

Tabelle 3.16 *Schnittkräfte der Wände 4 und 5*

WQS/Niveau	4/H2-3	4/H3-4	5/H2-3	5/H3-4
N_{xd} in kN	132.8	241.3	78.7	165.5
V_d in kN	51.4	89.8	51.4	89.8
M_{zd1} in kNm	13.8	147.4	13.8	147.4
M_{zd2} in kNm	147.4	247.3	147.4	247.3

Einfacher Nachweis der Tragsicherheit

In einem ersten Schritt (S1) wird die Normalkraft zentrisch angenommen. Erst im zweiten Schritt (S2) wird die Normalkraft exzentrisch gerechnet. Entsprechend muss die Stabilität kontrolliert und der Widerstand mit reduzierter Wandstärke bestimmt werden.

Wand 1, Geschoss H2-H3:

$(S1)$ $\quad l_w = 4.0\ m \qquad t = 0.15\ m$

$$l_2 = l_w - 2 \cdot \frac{M_{zd2}}{N_{xd}} = 4 - 2 \cdot \frac{67.1}{86.8} = 2.454\ m$$

$$\tan\alpha = \frac{V_d}{N_{xd}} = \frac{23.4}{86.8} = 0.2696 \ < \ (\tan\varphi)_d = 0.6$$

$$N_{xd} = 86.8\ kN \ < \ f_{yd} \cdot l_2 \cdot t \cdot \cos^2\alpha$$

$$N_{xd} = 86.8\ kN \ < \ 1200 \cdot 2.454 \cdot 0.15 \cdot 0.9322 = 412\ kN \qquad\qquad (i.O.)$$

$(S2)$ $A_{x,red} = l_2 \cdot t = 0.368 \ m^2$ $\qquad$ $J_{y,red} = \dfrac{l_2 \cdot t^3}{12} = 0.690 \cdot 10^{-3} \ m^4$

$$B_{yd,red} = E_{xd} \cdot J_{y,red} \cdot \sqrt{1 - \frac{N_{xd}}{2 \cdot A_{x,red} \cdot f_{xd}}} = 2.3 \cdot 10^6 \cdot 0.69 \cdot 10^{-3} \cdot \sqrt{1 - \frac{86.8}{2 \cdot 0.368 \cdot 4000}}$$

$$B_{yd,red} = 1563.4 \ kNm^2$$

$$h_{Ed} = \pi \cdot \sqrt{\frac{B_{yd,red}}{N_{xd}}} = \pi \cdot \sqrt{\frac{1563.4}{86.8}} = 13.3 \ m$$

$h_{cr} = 1.3 \ m \ < \ \zeta \cdot h_{Ed} = 0.3 \cdot 13.3 = 4.0 \ m$ $\hfill$ *(i.O.)*

$t_{red} = 0.25 \cdot t = 0.0375 \ m$

$N_{xd} = 86.8 \ < \ f_{yd} \cdot l_2 \cdot t_{red} \cdot \cos^2\alpha$

$N_{xd} = 86.8 \ < \ 1200 \cdot 2.454 \cdot 0.0375 \cdot 0.9322 = 103 \ kN$ $\hfill$ *(**i.O.**)*

Wand 1, Geschoss H3-H4:

$(S1)$ $l_2 = l_w - 2 \cdot \dfrac{M_{zd2}}{N_{xd}} = 4 - 2 \cdot \dfrac{173.4}{159.5} = 1.826 \ m$

$$\tan\alpha = \frac{40.9}{159.5} = 0.2564 \ < \ (\tan\varphi)_d = 0.6$$

$N_{xd} = 159.5 \ kN \ < \ f_{yd} \cdot l_2 \cdot t \cdot \cos^2\alpha$

$N_{xd} = 159.5 \ kN \ < \ 1200 \cdot 1.826 \cdot 0.15 \cdot 0.9383 = 308 \ kN$ $\hfill$ *(i.O.)*

$(S2)$ $A_{x,red} = l_2 \cdot t = 0.274 \ m^2$ $\qquad$ $J_{y,red} = \dfrac{l_2 \cdot t^3}{12} = 0.514 \cdot 10^{-3} \ m^4$

$$B_{yd,red} = E_{xd} \cdot J_{y,red} \cdot \sqrt{1 - \frac{N_{xd}}{2 \cdot A_{x,red} \cdot f_{xd}}} = 2.3 \cdot 10^6 \cdot 0.514 \cdot 10^{-3} \cdot \sqrt{1 - \frac{159.5}{2 \cdot 0.274 \cdot 4000}}$$

$B_{yd,red} = 1027.8 \ kNm^2$ $\qquad$ $h_{Ed} = \pi \cdot \sqrt{\dfrac{B_{yd,red}}{N_{xd}}} = \pi \cdot \sqrt{\dfrac{1027.8}{159.5}} = 7.97 \ m$

$h_{cr} = 2.6 \ m \ < \ \zeta \cdot h_{Ed} = 0.5 \cdot 7.97 = 3.99 \ m$ $\hfill$ *(i.O.)*

$t_{red} = 0.25 \cdot t = 0.0375 \ m$

$$N_{xd} = 159.5 \ kN > f_{yd} \cdot l_2 \cdot t_{red} \cdot cos^2\alpha$$

$$N_{xd} = 159.5 \ kN > 1200 \cdot 1.826 \cdot 0.0375 \cdot 0.9383 = 77 \ kN \qquad \textbf{\textit{(nicht i.O.)}}$$

Wenn die Stoßfugen vollflächig vermörtelt werden, kann die Druckfestigkeit der Diagonalen erhöht werden.

$$f_{yd} = 0.5 \cdot f_{xd} = 2.0 \ N/mm^2 \qquad\qquad N_{xd} = 159.5 \ kN \ < \ f_{yd} \cdot l_2 \cdot t_{red} \cdot cos^2\alpha$$

$$N_{xd} = 159.5 \ kN \ < \ 2000 \cdot 1.826 \cdot 0.0375 \cdot 0.9383 = 129 \ kN \qquad \textbf{\textit{(nicht i.O.)}}$$

Mit dem einfachen Nachweis wird die Tragsicherheit nicht erfüllt. Eventuell hilft ein erweiterter Nachweis, der später durchgeführt wird.

Wand 2, Geschoss H2-H3:

$$(S1) \quad l_2 = l_w - 2 \cdot \frac{M_{zd2}}{N_{xd}} = 4 - 2 \cdot \frac{67.1}{106.4} = 2.74 \ m$$

$$tan\alpha = \frac{23.4}{106.4} = 0.220 \ < \ (tan\varphi)_d = 0.6$$

$$N_{xd} = 106.4 \ kN \ < \ f_{yd} \cdot l_2 \cdot t \cdot cos^2\alpha$$

$$N_{xd} = 106.4 \ kN \ < \ 1200 \cdot 2.739 \cdot 0.15 \cdot 0.9535 = 470 \ kN \qquad \textbf{\textit{(i.O.)}}$$

$$(S2) \quad A_{x,red} = l_2 \cdot t = 0.267 \ m^2 \qquad\qquad J_{y,red} = \frac{l_2 \cdot t^3}{12} = 0.501 \cdot 10^{-3} \ m^4$$

$$B_{yd,red} = E_{xd} \cdot J_{y,red} \cdot \sqrt{1 - \frac{N_{xd}}{2 \cdot A_{x,red} \cdot f_{xd}}} = 2.3 \cdot 10^6 \cdot 0.501 \cdot 10^{-3} \cdot \sqrt{1 - \frac{106.4}{2 \cdot 0.267 \cdot 4000}}$$

$$B_{yd,red} = 1122.5 \ kNm^2$$

$$m \, h_{Ed} = \pi \cdot \sqrt{\frac{B_{yd,red}}{N_{xd}}} = \pi \cdot \sqrt{\frac{1122.5}{106.4}} = 10.2 \ m$$

$$h_{cr} = 1.3 \ m \ < \ \zeta \cdot h_{Ed} = 0.3 \cdot 10.2 = 3.1 \ m \qquad f_{yd} = 0.3 \cdot f_{xd}$$

$$N_{xd} = 132.8 \ kN \ < \ f_{yd} \cdot l_2 \cdot t_{red} \cdot cos^2\alpha$$

$$N_{xd} = 132.8 \ kN \ < \ N_{xRd} = 1200 \cdot 2.74 \cdot 0.0375 \cdot 0.9535 = 118 \ kN \qquad \textbf{\textit{(nicht i. O.)}}$$

Da die Tragsicherheit noch nicht erfüllt ist, wird für die Diagonale wieder die Druckfestigkeit der vollfugig vermörtelten Stoßfuge eingesetzt. Damit wird mit dem einfachen Nachweis die Tragsicherheit erfüllt.

$$N_{xd} = 132.8 \, kN \; < \; f_{yd} \cdot l_2 \cdot t_{red} \cdot \cos^2\alpha$$

$$N_{xd} = 132.8 \, kN \; < \; 2000 \cdot 2.74 \cdot 0.0375 \cdot 0.9535 = 196 \, kN \qquad \textbf{(i.O.)}$$

Wand 2, Geschoss H3-H4:

(S1) $\quad l_2 = l_w - 2 \cdot \dfrac{M_{zd2}}{N_{xd}} = 4 - 2 \cdot \dfrac{173.4}{193.8} = 2.211 \, m$

$$tan\alpha = \dfrac{40.9}{193.8} = 0.211 \; < \; (tan\varphi)_d = 0.6$$

$$N_{xd} = 193.8 \, kN \; < \; f_{yd} \cdot l_2 \cdot t \cdot \cos^2\alpha$$

$$N_{xd} = 193.8 \, kN \; < \; 1200 \cdot 2.21 \cdot 0.15 \cdot 0.9574 = 398 \, kN \qquad (i.O.)$$

(S2) $\quad A_{x,red} = l_2 \cdot t = 0.332 \, m^2 \qquad\qquad J_{y,red} = \dfrac{l_2 \cdot t^3}{12} = 0.622 \cdot 10^{-3} \, m^4$

$$B_{yd,red} = E_{xd} \cdot J_{y,red} \cdot \sqrt{1 - \dfrac{N_{xd}}{2 \cdot A_{x,red} \cdot f_{xd}}} = 2.3 \cdot 10^6 \cdot 0.622 \cdot 10^{-3} \cdot \sqrt{1 - \dfrac{106.4}{2 \cdot 0.267 \cdot 4000}}$$

$$B_{yd,red} = 1376.7 \, kNm^2$$

$$h_{Ed} = \pi \cdot \sqrt{\dfrac{B_{yd,red}}{N_{xd}}} = \pi \cdot \sqrt{\dfrac{1122.5}{106.4}} = 8.4 \, m$$

$$h_{cr} = 2.6 \, m \; < \; \zeta \cdot h_{Ed} = 0.5 \cdot 8.4 = 4.2 \, m \qquad (i.O.)$$

$$t_{red} = 0.25 \cdot t = 0.0375 \, m$$

$$N_{xd} = 193.8 \, kN \; < \; f_{yd} \cdot l_2 \cdot t_{red} \cdot \cos^2\alpha$$

$$N_{xd} = 193.8 \, kN \; < \; 1200 \cdot 2.21 \cdot 0.0375 \cdot 0.9574 = 99 \, kN \qquad (nicht \, i.O.)$$

Da die Tragsicherheit nicht erfüllt ist, wird auch hier die Druckfestigkeit der vollfugig vermörtelten Stoßfuge eingesetzt.

$$f_{yd} = 0.5 \cdot f_{xd} \qquad N_{xd} = 193.8 \, kN \; < \; f_{yd} \cdot l_2 \cdot t_{red} \cdot \cos^2\alpha$$

$$N_{xd} = 193.8 \, kN \; < \; 2000 \cdot 2.21 \cdot 0.0375 \cdot 0.9574 = 159 \, kN \qquad \textbf{(nicht i.O.)}$$

Mit dem einfachen Nachweis wird die Tragsicherheit nicht erfüllt. Eventuell hilft ein erweiterter Nachweis, der später durchgeführt wird.

Wand 3, Geschoss H2-H3:

(S1) $\quad l_2 = l_w - 2 \cdot \dfrac{M_{zd2}}{N_{xd}} = 12 - 2 \cdot \dfrac{148.9}{205.2} = 10.55\ m$

$tan\alpha = \dfrac{51.9}{205.2} = 0.253\ < \ (tan\varphi)_d = 0.6$

$N_{xd} = 205.2\ kN\ < \ f_{yd} \cdot l_2 \cdot t \cdot cos^2\alpha$

$N_{xd} = 205.2\ kN < 1200 \cdot 10.55 \cdot 0.15 \cdot 0.9399 = 1785\ kN$ $\hfill$ (i.O.)

(S2) $\quad A_{x,red} = l_2 \cdot t = 1.582\ m^2 \qquad J_{y,red} = \dfrac{l_2 \cdot t^3}{12} = 2.967 \cdot 10^{-3}\ m^4$

$B_{yd,red} = E_{xd} \cdot J_{y,red} \cdot \sqrt{1 - \dfrac{N_{xd}}{2 \cdot A_{x,red} \cdot f_{xd}}} = 2.3 \cdot 10^6 \cdot 2.967 \cdot 10^{-3} \cdot \sqrt{1 - \dfrac{205.2}{2 \cdot 1.582 \cdot 4000}}$

$B_{yd,red} = 6768$

$h_{Ed} = \pi \cdot \sqrt{\dfrac{B_{yd,red}}{N_{xd}}} = \pi \cdot \sqrt{\dfrac{6768}{205.2}} = 18\ m$

$h_{cr} = 1.3\ m\ < \ \zeta \cdot h_{Ed} = 0.3 \cdot 18 = 5.4\ m$ $\hfill$ (i.O.)

$t_{red} = 0.25 \cdot t = 0.0375\ m \qquad N_{xd} = 205.2\ kN\ < \ f_{yd} \cdot l_2 \cdot t_{red} \cdot cos^2\alpha$

$N_{xd} = 205.2\ kN\ < \ 1200 \cdot 10.5 \cdot 0.0375 \cdot 0.9399 = 446\ kN$ $\hfill$ **(i.O.)**

Wand 3, Geschoss H3-H4:

(S1) $\quad l_2 = l_w - 2 \cdot \dfrac{M_{zd2}}{N_{xd}} = 12 - 2 \cdot \dfrac{384.9}{369.5} = 9.92\ m$

$tan\alpha = \dfrac{90.8}{369.5} = 0.246\ < \ (tan\varphi)_d = 0.6$

$N_{xd} = 369.5\ kN\ < \ f_{yd} \cdot l_2 \cdot t \cdot cos^2\alpha$

$N_{xd} = 369.5\ kN\ < \ 1200 \cdot 9.92 \cdot 0.15 \cdot 0.9431 = 1678\ kN$ $\hfill$ (i.O.)

(S2) $\quad A_{x,red} = l_2 \cdot t = 1.488 \ m^2 \qquad\qquad J_{y,red} = \dfrac{l_2 \cdot t^3}{12} = 2.789 \cdot 10^{-3} \ m^4$

$$B_{yd,red} = E_{xd} \cdot J_{y,red} \cdot \sqrt{1 - \dfrac{N_{xd}}{2 \cdot A_{x,red} \cdot f_{xd}}} = 2.3 \cdot 10^6 \cdot 2.789 \cdot 10^{-3} \cdot \sqrt{1 - \dfrac{369.5}{2 \cdot 1.488 \cdot 4000}}$$

$$B_{yd,red} = 6314 \ kNm^2 \qquad\qquad h_{Ed} = \pi \cdot \sqrt{\dfrac{B_{yd,red}}{N_{xd}}} = \pi \cdot \sqrt{\dfrac{6314}{369.5}} = 13 \ m$$

$$h_{cr} = 2.6 \ m \ < \ \zeta \cdot h_{Ed} = 0.5 \cdot 13 = 6.5 \ m$$

$$t_{red} = 0.25 \cdot t = 0.0375 \ m \qquad\qquad N_{xd} \ < \ f_{yd} \cdot l_2 \cdot t_{red} \cdot \cos^2\alpha$$

$$N_{xd} = 369.5 \ kN \ < \ 1200 \cdot 9.92 \cdot 0.0375 \cdot 0.9431 = 419 \ kN \qquad\qquad \textbf{(i.O.)}$$

Wand 4, Geschoss H2-H3:

Die Wand 4 ist praktisch zentrisch beansprucht. Eine Reduktion der Wandstärke infolge Biegung aus der Deckenverdrehung erübrigt sich.

$$l_2 = l_w - 2 \cdot \dfrac{M_{zd2}}{N_{xd}} = 3 - 2 \cdot \dfrac{147.4}{132.8} = 0.78 \ m$$

$$\tan\alpha = \dfrac{51.4}{132.8} = 0.387 \ < \ (\tan\varphi)_d = 0.6$$

$$N_{xd} = 132.8 \ kN \ < \ f_{yd} \cdot l_2 \cdot t \cdot \cos^2\alpha$$

$$N_{xd} = 132.8 \ kN \ < \ 1200 \cdot 0.78 \cdot 0.15 \cdot 0.8697 = 122 \ kN \qquad\qquad (nicht \ i.O.)$$

$$f_{yd} = 0.5 \cdot f_{xd}$$

$$N_{xd} = 132.8 \ kN \ < \ f_{yd} \cdot l_2 \cdot t \cdot \cos^2\alpha$$

$$N_{xd} = 132.8 \ kN \ < \ 2000 \cdot 0.78 \cdot 0.15 \cdot 0.8697 = 204 \ kN \qquad\qquad \textbf{(i.O.)}$$

Wand 4, Geschoss H3-H4:

$$l_2 = l_w - 2 \cdot \dfrac{M_{zd2}}{N_{xd}} = 3 - 2 \cdot \dfrac{247.3}{241.3} = 0.95 \ m$$

$$\tan\alpha = \dfrac{89.8}{241.3} = 0.372 \ < \ (\tan\varphi)_d = 0.6$$

$$N_{xd} = 241.3 \; kN \; < \; f_{yd} \cdot l_2 \cdot t \cdot cos^2\alpha$$

$$N_{xd} = 241.3 \; kN \; < \; 1200 \cdot 0.95 \cdot 0.15 \cdot 0.8784 = 150.2 \; kN \qquad\qquad (nicht \; i.O.)$$

$$f_{yd} = 0.5 \cdot f_{xd}$$

$$N_{xd} = 241.3 \; kN \; < \; f_{yd} \cdot l_2 \cdot t \cdot cos^2\alpha$$

$$N_{xd} = 241.3 \; kN \; < \; 2000 \cdot 0.95 \cdot 0.15 \cdot 0.8784 = 250 \; kN \qquad\qquad (\boldsymbol{i.O.})$$

Mit dem einfachen Nachweis wird die Tragsicherheit erfüllt. Allerdings ist in beiden Geschossen eine vollflächige Vermörtelung der Stoßfuge erforderlich.

Wand 5, Geschoss H2-H3:

$$(S1) \quad tan\alpha = \frac{51.4}{78.7} = 0.65 > 0.6 \qquad\qquad (nicht \; i.O.)$$

$$l_2 = l_w - 2 \cdot \frac{M_{zd2}}{N_{xd}} = 3 - 2 \cdot \frac{147.4}{78.7} = -0.75 \; m \qquad\qquad (\boldsymbol{nicht} \; i.O.)$$

In der Lagerfuge wird das Gleiten maßgebend. Die Normalkraft ist zu klein bzw. der Diagonalenwinkel senkrecht zur Lagerfuge zu groß.

Wand 5, Geschoss H3-H4:

$$(S1) \quad tan\alpha = \frac{89.8}{165.5} = 0.54 < 0.6 \qquad\qquad (i.O.)$$

$$l_2 = l_w - 2 \cdot \frac{M_{zd2}}{N_{xd}} = 3 - 2 \cdot \frac{247.3}{165.5} = 0.01 \; m \qquad\qquad (\boldsymbol{nicht} \; i.O.)$$

Die Normalkraft ist in der Wand 5 zu klein. Soll die Wand in Mauerwerk ausgeführt werden, ist sie an den Rändern vorzuspannen [13].

Erweiterter Nachweis der Tragsicherheit

Erweiterte Nachweise sind erforderlich für die Wand 1, Geschoss 3-4, für die Wand 2, Geschoss 3-4 und für die Wand 5, Geschosse 2-3 und 3-4. Dabei wird die Wand 5 vorgespannt, weil die Normalkraft im Geschoss 2-3 so klein ist, dass in der Lagerfuge Gleiten auftritt.

Deckenkurven

Da die zu untersuchenden Wände exzentrisch beansprucht sind, werden die Deckenkurven mit dem Plattenprogramm [2] bestimmt. Es werden direkt die Lösungen angegeben.

Biegewiderstand der Decke:

$$a_s(\varnothing\ 10,\ s = 20) = 393\ mm^2/m \qquad Z_R = 180.8\ kN \qquad 0.8 \cdot x = 0.0113\ m$$

$$d_x = 170\ mm \qquad\qquad m_{xRd} = 24.8\ kNm/m$$

$$d_y = 160\ mm \qquad\qquad m_{yRd} = 23.3\ kNm/m$$

Die gewählte Bewehrung ergibt oben und unten den gleich großen Biegewiderstand. Zu bestimmen sind auch der Auflagerdrehwinkel und das Einspannmoment der Wände 1, 2 und 5.

$$\vartheta_{1,cd} = 0.4 \cdot 10^{-3} \qquad\qquad m_{1,d,De} = 14.7\ kNm/m \qquad ungerissen$$

$$\vartheta_{1,d,P} = \gamma_R \cdot (1 + \varphi) \cdot \vartheta_{1,cd} = 1.2 \cdot 3.5 \cdot 0.4 \cdot 10^{-3} = 1.68 \cdot 10^{-3}$$

$$\vartheta_{2,cd} = 0.56 \cdot 10^{-3} \qquad\qquad m_{2,d,De} = 18.1\ kNm/m \qquad ungerissen$$

$$\vartheta_{2,d,P} = \gamma_R \cdot (1 + \varphi) \cdot \vartheta_{2,cd} = 1.2 \cdot 3.5 \cdot 0.56 \cdot 10^{-3} = 2.35 \cdot 10^{-3}$$

$$\vartheta_{5,cd} = 0.34 \cdot 10^{-3} \qquad\qquad m_{5,d,De} = 6.0\ kNm/m \qquad gerissen$$

$$\vartheta_{5,d,P} = \gamma_R \cdot \left(\frac{h}{d_x}\right)^3 \cdot \eta \cdot \vartheta_{5,cd} = 1.2 \cdot \left(\frac{200}{170}\right)^3 \cdot 7.4 \cdot 0.34 \cdot 10^{-3} = 4.9 \cdot 10^{-3}$$

Wand 1:

Mit dem Programm [28] wird für den Knoten 3 die Exzentrizität berechnet. Dazu werden die Laufmeterwerte der Wände und der Decke eingegeben. Die Normalkraft der Wand muss auf die reduzierte Kontaktlänge umgerechnet werden. Das Stabilitätskriterium ist schon für den einfachen Nachweis erfüllt worden.

$$l_{2,sup} = 2.4539\ m \qquad\qquad n_{xd,sup} = \frac{86.8}{2.4539} = 35.4\ kN/m$$

$$l_{1,inf} = 3.1586\ m \qquad\qquad n_{xd,inf} = \frac{159.5}{3.1586} = 50.5\ kN/m$$

$$m_{yw,inf} = 1.18\ kNm/m \qquad\qquad e_{z,inf} = 0.0234\ m$$

$$t_{red,inf} = t - 2 \cdot e_{z,inf} = 0.103 \ m$$

$$N_{xd} = 159.5 \ kN \ < \ f_{yd} \cdot l_2 \cdot t_{red} \cdot cos^2\alpha$$

$$N_{xd} = 159.5 \ kN \ < \ 1200 \cdot 1.826 \cdot 0.103 \cdot 0.938 = 212 \ kN \qquad \textbf{\textit{(i.O.)}}$$

Aufgrund des erweiterten Nachweises ist die Wand in der Lage auch ohne vollflächig vermörtelte Stoßfuge die Beanspruchungen aufzunehmen.

Wand 2:

Das Vorgehen für die Wand 1 kann unverändert auf die Wand 2 übertragen werden. Die Schnittkräfte werden ebenfalls ohne vollflächig vermörtelte Stoßfuge aufgenommen.

$$l_{2,sup} = 2.7387 \ m \qquad\qquad n_{xd,sup} = \frac{106.4}{2.7387} = 38.9 \ kN/m$$

$$l_{1,inf} = 3.3075 \ m \qquad\qquad n_{xd,inf} = \frac{193.8}{3.3075} = 58.6 \ kN/m$$

$$m_{yw,inf} = 1.57 \ kNm/m \qquad\qquad e_{z,inf} = 0.0268 \ m$$

$$t_{red,inf} = t - 2 \cdot e_{z,inf} = 0.0964 \ m$$

$$N_{xd} = 193.8 \ kN \ < \ f_{yd} \cdot l_2 \cdot t_{red} \cdot cos^2\alpha$$

$$N_{xd} = 193.8 \ kN \ < \ 1200 \cdot 2.211 \cdot 0.0964 \cdot 0.9574 = 245 \ kN \qquad \textbf{\textit{(i.O.)}}$$

Wand 5:

Die vorgespannte Wand 5 wird zuerst für die exzentrisch angreifende Normalkraft untersucht. Die Vorspannung ist als zusätzliche Normalkraft zu berücksichtigen. Die Stoßfugen sollten für eine bewehrte Wand und damit auch für eine vorgespannte Wand im allgemeinen vollflächig vermörtelt werden. Für die Vorspannung wird pro Seite eine 0.6"-Litze gewählt.

$$P_d = P_\infty = 160 \ kN \qquad\qquad f_{yd} = 0.5 \cdot f_{xd}$$

Zuerst werden die Schnittkräfte bestimmt, mit denen die Länge der überdrückten Fläche ermittelt wird. Dazu wird die totale Normalkraft oben und unten im Knoten 3 (Niveau H3 gemäß Bild 3.18) verwendet. Zur totalen Normalkraft gehört auch die gesamte Vorspannkraft.

$$N_{xd,sup,3} = 78.7 + 320 = 398.7 \ kN$$

$$V_d = 51.4 \ kN \qquad\qquad M_{zd2,sup} = 147.4 \ kNm$$

$$N_{xd,inf,3} = 165.5 + 320 = 485.5 \; kN$$

$$V_d = 89.8 \; kN \qquad\qquad M_{zd1,inf} = 147.4 \; kNm$$

$$l_{2,sup} = l_w - 2 \cdot \frac{M_{zd2,sup}}{N_{xd,sup}} = 2.2606 \; m \qquad l_{1,inf} = l_w - 2 \cdot \frac{M_{zd1,inf}}{N_{xd,inf}} = 2.3928 \; m$$

$$n_{xd,sup,3} = 176.4 \; kN/m \qquad\qquad n_{xd,inf,3} = 202.9 \; kN/m$$

Das gleiche Vorgehen wird auch für den Knoten 2 angewendet. Der Anschluss der Stahlbetondecke nach oben ist in Stahlbeton ausgeführt. Es wird deshalb für die Berechnung angenommen, dass die über der Wand angreifende Normalkraft aus dem Dach zentrisch wirkt.

$$N_{xd,inf,2} = 78.7 + 320 = 398.7 \; kN \qquad V_d = 51.4 \; kN$$

$$M_{zd1,inf} = 13.8 \; kNm \qquad\qquad l_{1,inf} = l_w - 2 \cdot \frac{M_{zd1,inf}}{N_{xd,inf}} = 2.9308 \; m$$

$$n_{xd,inf,2} = 136.0 \; kN/m$$

Zusammen mit der zur Wand 5 gehörenden Deckenkurve wird mit dem Rechenprogramm [28] die Exzentrizität in jedem Knoten in der unteren und der oberen Wand bestimmt.

Eingabe im Knoten 2 (Niveau H2):

Wand 2-3, Fall V2:	$n_{xd,inf,2} = 136.0 \; kN/m$	$h_{ef} = 1.3 \; m$
Decke:	$\vartheta_d = 4.9 \cdot 10^{-3}$	$m_{d,De} = 6.0 \; kNm/m$

Eingabe im Knoten 3 (Niveau H3):

Wand 3-4, Fall V3:	$n_{xd,inf,3} = 202.9 \; kN/m$	$h_{ef} = 2.6 \; m$
Wand 2-3, Fall V2:	$n_{xd,sup,3} = 176.4 \; kN/m$	$h_{ef} = 1.3 \; m$
Decke:	$\vartheta_d = 4.9 \cdot 10^{-3}$	$m_{d,De} = 6.0 \; kNm/m$

Resultate im Knoten 2 (Niveau H2):

$m_{yw,inf,2} = 3.0 \; kNm/m$	$t_{red,inf} = 0.106 \; m$	*maßgebend*

Resultate im Knoten 3 (Niveau H3):

$m_{yw,inf,3} = 1.48 \; kNm/m$	$t_{red,inf} = 0.135 \; m$	*maßgebend*
$m_{yw,sup,3} = 2.31 \; kNm/m$	$t_{red,sup} = 0.124 \; m$	*nicht maßgebend*

Mit den reduzierten Wandstärken sind mit der Vorspannung an einem Rand und dem Normalkraftanteil des gleichen Randes (Hälfte der Wandnormalkraft) die aufnehmbaren Querkräfte zu ermitteln (Bild 3.20). Die Berechnung wird iterativ durchgeführt. Zuerst wird der Winkel der Diagonalen gewählt und anschließend werden die weiteren Größen bestimmt.

Normalkraft und Querkraftzuwachs Knoten 2 (Niveau H2):

$$N_{xd,2,vorh} = 39.3 + 160 = 199.3 \; kN \qquad \Delta V_{d,2} = 51.4 kN$$

$$t_{red,2} = 0.1059 \; m \qquad \tan\alpha = 0.45 \qquad \Delta N_{xd,A} = 114.2 \; kN$$

$$l_A = 2 \cdot h_w \cdot \tan\alpha = 2.34 \; m \qquad \Delta l_A = l_w - l_A = 3.0 - 2.34 = 0.66 \; m$$

$$\Delta N_{xd,A} = 114.2 \; < \; f_{yd} \cdot \Delta l_A \cdot t_{red,2} \cdot (cos^2\varphi)_d = 2000 \cdot 0.66 \cdot 0.1059 \cdot 0.8316$$

$$\Delta N_{xd,A} = 114.2 \; kN \; < \; 116.2 \; kN$$

Die beiden Werte sind nahe beieinander. Eine genauere Berechnung ist nicht erforderlich.

Normalkraft und Querkraftzuwachs Knoten 3 (Niveau H3):

$$N_{xd,3,vorh} = 82.7 + 160 = 242.7 \; kN \qquad \Delta V_{d,3} = 38.4 kN \qquad t_{red,3} = 0.135 \; m$$

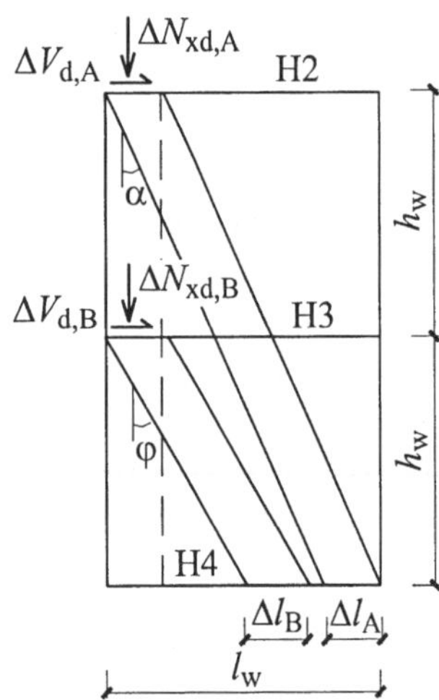

Bild 3.20
Resultierende in Wand

In diesem Geschoss wird der Grenzwinkel eingesetzt. Aus dem Bild 3.20 ist ersichtlich, dass damit keine geometrische Bedingung verletzt wird.

$$(\tan\varphi)_d = 0.6 \qquad \Delta N_{xd,B} = 64.0 \; kN$$

$$\Delta l_B = \Delta l_A = 0.66 \; m \; < \; l_A - h_w \cdot (\tan\varphi)_d = 2.34 - 1.56 = 0.78 \; m$$

$$\Delta N_{xd,B} = 64.0 \; < \; f_{yd} \cdot \Delta l_B \cdot t_{red,3} \cdot (cos^2\varphi)_d = 2000 \cdot 0.66 \cdot 0.135 \cdot 0.735 = 131.4 \; kN$$

Kontrollen:

Es genügt im vorliegenden Fall nicht, die Kontrolle nur mit der Vorspannung alleine durchzuführen, da die Summe der erforderlichen Teilnormalkräfte größer ist als die Vorspannung alleine. Es wird auch überprüft, ob die Spannungen unter der Spanngliedverankerung aufgenommen werden können.

$$\Delta N_{xd,A} + \Delta N_{xd,B} = 178.2 > P_d = 160$$

$$\Delta N_{xd,A} + \Delta N_{xd,B} = 114.2 + 64.0 = 178.2 \; < \; N_{xd,3,vorh} = 242.7$$

$$f_{xd} \cdot \Delta l_A \cdot t_{red,2} = 4000 \cdot 0.66 \cdot 0.1059 = 279.6 \; kN > N_{xd,2} = 199.3 \; kN \qquad (i.O.)$$

Die Gebrauchstauglichkeit wird nicht untersucht, wobei davon ausgegangen werden kann, dass mindestens die oberen Geschosse rechnerisch zu große Risse aufweisen.

Die durchgeführte Untersuchung zeigt, dass für den konventionellen Wohnungsbau viel Aufwand erforderlich ist, wenn die Tragsicherheit von Mauerwerkswänden erfüllt werden soll. Dabei ist auch fraglich, ob das zusätzliche Honorar durch das verwendete Material wettgemacht wird. Vorläufig sind Ingenieure, die fähig sind, das Mauerwerk korrekt zu bemessen, ohnehin im Nachteil. Solange das Schadenspotential mangelhafter Planung nicht ins Bewusstsein der Bauherren eingedrungen ist, werden weiterhin unkorrekt überlieferte und veraltete Rezepte auf den Baustellen anzutreffen sein.

3.5.3 Freistehende Giebelwand

Ein Problem, das immer wieder diskutiert wird, ist die freistehende Giebelwand. Diese ist erst nach der Aussteifung der Dachebene am oberen Rand gestützt. Kritisch ist somit der Bauzustand. Dieser dauert nur eine begrenzte Zeit. Daher wird oft versucht, mit reduzierten Bemessungswerten für die Windeinwirkung zu rechnen. In der Schweiz sind saisonal bedingte, länger dauernde Schwachwindperioden äußerst selten. Wenn für den kritischen Bauzustand die Windeinwirkung reduziert wird, ist das Schadenrisiko sehr hoch. Entsprechend sollte mindestens der Einbau einer provisorischen Abstützung (Zug und Druck) für ungünstige Windvorhersagen eingeplant werden. Wenn keine Personen zu Schaden kommen, kann der Bauherr das Risiko übernehmen. Auch freistehende Wände der Zwischengeschosse sind vor dem Einbau des Lehrgerüstes der Decken ebenfalls gefährdet. Allerdings sind in vielen Fällen Zwischenwände vorhanden, die für eine Reduktion der Beanspruchungen sorgen. Bei durchgehend freistehenden Wänden, die weder Zwischenabstützungen aufweisen, noch durch andere Wände vor dem Windangriff abgeschirmt sind, gelten grundsätzlich die gleichen Überlegungen wie bei der Giebelwand. Je nach Wand- und Putzsystem werden Wandrisse auf die Putzoberfläche übertragen.

Beispiel 3.11

Untersucht werden die Giebelwände der beiden Gebäude von Bild 3.21. Für den gewählten Standort resultiert infolge Föhn ein bedeutender Ausgangsstaudruck. Der Höhenbeiwert wird der mittleren Kurve freies Feld bzw. kleinere Ortschaften aus [3] entnommen. Für den Kraft- bzw. Druckbeiwert auf die Giebelwand können verschiedene Quellen beigezogen werden, wobei überall ungefähr die gleichen Daten [34] zu finden sind. Der Wind wird im Nachweis als Leiteinwirkung betrachtet.

$$q_r = 1.4 \ kN/m^2 \qquad C_h = 1.0 \qquad C_q = 1.2 \qquad C_{red} = C_{dyn} = 1.0$$

$$\gamma_Q = 1.5 \qquad\qquad q_{d,w} = 1.5 \cdot 1.2 \cdot 1.0 \cdot 1.4 = 2.52 \ kN/m^2$$

Die maßgebenden Bemessungsmomente sind für die freistehenden Giebelwände 1 und 2 (Bild 3.22) in der Tabelle 3.17 zusammengefasst. Unterschieden werden die freistehenden Giebelwände mit und ohne Zwischenabstützung. Diese erfüllt ihren Zweck nur, wenn sie Druck- und Zugkräfte aufnimmt. Die Bedeutung der Indizes A, B und C der Tabelle 3.17 ist im Bild 3.22 ersichtlich.

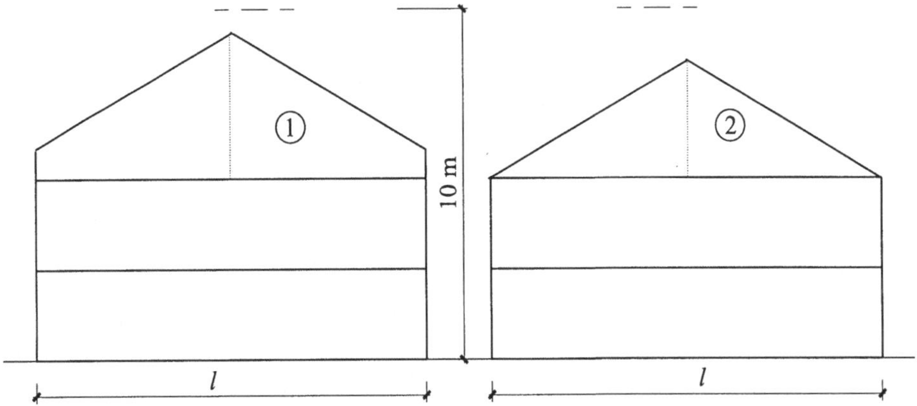

Bild 3.21 *Freistehende Giebelwände*

Tabelle 3.17 *Bemessungsmomente in kNm/m*

Giebelwand	m_{dA}	m_{dB}	m_{dC}	$m_{d,max}$
1, $h_w = 4.5m$	14.7	5.0	5.6	**2.8**
2, $h_w = 3.5m$	8.9	3.0	2.4	**1.7**

Für den Endzustand ist die Giebelwand an allen Rändern gestützt. Zusätzlich ist die Dachfläche geschlossen. Dadurch ändern sich auch die Druckbeiwerte und die Beanspruchungen nehmen ab ($m_{d,max}$ in Tabelle 3.17). Die Aussen- und Innendruckbeiwerte für die Form h:b:l = 1:3:1 (Bild 3.23) werden den Tabellen in [3] entnommen. Da die Dachflächen geschlossen sind, wird mit einem neutralen Innendruck gerechnet. Je nach Situation im Innenausbau (Türen, Öffnungen, usw.) sind auch günstigere oder ungünstigere Kombinationen denkbar (Tabelle 3.18). Der interpolierte Wert von 0.80 entspricht dem von Cook [34] publizierten Wert für Giebelwände. Mit diesem Wert entstehen für den Endzustand erheblich kleinere Biegemomente in der Giebelwand. Das zeigt die letzte Kolonne der Tabelle 3.17.

$$q_{d,w} = 1.5 \cdot 0.8 \cdot 1.0 \cdot 1.4 = 1.68 \ kN/m^2$$

Nachweise

Untersucht werden die auf dem Schweizer Markt angebotenen Systeme [11, 12] für eine 15er-Wand mit vollflächig vermörtelter Stoßfuge.

$$f_{xd} = 4 \ N/mm^2 \qquad f_{yd} = 2 \ N/mm^2$$

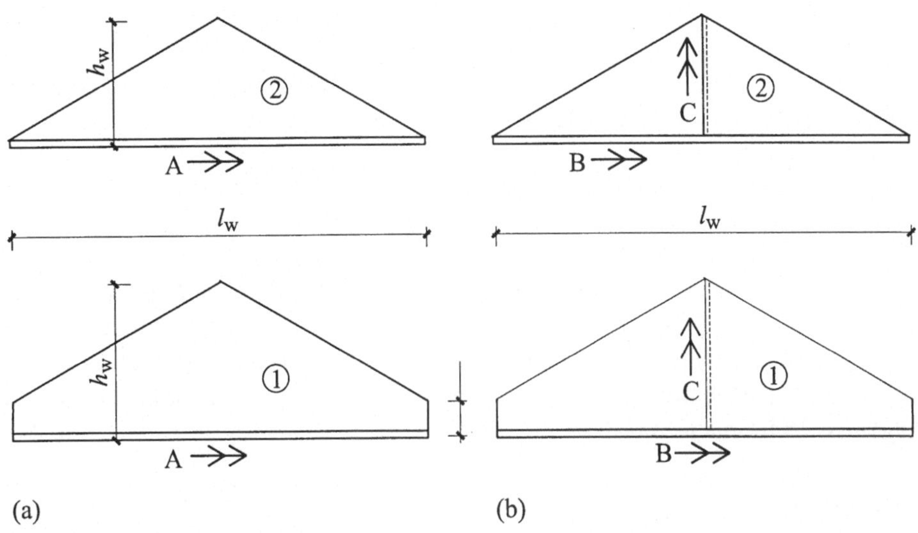

Bild 3.22 *Lagerung der Giebelwände*

Tabelle 3.18 *Winddruckbeiwerte*

Tabelle aus [3]	42	42	42	43	43	43	interp.
Richtung	C_{qe}	C_{qi}	C_q	C_{qe}	C_{qi}	C_q	C_{qm}
0°	−0.3	+0.1	−0.4	−1.1	+0.1	−1.2	−0.60
90°	+0.65	−0.1	+0.75	+0.85	−0.1	+0.95	+0.80

System [12]:

$$\varnothing\,12, \ s = 30 \ cm \qquad A_s = 376.7 \ mm^2/m \qquad d_d = 103 \ mm$$

$$Z_{sd} = 144.4 \ kN/m \qquad c = 0.036 \ m \qquad z = 0.085 \ m$$

$$m_{Rd} = 12.3 \ kNm/m \qquad m_{ser,adm} = 5.5 \ kNm/m$$

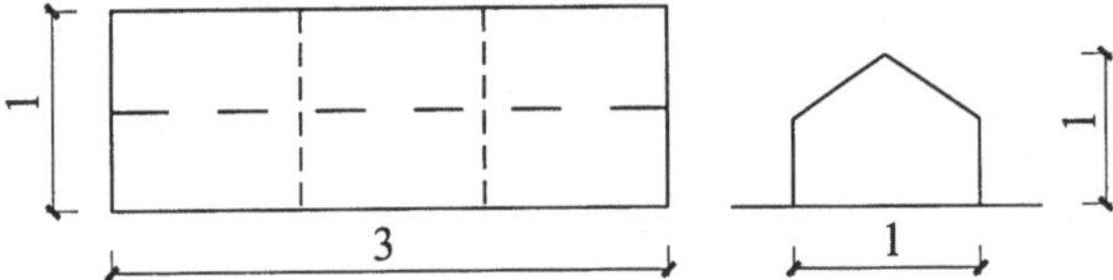

Bild 3.23 *Tabellenverhältnisse*

System [11]:

$\varnothing\,5,\ s = 15\ cm$	$A_s = 19.6\ mm^2/m$	$d_d = 100\ mm$
$Z_{sd} = 50.2\ kN/m$	$c = 0.0126\ m$	$z = 0.0937\ m$
$m_{Rd} = 4.7\ kNm/m$	$m_{ser,adm} \approx 2.0\ kNm/m$	

*Ein Vergleich mit den Beanspruchungen der Tabelle 3.17 zeigt, dass die freistehende Gie-
belwand ohne Zwischenabstützung mit dem System [12] tragsicher ist, während mit dem
System [11] nur die abgestützte Wand den Bemessungswind aufnehmen kann. Beim System
[12] ist darauf zu achten, dass die Längsbewehrung an den Enden im Stahlbeton (Decke
bzw. Ringbalken) wirksam verankert ist.*

3.5.4 Verstärkungen

Verstärkungen von Mauerwerksbauten sind für unzählige Reihen-Einfamilienhäuser aktu-
ell. Die wenigsten Hausbesitzer wissen allerdings, dass sie in einem Gebäude mit ungenügender Tragsicherheit wohnen. Wenn sie es erfahren, ist auch nicht anzunehmen, dass sie
etwas unternehmen werden, da in sehr vielen Fällen massive Eingriffe am Tragwerk erforderlich sind. Gewöhnlich ist nur eine Gebäuderichtung betroffen. Die gefährlichste
Leiteinwirkung, die zu einem Einsturz führen kann, ist im allgemeinen das Erdbeben. Da
das Bemessungsbeben eine mittlere jährliche Auftretenswahrscheinlichkeit von $2.5 \cdot 10^{-9}$
(statistische Wiederkehrperiode von 400 Jahren) hat, ist die Gefahr für den Laien nicht
erkennbar. Die Intensitäten für die Zonen der Schweiz lassen sich nach der MSK-Skala
einordnen. In den Klammern ist der rechnerische Wert der Intensität nach [27] vermerkt.

Zone 1: $I_{MSK} = VI - VII$ (6.5)

Zone 2: $I_{MSK} = VII^+$ (7.2)

Zone 3a: $I_{MSK} = VIII^-$ (7.7)

Zone 3b: $I_{MSK} = VIII^+$ (8.1)

Besonders gefährdet sind Mauerwerksbauten mit Geschossdecken aus Holz. Diese Holzdecken bewirken zwar nicht besonders hohe Erdbebenlasten. Sie erzeugen jedoch auch
keine genügenden Normalkräfte für die Mauerwerkswände. Bei den oft kurzen Wänden
einer Gebäuderichtung hat das zur Folge, dass die resultierenden, diagonalen Kräfte die
Wand verlassen. Damit wird in der betroffenen Tragwand ein ungenügender Schubwiderstand aufgebaut. Wenn die Normalkraft zu klein ist, genügt eventuell auch eine schlaffe

Bewehrung nicht, die erforderlichen Widerstände aufzubauen. In diesem Fall lässt sich die Situation des Mauerwerks nur mit einer Vorspannung oder mit diagonal aufgebrachten Lamellen bereinigen.

Beispiel 3.12

Untersucht wird der Fall eines Reihen-Einfamilienhauses mit einem Kellergeschoss in Stahlbeton und drei darüberliegenden Mauerwerksgeschossen (Bild 3.24). Das Eckhaus weist über Terrain drei Seiten mit durch Öffnungsreihen unterbrochenen Wänden auf. Diese Ausführungsart ist typisch. Maßgebend sind die kurzen Tragwände im Treppenbereich. Diese Wände gehen als einzige tragende Innenwände in der kurzen Gebäuderichtung durch alle Geschosse hindurch (Bild 3.24). Von den Aussenwänden kann kein allzu großer Beitrag erwartet werden, da die Wände sehr kurz sind. Die beiden abgewinkelten Wände im Eingangsbereich, die gesamthaft immerhin noch 1.5 m messen, gehen auch nur mit der halben Wandlänge in die Berechnung ein, da die Schubkräfte nicht durch den abgewinkelten Grundriss hindurch übertragen werden können. Das Kellergeschoss muss nicht untersucht werden, da die Stahlbetonwand genügend bewehrt und in der Decke verankert ist.

Mauerwerkswände:

$$f_{xd} = 4 \ N/mm^2 \qquad f_{yd} = 0.5 \cdot f_{xd} = 2 \ N/mm^2 \qquad E_{xd} = 2.3 \ kN/mm^2$$

$$l_w = 2.5 \ m \qquad t = 0.15 \ m \qquad h_w = 2.6 \ m$$

Daten der Decke:

$$h_{De} = 0.20 \ m \qquad f_c = 16 \ N/mm^2 \qquad E_c = 35 \ kN/mm^2$$

Einwirkungen für Decken und Wände:

$$g_m = 5 kN/m^2 \qquad q_{rA} = 1 \ kN/m^2 \qquad q_{rN} = 2 \ kN/m^2$$

$$\Delta G_{De} = 7 \cdot 12 \cdot (5 + 1 + 0.3 \cdot 2) = 554.4 \ kN$$

$$l_{w,tot} = 34.8 \ m \qquad g_w = 2.7 \ kN/m^2$$

$$\Delta G_w = 34.8 \cdot 2.4 \cdot 2.7 = 225.5 \ kN$$

Die Erdbebeneinwirkung wird gemäß [3] für die Zone 1 bestimmt. Der Einbindungshorizont liegt für das Ersatzkraftverfahren im Kellerboden.

$$Q_{ve} = 4 \cdot 225.5 + 4 \cdot 554.4 = 3119.6 \ kN$$

$$f_1 = 13 \cdot \frac{\sqrt{l}}{4 \cdot h_w} = 13 \cdot \frac{\sqrt{7}}{10.4} = 3.3 \ Hz \qquad C_k = \frac{1}{K} \cdot C_d = \frac{0.65}{1.2} = 0.542$$

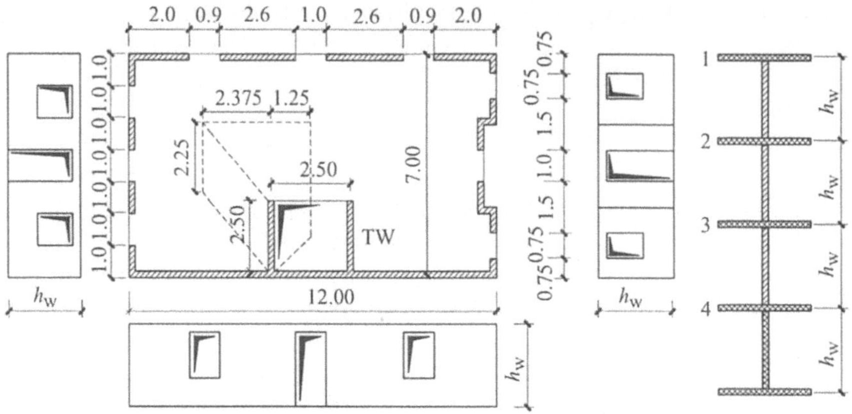

Bild 3.24 *Tragwände eines Wohnhauses*

$$\frac{a_h}{g} = 0.12 \qquad Q_{acc} = \frac{a_h}{g} \cdot C_k \cdot Q_{ve} = 0.065 \cdot 3119.6 = 202.8\ kN$$

Die Aufteilung auf die mehr oder weniger symmetrisch angeordneten Tragwände der kurzen Gebäuderichtung erfolgt aufgrund der Biegesteifigkeiten. Elastizitätsmodul und Wandstärken sind alle gleich.

$$\sum k \cdot l^3 = k \cdot (4 \cdot 1 + 2 \cdot 0.512 + 4 \cdot 0.422 + 2 \cdot 15.625) = 37.962 \cdot k$$

Damit kann der Lastanteil pro Treppenwand aus dem Erdbeben bestimmt werden. Die Verteilung (Tabelle 3.19) des Lastanteils auf eine Treppenwand über die Höhe erfolgt nach dem Ersatzkraftverfahren [3].

$$\Delta Q_{acc} = \frac{15.625}{37.962} \cdot Q_{acc} \approx 0.412 \cdot Q_{acc} = 83.5\ kN$$

Der Normalkraftanteil der Decke auf eine Treppenwand wird mit der Lasteinzugsfläche (Bild 3.24) bestimmt. Je nach konstruktiver Ausführung der Decken- und Treppenauflager kann der Wert auch größer oder kleiner sein.

$$A = 13.625\ m^2$$

$$\Delta N_{De} = 13.625 \cdot 6.6 \approx 90\ kN \qquad \Delta N_w = 2.4 \cdot 2.5 \cdot 2.7 \approx 16\ kN$$

Einfacher Nachweis für das Geschoss 1-2:

$$l_2 = l_w - 2 \cdot e_{y2} = -0.37\ m \qquad tan\alpha = \frac{V_d}{N_{xd}} = \frac{75.1}{302} = 0.249\ <\ 0.6$$

Tabelle 3.19 *Schnittkräfte und Exzentrizitäten*

	h_i (m)	$h_i/\Sigma h_i$	$Q_{acc,i}$ (kN)	V_d (kN)	M_d (kNm)	N_{xd} (kN)	e_{y1} (m)	e_{y2} (m)
Höhe 4	10.4	0.4	33.4		0			
				33.4		90	0	0.96
Höhe 3	7.8	0.3	25.0		86.8			
				58.4		196	0.44	1.22
Höhe 2	5.2	0.2	16.7		238.7			
				75.1		302	0.79	1.44
Höhe 1	2.6	0.1	8.4		433.9			
				83.5		408		
Kontrollen	26.0	1.0	83.5					

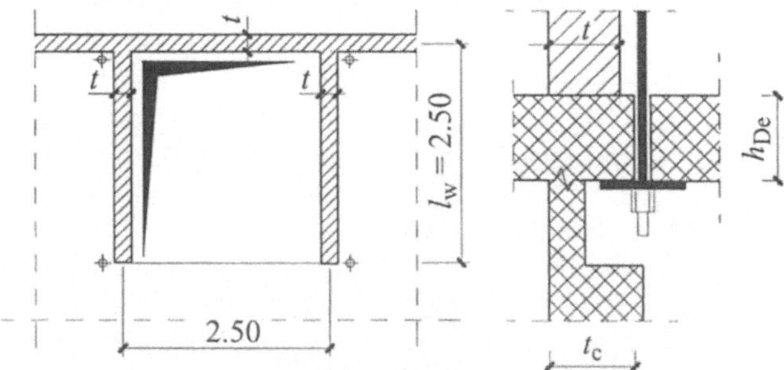

Bild 3.25 *Verstärkungsdetail*

Da die Normalkraft den Querschnitt verlässt, kann kein erweiterter Nachweis geführt werden. Die Wand wird mit einer vertikalen Vorspannung an den Rändern verstärkt (Bilder 3.25 und 3.26). Nach der ENV 6 [35] muss dieses Gebäude nicht einmal gerechnet werden. Sollte je ein Bemessungsbeben auftreten, entstehen sehr große Schäden. Die Verstärkung wird mit einem vorgespannten, nichtrostenden Bewehrungsstahl ausgeführt. Die Normalkraft wird anteilmäßig auf den vorgespannten Streifen berücksichtigt. Die konstruktive Ausbildung der Vorspannung hängt von den Randbedingungen ab. Eventuell müssen in den Tragwänden auf der Korridorseite Schlitze gefräst werden, in die Hüllrohre für die Spannglieder eingelegt werden. Günstig wirkt sich auf den Kräfteverlauf eine Trennung der vorgespannten Wände von der Rückwand aus.

$$f_{pd} = 696 \ N/mm^2 \qquad \sigma_{p0} = 620 \ N/mm^2 \qquad \sigma_{p\infty} \approx 500 \ N/mm^2$$

$$\Delta n_{xd,De} = 36 \ kN/m \qquad \Delta n_{xd,w} = 6.4 \ kN/m \qquad \Delta l_p = 1.0 \ m$$

$$P_0 = \sigma_{p0} \cdot A_p \qquad P_\infty = \sigma_{p\infty} \cdot A_p \qquad P_{Rd} = f_{pd} \cdot A_p$$

Die Annahme für die Breite des vorgespannten Streifens wird am Schluss überprüft. Die Berechnung wird iterativ durchgeführt. Der mögliche Spannungsverlauf ist im Bild 3.26 dargestellt.

Wand TW, Spannungsfeld 1–4:

$$c_{14} = 0.52\ m \qquad \tan\alpha_{14} = \frac{2.0 - 0.26}{7.8} = 0.223 \ < \ 0.6$$

$$\Delta N_{xd,erf} = \Delta P_\infty + \Delta n_{xd} \cdot \Delta l_p = \Delta P_\infty + 36 \cdot 1.0 = \frac{\Delta V_d}{\tan\alpha_{14}} = \frac{33.4}{0.223} = 149.7\ kN$$

$$\Delta P_\infty = 149.7 - 36 = 113.7\ kN$$

$$\Delta N_{Rd} = 2000 \cdot 0.52 \cdot 0.15 \cdot 0.953 = 148.6\ kN \approx \Delta N_{xd,erf}$$

Der Widerstand für die gewählte Druckzone genügt ungefähr. Eine genauere Berechnung ist nicht erforderlich.

Wand TW, Spannungsfeld 2-4:

$$c_{24} = 0.4\ m \qquad \tan\alpha_{24} = \frac{1.48 - 0.2}{5.2} = 0.246 \ < \ 0.6$$

$$\Delta N_{xd,erf} = \Delta P_\infty + \Delta n_{xd} \cdot \Delta l_p = \Delta P_\infty + 42.4 \cdot 1.0 = \frac{\Delta V_d}{\tan\alpha_{24}} = \frac{25.0}{0.246} = 101.6\ kN$$

$$\Delta P_\infty = 101.6 - 42.4 = 59.2\ kN$$

$$\Delta N_{Rd} = 2000 \cdot 0.4 \cdot 0.15 \cdot 0.943 = 113.1\ kN > \Delta N_{xd,erf} = 101.6\ kN$$

Der Widerstand ist auch hier in Ordnung und wird nicht weiter optimiert.

Wand TW, Spannungsfeld 3-4:

$$c_{34} = 0.20\ m \qquad \tan\alpha_{34} = \frac{1.08 - 0.1}{2.6} = 0.377 \ < \ 0.6$$

$$\Delta N_{xd,erf} = \Delta P_\infty + 42.4 \cdot 1.0 = \frac{\Delta V_d}{\tan\alpha_{34}} = \frac{16.7}{0.377} = 44.3\ kN$$

$$\Delta P_\infty = 44.3 - 42.4 = 1.9\ kN$$

$$\Delta N_{Rd} = 2000 \cdot 0.20 \cdot 0.15 \cdot 0.876 = 52.5\ kN > \Delta N_{xd,erf}$$

Mit den Teilkräften wird die totale Vorspannung und die erforderliche Fläche berechnet.

$$P_\infty = \sum \Delta P_\infty = 113.7 + 59.2 + 1.9 = 174.8\ kN$$

$$P_\infty = 174800\ N = \sigma_{p\infty} \cdot A_p = 500N/mm^2 \cdot A_p$$

$$A_{p,erf} = 349.6\ mm^2 \qquad A_p(1\ \varnothing\ 22) = 380\ mm^2$$

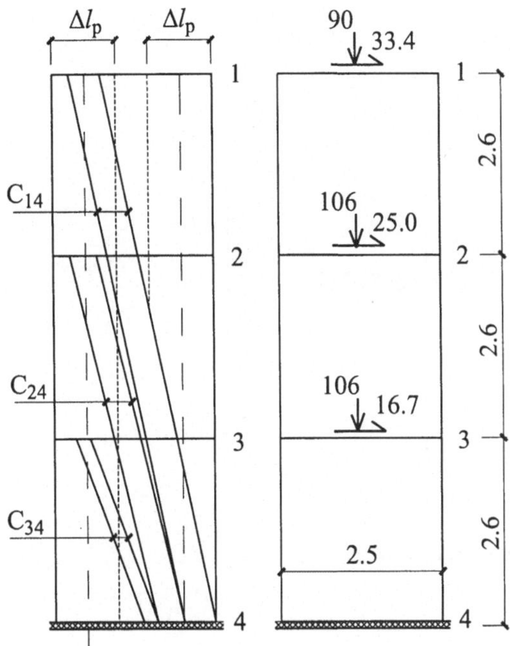

Bild 3.26 *Resultierende Diagonalkräfte*

Die Überlagerung der Spannungen gemäß Bild 3.26 ist zu überprüfen.

Kontrolle:

$$(f_{xd} - f_{yd}) \cdot \Delta l_p \cdot t = 2000 \cdot 1.0 \cdot 0.15 = 300\ kN > 149.7 + 101.6 + 44.3 = 295.6\ kN$$

Die vorgeschlagene Verstärkung kann aufgrund der Berechnungen ausgeführt werden. Bei den Verankerungen ist zu kontrollieren, ob die Stahlbetondecken genügen, um die Kräfte zu übertragen. Falls Stahlbetondecken fehlen sind entsprechende Ringbalken einzubauen. Zudem muss auch sichergestellt sein, dass keine Installationen (elektrisch, Wasser, usw.) beeinträchtigt werden.

Bemerkung

Wenn in Reihen-Einfamilienhäusern (Bild 3.24) in einer Richtung nur kurze Tragwände vorhanden sind, sollten sie in Stahlbeton ausgeführt werden. Dabei ist das unterschiedliche Materialverhalten zu berücksichtigen. Eine sinnvolle Möglichkeit ist im Bild 3.27 dargestellt. Damit die beiden Materialien genügend getrennt sind, wird im Treppenaufgang am Übergang zur Mauerwerksrückwand ein Leitungsschlitz von ungefähr der zweifachen

Deckenstärke eingebaut. Dieser Schlitz bietet die Möglichkeit, verschiedene Leitungen hochzuführen. Mit dem Schlitz wird das unterschiedliche Verformungsverhalten von Beton und Mauerwerk genügend berücksichtigt. Zu beachten ist auch, dass der Verformungsbeiwert für das Mauerwerk [3, 7], mit dem die Duktilitätseigenschaften erfasst werden, auch für den Stahlbeton verwendet wird, da die reduzierte Duktilität des Mauerwerks maßgebend ist.

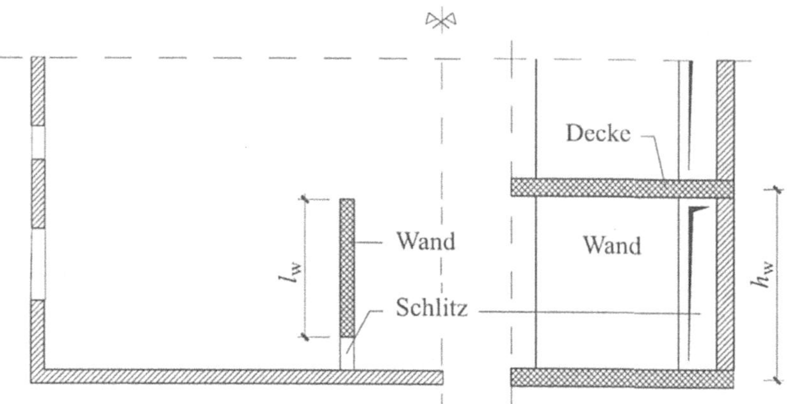

Bild 3.27 Kombination von Stahlbeton- und Mauerwerkswänden

Beispiel 3.13

Zwei bestehende 6-geschossige Gebäude aus den 30er-Jahren werden zu einem Geschäftshaus zusammengefasst (Bild 3.28). Diese Umnutzung bedingt erhebliche Eingriffe in die bestehende Tragstruktur. Nur wenige Tragelemente bleiben erhalten. Vom Abbruch betroffen sind alle tragenden Innenwände. Die hofseitige Fassade wird vollständig entfernt und durch eine Leichtbaukonstruktion ersetzt. Die strassenseitige Fassade bleibt erhalten, doch wird im mittleren Fassadenbereich eine große Fensteröffnung herausgebrochen. Im Erdgeschoss werden alle tragenden Aussenwände entfernt und die Fassadenstützen im Schaufensterbereich neu angeordnet (Bild 3.29). Die alten Holzbalkendecken werden hofseitig durch neue Betondecken ersetzt. Die Brandmauern zu den Nachbargebäuden bleiben bestehen. Die horizontal auf das Gebäude wirkenden Erdbebenkräfte müssen über die als steife Scheiben wirkenden Geschossdecken auf die einzelnen Tragwände verteilt werden. Zur Ableitung der Erdbebenkräfte in die Fundamente stehen in Gebäudequerrichtung die zwei neuen Tragwände im Treppenhaus, die aus baupolizeilichen Gründen zu erhaltende mittlere Brandmauer beim Lift sowie die bestehenden zweischaligen Brandmauern zu den Nachbargebäuden zur Verfügung (Bilder 3.29 und 3.30). In Gebäudelängsrichtung werden die Erdbebenkräfte über zwei in Gebäudemitte angeordnete Längstragwände abgeleitet. Eine dieser Tragwände wird im Erdgeschoss durch Stützen unterbrochen und durch eine exzentrisch angeordnete Tragwand in der Fassade ersetzt.

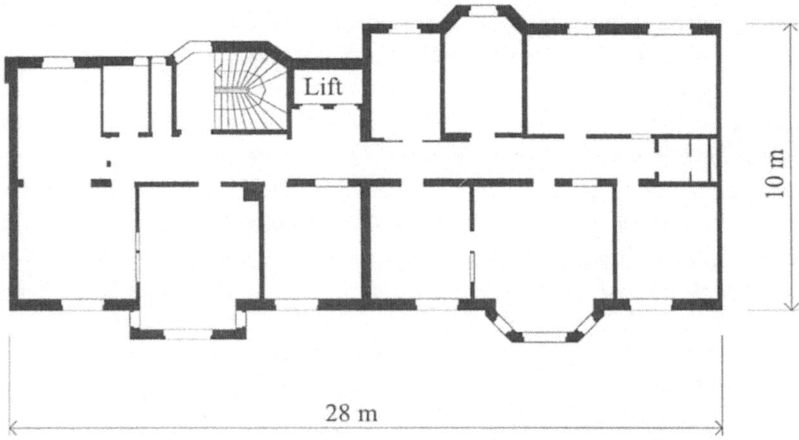

Bild 3.28 *Bestehende Tragstruktur vor dem Umbau im 2. Obergeschoss*

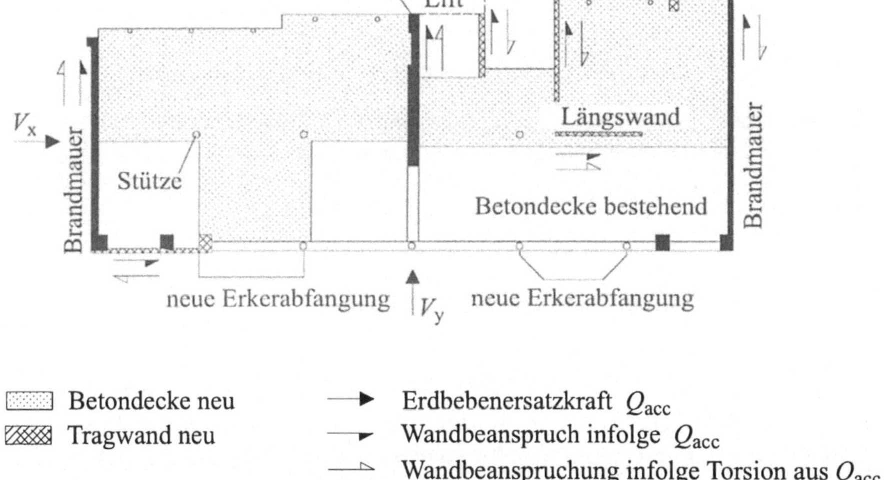

Bild 3.29 *Tragstruktur nach dem Umbau im Erdgeschoss*

*Die Steifigkeit der bestehenden Holzbalkendecken ist nicht ausreichend, um allfällige Erd-
bebenkräfte auf die Tragwände zu verteilen. Daher werden hofseitig neue Geschossdecken
betoniert, welche die Horizontalkräfte in die Tragwände einleiten. Die Beanspruchungen
der wenigen Tragwände sind bei einem Erdbeben sehr hoch, was die Verstärkung der alten
Mauerwerkstragwand im Liftbereich erfordert.*

*Die Verstärkung erfolgt mittels CFK-Lamellen. Die Lamellen werden kreuzweise auf der 6-
geschossigen Mauerwerkstragwand angeordnet (Bild 3.31). Vor dem Aufbringen der Lamellen ist vorstehender Lager- und Stoßfugenmörtel zu entfernen, damit die CFK-Lamellen
nicht durch den scharfkantigen Fugenmörtel beschädigt werden. Größere Unebenheiten im*

70-jährigen Mauerwerk werden mittels Epoxidharzmörtel ausgeglichen. Im Bereich gerin-ger Unebenheiten genügt es, diese direkt mit dem Epoxidharzklebstoff zu überbrücken. Dies erfolgt durch Anpressen der CFK-Lamellen auf das Mauerwerk. Die CFK-Lamellen wer-den an ihrem oberen und unteren Ende in den Betondecken verankert. Durch die Veranke-rung der Lamellenenden im Beton können konzentrierte Krafteinleitungen im Mauerwerk vermieden werden. Im Bereich der Verankerungen der Lamellenenden werden Vertiefun-gen in den Beton gespitzt oder Kernbohrungen ausgeführt. Die Lamellenenden werden mit mit einer Haftbrücke versehen und in die vorbereiteten Stellen hineingeführt. Die Hohl-räume werden mit Epoxid-Vergussmörtel ausgegossen. Mit diesem neuen Verankerungs-verfahren ist es möglich, die volle CFK-Lamellenzugkraft auf kürzester Strecke im Beton zu verankern (Bild 3.32).

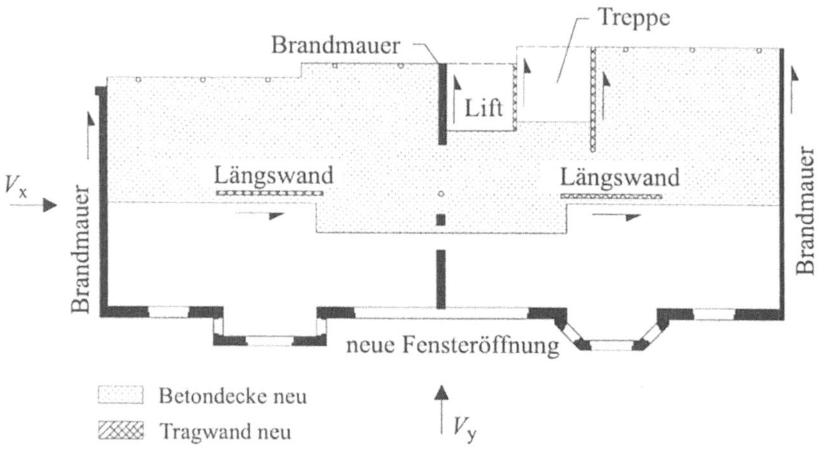

Bild 3.30 *Tragstruktur nach dem Umbau in den Obergeschossen*

Damit der Arbeitsaufwand möglichst klein ist, wird die Tragwand nur einseitig verstärkt. Großversuche von Schwegler [22] zeigen, dass die daraus resultierenden Exzentrizitäten keinen nennenswerten Einfluss auf den Tragwiderstand der Tragwand haben und somit vernachlässigbar sind. Eine wirkungsvolle Endverankerung der CFK-Lamellen in den Geschossdecken oder anderen Betonteilen ist von größter Bedeutung.

Durch die gewählte Verstärkung ist der Erdbebenwiderstand der mittleren Brandmauer um das Mehrfache gesteigert worden. Alternative Verstärkungsmethoden sind das Aufbringen von Spritzbeton oder aber der Ersatz der bestehenden Brandmauer durch eine Tragwand aus Beton. Im vorliegenden Fall musste die Brandmauer aus baupolizeilichen Gründen erhalten werden. Ausgeführt in Spritzbeton ist sie mindestens 70 cm stark. Daher ist die CFK-Verstärkung als wirtschaftliche Lösung gewählt und ausgeführt worden. Die Methode ist handlich und auch flexibel. Dadurch ist das System wirtschaftlich im Vergleich mit andern Verstärkungsmethoden.

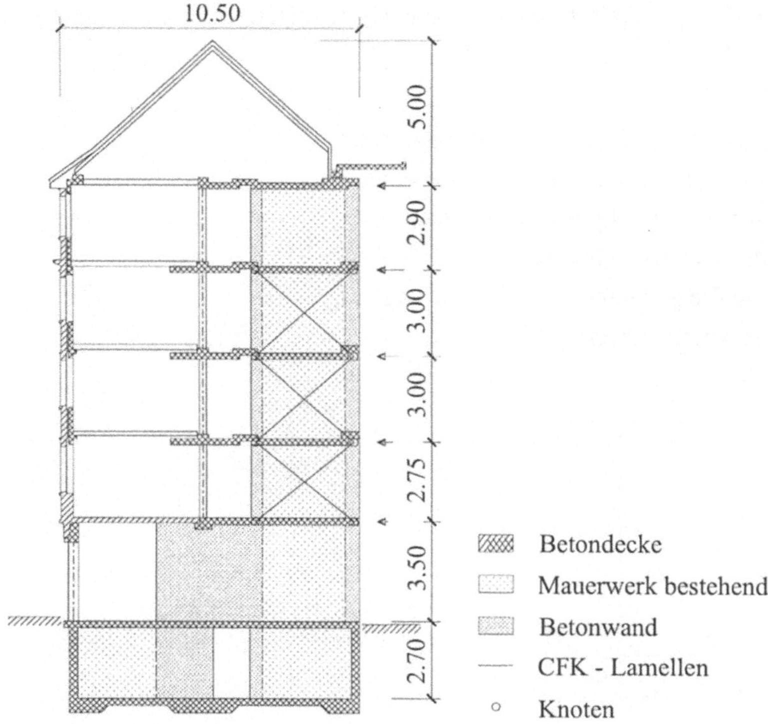

3ild 3.31 *Anordnung der CFK-Lamellen [40]*

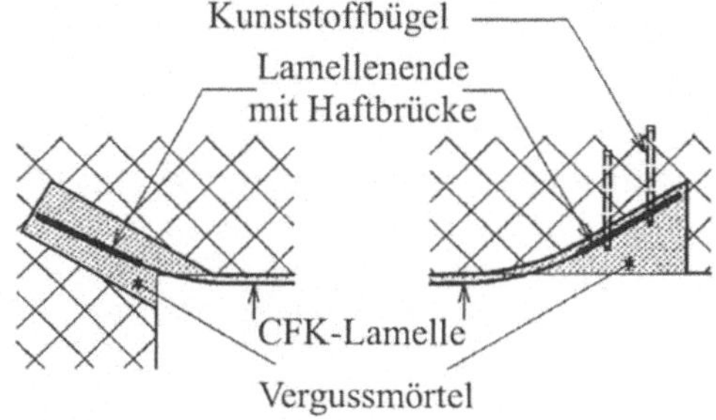

Bild 3.32 *Verankerung der CFK-Lamellen*

3.5.5 Normenvergleich

Im Zusammenhang mit den kurzen Tragwänden interessiert auch, welche Horizontalkräfte nach anderen Vorschriften aufgenommen werden. Nach [31] ist gar nicht untersucht worden, ob eine Kraft innerhalb der Wand angreift. Diese Problematik ist wenigstens in der aktuellen europäischen Vornorm [30] erfasst, indem nur der unter den horizontalen und vertikalen Einwirkungen gedrückte Wandbereich für den Schubwiderstand berücksichtigt werden darf (Bild 3.33). Die dreieckförmige Spannungsverteilung gibt etwas geringere Widerstände als die rechteckförmige.

Schubspannung nach [31]:

$$\sigma_{t,adm} = \tau_{adm} = \mu_1 \cdot \sigma_{n,lang} \text{ (von 0 bis 0.6 N/mm}^2\text{) bzw.}$$
$$= \tau_0 + \mu_2 \cdot \sigma_{n,lang} \text{ (von 0.6 N/mm}^2 \text{ bis } \sigma_{n,lang,max}\text{)}$$

$\sigma_{n,lang}$ Normalspannung infolge ständiger Last

τ_{adm} mittlere, zulässige Schubspannung

$\sigma_{t,adm}$ zulässige Biegespannung parallel zur Lagerfuge

$\mu_1; \mu_2$ Reibungskoeffizienten

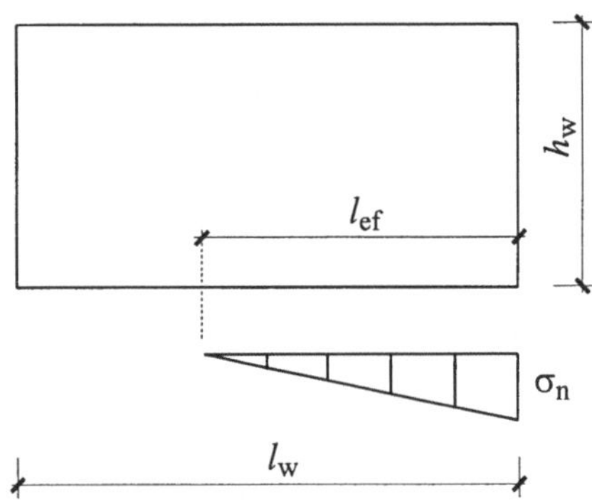

Bild 3.33 Rechnerische Druckzone

Beispiel 3.14

Untersucht wird aus dem Beispiel 3.11 die Wand 5/H3-4 (Tabelle 3.16). Die Schnittkräfte werden kurz repetiert, wobei zu beachten ist, dass diese als Bemessungsgrößen gegeben sind (Bild 3.34). Die Bemessungsnormalkraft entspricht gerade der vorhandenen Normalkraft.

$$N_x = 165.5 \, kN \qquad\qquad V_d = 89.8 \, kN$$

$$M_{zd1} = 147.4 \, kNm \qquad\qquad M_{zd2} = 247.3 \, kNm$$

$$l_w = 3.0 \, m \qquad\qquad t = 0.15 \, m$$

$$\mu_1 = 0.25 \qquad\qquad \tau_0 = 0.04 \, N/mm^2 \qquad \mu_2 = 0.18$$

$$\sigma_{n,lang} = \frac{N_x}{A_x} = \frac{0.1655}{3.0 \cdot 0.15} = 0.37 \, N/mm^2 \; < \; 0.6 \, N/mm^2$$

$$\tau_{adm} = \mu_1 \cdot \sigma_{n,lang} = 0.25 \cdot 0.37 = 0.0925 \, N/mm^2$$

$$V_{adm} = \tau_{adm} \cdot A_x = 0.0925 \cdot 3 \cdot 0.15 = 0.0416 = 41.6 \, kN$$

Dieser Wert darf nach [31] mit den Faktoren 1.5 (Lastfaktor) und 1.2 (Erhöhung für Zusatzlast Erdbeben) multipliziert werden, wenn das Resultat mit [7] verglichen wird.

$$V_{Rd} = 1.5 \cdot 1.2 \cdot V_{adm} = 74.9\,kN \qquad V_d = 89.8\,kN$$

Der gerechnete Wert kann nach [31] noch einmal um 20% erhöht werden, wenn der 'Sicherheitsfaktor' von 5 auf 4 reduziert wird. Allerdings ist dazu eine entsprechende Materialkontrolle, die problemlos erfüllt werden kann, erforderlich.

Nach [31] ist ohne zusätzliche Überlegungen zur Druckzone, die im allgemeinen nicht gemacht werden, die Beanspruchung durch die kurze Wand aufnehmbar. Aufgrund der Versuche [17, 19] und der Empfehlung [7] ist dieses Resultat falsch. Wenn die Exzentrizität berücksichtigt wird, ändert die effektiv gedrückte Fläche und damit das Resultat auch nach [31].

$$e_{y2} = 1.49\,m \qquad l_{ef} = 0.5 \cdot l_w - e_{y2} = -0.24\,m$$

Da die rechnerische Druckzone im gerechneten Beispiel negativ ist, verschwindet auch der Querkraftwiderstand.

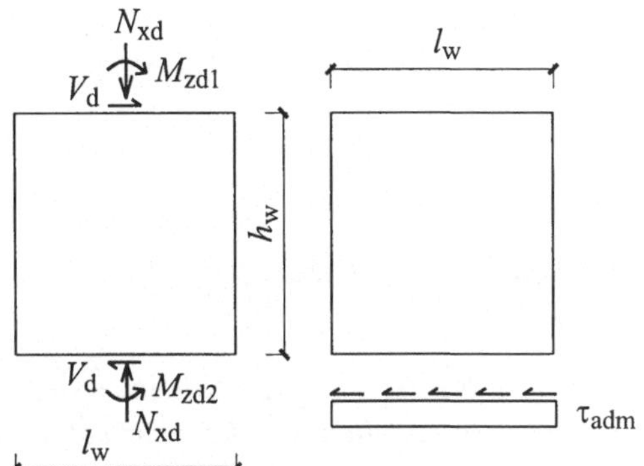

Bild 3.34 *Tragwand mit Schubspannungen*

3.5.6 Mauerwerksbau mit großen Deckenspannweiten

Schulhäuser haben im allgemeinen große Deckenspannweiten. Wenn die Stahlbetondecken nicht vorgespannt werden, können sich im Gebrauch Rissprobleme in den Wänden ergeben. Die Endrotationen der Wände beeinflussen auch die Tragsicherheit ungünstig.

Beispiel 3.15

Ein Schulhaus wird mit gewöhnlichen Stahlbetondecken und Mauerwerkswänden (Einsteinmauerwerk, MB) ausgeführt. Der Grundriss und der Querschnitt sind im Bild 3.35 dargestellt. In allen Wänden sind Fensteröffnungen vorgesehen, die als Schlitze im Mauerwerk vom Boden bis zur Decke durchgehen.

Die Decke ist über der Innenwand 7 wegen der Schallisolation getrennt. Die Stoßfugen werden vollflächig vermörtelt.

$$f_{xd} = 4.0 \ N/mm^2 \qquad E_{xd} = 2.3 \ kN/mm^2 \qquad f_{yd} = 2.0 \ N/mm^2$$

$$f_x = 8.0 \ N/mm^2 \qquad E_x = 4.5 \ kN/mm^2 \qquad G = 1.4 \ kN/mm^2$$

$$h_w = 3.48 \ m \qquad t = 0.18 \ m$$

Stahlbetondecken:

$$h_{De} = 0.30 \ m \qquad d_x = 0.27 \ m \qquad d_y = 0.25 \ m$$

$$f_c = 16 \ N/mm^2 \qquad f_{ct} = 2.5 \ N/mm^2 \qquad E_c = 35 \ kN/mm^2$$

$$f_{sy} = 460 \ N/mm^2 \qquad E_s = 210 \ kN/mm^2 \qquad \varphi = 2.0$$

Einwirkungen:

Eigenlast Decke: $\quad g_{m,De} = 7.5 \ kN/m^2$

Auflast Decke: $\quad q_{rA,De} = 1.0 \ kN/m^2$

Eigenlast Wand: $\quad g_{m,w} = 11.0 \ kN/m'$

Nutzlast Decke: $\quad q_{rN} = 3.0 \ kN/m^2$

$$q_{ser,lang} = 1.0 \ kN/m^2 \ bzw. \ q_{ser,kurz} = 2.0 \ kN/m^2$$

Untersucht werden zwei Gefährdungsbilder. Im ersten ist das Erdbeben die Leiteinwirkung. Maßgebend ist die Schubbeanspruchung der Wände. Im zweiten ist die Nutzlast die Leiteinwirkung mit der Normalkraft als maßgebende Beanspruchungsart. Die kurzen Wände 1, 2, 3, 5 und 6 in den Eckbereichen werden durch die anschließenden Wände stabilisiert. Sie nehmen daher ungefähr die Normalkraft einer zentrisch beanspruchten Wand auf. Da in der Eckzone der Decke die Reaktionen und auch die Rotationen ohnehin sehr klein sind, erübrigt sich für diese Wände eine Nachrechnung.

Erdbeben als Leiteinwirkung (Gefährdungsbild 1):

Als stabilisierende Wände (Bild 3.36) werden nur die Wände 4, 7 und 8 berücksichtigt. Der Schubmittelpunkt liegt auf der Wand 4. Da diese die Querkraft in ihrer Richtung alleine aufnimmt, wird nur die **Wand 4** *untersucht.*

$$q_{d,De} = 7.5 + 1.0 + 0.3 \cdot 3.0 = 9.4 \ kN/m^2 \qquad g_{d,w} = 11 \ kN/m$$

Nutzlast als Leiteinwirkung (Gefährdungsbild 2):

*Im Nachweis der Tragsicherheit ist nur die **Wand 4** zu untersuchen.*

$$q_{d,De} = 1.3 \cdot 7.5 + 1.3 \cdot 1.0 + 1.5 \cdot 3.0 = 15.55 \; kN/m^2$$

$$g_{d,w} = 1.3 \cdot 11 = 14.3 \; kN/m$$

Lasten für den Gebrauch:

*Für den Nachweis der Gebrauchstauglichkeit ist der Rissnachweis unter Dauerlasten und maximaler Verdrehung zu erbringen. Damit die Berechnung möglichst einfach ist, sind alle Decken durch die Langzeitlasten (inkl. Langzeitnutzlast) beansprucht. Untersucht wird nur die **Wand 4**. Ob die Decke im Feld (unten) und in der Ecke (oben) gerissen ist, wird mit der Kurzzeiteinwirkung beurteilt.*

Decke mit Nutzlast:

$$q_{ser,lang,De,mN} = g_{m,De} + q_{rA} + q_{ser,lang} = 7.5 + 1.0 + 1.0 = 9.5 \; kN/m^2$$

$$q_{ser,kurz,De,mN} = 7.5 + 1.0 + 2.0 = 10.5 \; kN/m^2$$

Decke ohne Nutzlast:

$$q_{ser,lang,De,oN} = g_m + q_{rA} = 7.5 + 1.0 = 8.5 \; kN/m^2$$

Wand:

$$g_{m,w} = g_{ser,w} = 11.0 \; kN/m \qquad g_{m,w,c} = 18 \; kN/m$$

Das Gebäude ist nach [3] der Bauwerksklasse II zugeteilt und steht in der Erdbebenzone 1 auf einem steifen Boden. Zu bestimmen sind die Grundfrequenz und die horizontale Beschleunigung aus dem elastischen Bemessungsspektrum. Die Wand 4 ist wegen der Deckenverdrehung durch eine exzentrische Normalkraft beansprucht. Sie übernimmt in ihrer Richtung die gesamte Querkraft.

$$l = 9 \; m \qquad h_{w,tot} = 5 \cdot 3.48 = 17.4 \; m$$

$$f_0 = 13 \cdot C_s \cdot \frac{\sqrt{l}}{h_{w,tot}} = 13 \cdot 1.0 \cdot \frac{\sqrt{9}}{17.4} = 2.2 \; Hz \qquad \Sigma \, h_i = 52.2 \; m$$

$$\frac{a_h}{g} = 0.1 \qquad C_k = 0.59 \qquad \frac{a_h}{g} \cdot C_k = 0.059$$

$$G_{m,Decke} = 9.4 \cdot 81 = 762 \; kN \qquad G_{m,w} = 28 \cdot 11 = 308 \; kN$$

$$G_{m,w,c} = 32 \cdot 18 = 576 \; kN$$

$$Q_{ve,acc,i} = G_{mi} + \Psi_{acc} \cdot Q_{ri} \qquad A_{De} = 81\ m^2 \qquad \Sigma\, l_w = 28\ m$$

$$Q_{ve,acc,1} = Q_{m,De} + 0.5 \cdot G_{m,w} = 916\ kN$$

$$Q_{ve,acc,2} = Q_{ve,acc,3} = Q_{ve,acc,4} = Q_{m,De} + G_{m,w} = 1070\ kN$$

$$Q_{ve,acc,5} = Q_{m,De} + 0.5 \cdot (G_{m,w} + G_{m,w,c}) = 1204\ kN$$

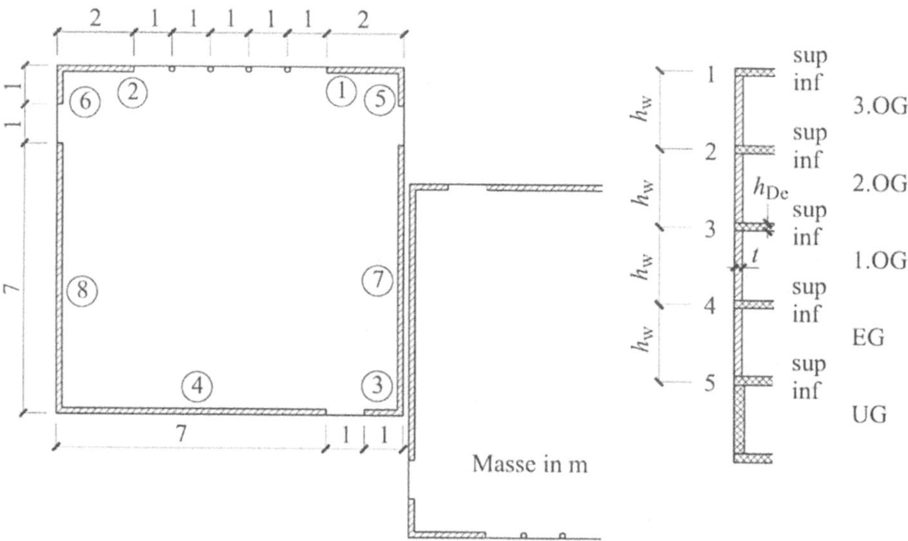

Bild 3.35 *Grundriss mit Tragwänden und Stützen, Schnitt*

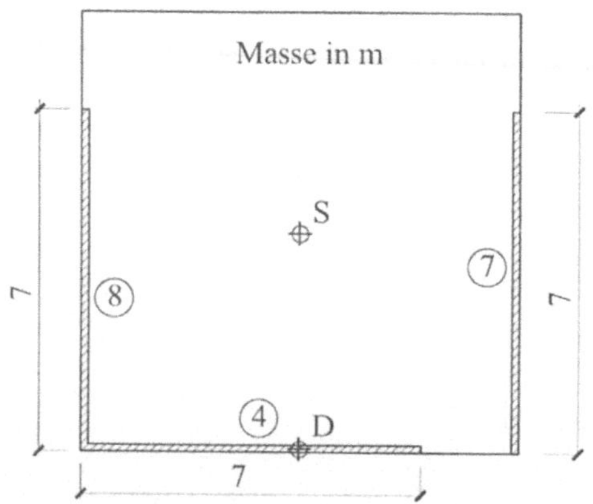

Bild 3.36 *Stabilisierende Tragwände*

Decken:

In den Streifen x1 und x2 von Bild 3.37 werden die Momente für eine Einheitslast mit dem Plattenprogramm [2] bestimmt. Die gewählten Streifen sind auch für die y-Richtung gültig. Für die Decke wird eine Mindestbewehrung für Biegung unter normalen Anforderungen berechnet [6]. Das zugehörige Moment wird mit den maximalen Momenten verglichen. Die maßgebenden Biegemomente und Deckenverdrehungen sind in der Tabelle 3.20 zusammengestellt.

Für den Verlauf der Deckenkurve müssen die Endverdrehungen und Einspannmomente der Deckenränder bekannt sein. Diese sind im Bild 3.38 für eine Einheitslast dargestellt. Für das Gefährdungsbild 1 (Erdbeben als Leiteinwirkung) werden die Mittelwerte bestimmt, da der Nachweis für eine kombinierte Beanspruchung, welche die ganze Länge der Wand einbezieht, zu erbringen ist. Bei den andern Lasten wird mit den gemittelten Spitzenwerten über einen Drittel der Wand gearbeitet, da der Nachweis für die exzentrisch angreifende Normalkraft in den Wandbereichen mit den größten Rotationen und den größten Einspannmomenten maßgebend ist.

Mindestbewehrung:

$$A_{s,min} = 1.2 \cdot 0.5 \cdot \frac{150 \cdot 1000 \cdot 2.5}{460} = 489 \ mm^2/m \ < \ A_s(\varnothing \, 12, \, s = 20) = 565 \ mm^2/m$$

$$0.8 \cdot x = 16 \ mm \ \ll \ 0.5 \cdot d \qquad\qquad Z_{R,inf} = 259.9 \ kN/m$$

$$m_{xR,inf} = 259.9 \cdot (0.27 - 0.008) = 68 \ kNm/m$$

$$m_{xR,inf} = 68 \ kNm/m \ \approx \ \gamma_R \cdot m_d = 57.8 \cdot 1.2 = 69.4 \ kNm/m \qquad\qquad (i.O.)$$

$$m_{yR,inf} = 259.9 \cdot (0.25 - 0.008) = 63 \ kNm/m$$

$$m_{yR,inf} = 63 \ kNm/m \ < \ \gamma_R \cdot m_d = 69.4 \ kNm/m \qquad\qquad (nicht \ i.O.)$$

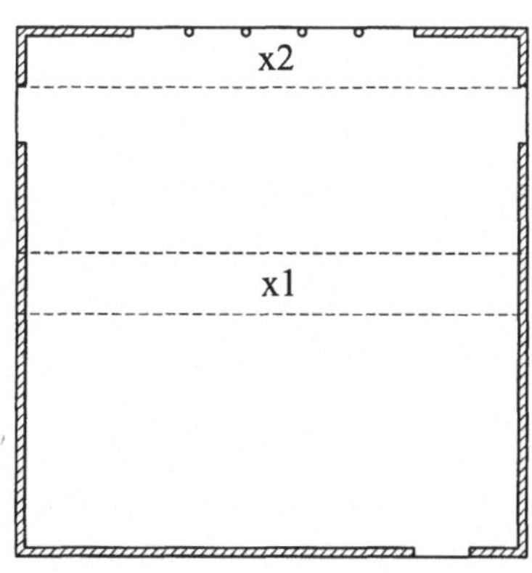
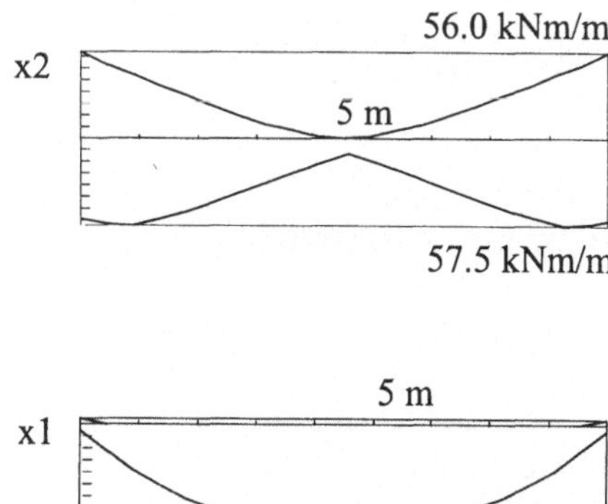

Bild 3.37 *Deckenstreifen und Momente aus [2]*

Tabelle 3.20 *Biegemomente*

	$q = 1$	*GFB 1*	*GFB 2*	*ser,lang,mN*	*ser,lang,oN*	*ser,kurz,mN*
Faktor in kN/m²	–	9.4	15.55	9.5	8.5	10.5
$m_{x1,inf}$ *in kNm/m*	3.0	28.1	46.7	28.5	25.5	31.5
$m_{x2,inf}$ *in kNm/m*	3.7	34.8	57.5	35.2	31.5	38.9
$m_{x2,sup}$ *in kNm/m*	3.6	33.8	56.0	34.2	30.6	37.8

Tabelle 3.21 *Deckendaten für Wand 4*

	$q = 1$	*GFB 1*	*GFB 2*	*ser,lang,mN*	*ser,lang,oN*	*ser,kurz,mN*
ϑ_c *in* 10^{-4}	0.93	8.8	–	–	–	–
$m_{De,P}$ *in kNm/m*	5.7	53.6	–	–	–	–
ϑ_c *in* 10^{-4}	1.2	–	18.7	11.4	10.2	12.6
$m_{De,P}$ *in kNm/m*	6.64	–	103.3	63.1	56.4	69.7
ΔN_x *in kN*	21.3	200.2	331.2	202.4	181.1	223.7

Eckbereich:

$$A_s(\varnothing\,12/14,\ s = 20) = 668\ mm^2/m \qquad Z_{R,inf} = 307.3\ kN/m$$

$$0.8 \cdot x = 19.2\ mm \qquad \rho_d = 0.26\%$$

$$m_{RE,inf} = m_{RE,sup} = 73.7\ kN m/m\ > \gamma_R \cdot m_d = 69.4\ kN m/m \qquad\qquad (i.O.)$$

Deckenrotation [rad]

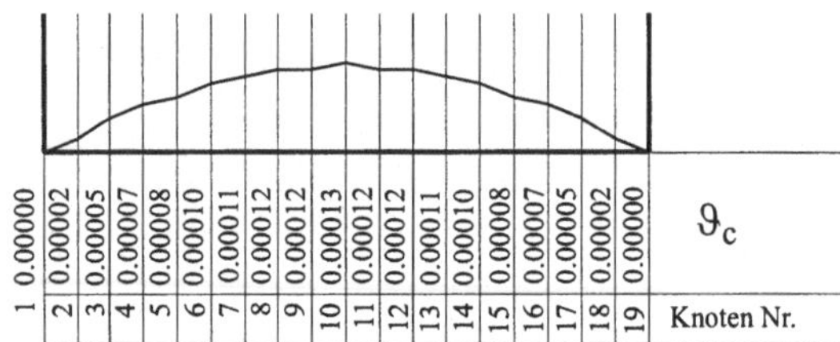

Einspannmomente [kNm/m]

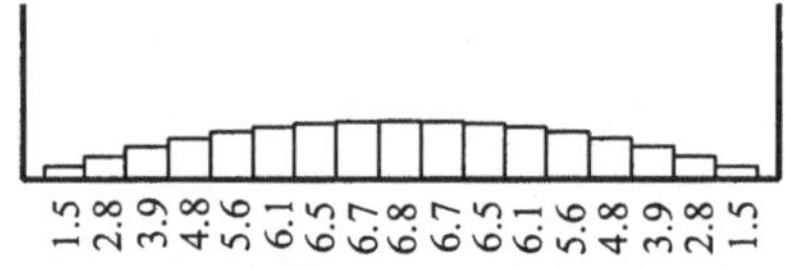

Bild 3.38 *Randmomente und Rotationen [2]*

Der Biegewiderstand der Mindestbewehrung ist zur Abdeckung der unteren Momente etwas zu klein. Durch die zu große Eckbewehrung ist dieses Manko ausgeglichen. Die Bewehrungen der Decken sind im Bild 3.39 dargestellt.

Rissmoment:

$$m_r = W_c \cdot f_{ct} = \frac{1.0 \cdot 0.3^2}{6} \cdot 2.5 \ MNm/m = 37.5 \ kNm/m$$

$$m_{rd} = 31.3 \ kNm/m \ < m_{R,min} = 63 \ kNm/m$$

Tabelle 3.22 *Deckenrotationen Wand 4*

	GFB 1	**GFB 2**	**ser,lang,mN**
ϑ_c	0.00088	0.00187	0.00114
ϑ_{ger}	0.010	0.021	0.013

Die Platte ist unter den Kurzzeitlasten im Feld und in den Eckzonen gerissen. Deshalb wird sie auch für die Gefährdungsbilder 1, 2 und die Langzeitlast als gerissen betrachtet. Die Deckenrotationen sind in der Tabelle 3.22 unter Berücksichtigung des Risszustandes und der Lastgröße zusammengestellt. In der gerissenen Decke wird für den Bewehrungsgehalt das Mittel aus der Feld- und der Eckbewehrung verwendet.

$$\rho_d = \frac{565 + 668}{2 \cdot 260 \cdot 1000} = 0.24\% \qquad \vartheta_d = \left(\frac{h}{d_m}\right)^3 \cdot \eta \cdot \vartheta_c \qquad \eta = 7.2$$

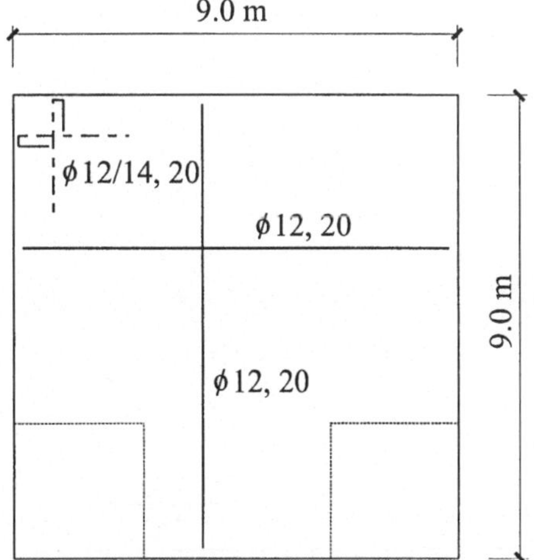

Bild 3.39 *Bewehrungsskizze der Decken*

Wenn ein genaueres Vorgehen zur Bestimmung der Verformungen gewünscht ist, werden aus den Momenten und den vorhandenen Bewehrungen die Spannungen und daraus die Dehnungen bzw. Krümmungen berechnet. Rund 55% der Bemessungslast sind Langzeiteinwirkungen. Entsprechend sind die lang- und kurzzeitigen Krümmungsverhältnisse zu kombinieren. Die Kriechzahl ist etwas kleiner als in der Näherung.

$$\varphi = 2 \text{ statt } 2.5$$

Aus der Deckenberechnung mit dem Programm [2] sind die Auflagerreaktionen in der Tabelle 3.21 zusammengestellt. Für die Normalkräfte wird eine starre Ausbreitung in den Wänden angenommen. Bei den Öffnungen werden die Einwirkungen auf die anschließenden Wände verteilt.

Wand 4, Gefährdungsbild 1:

Mit den Reaktionen und den Wandkräften aus der Tabelle 3.21 werden in der Tabelle 3.24 die Normalkräfte der Wand 4 für das Gefährdungsbild 1 zusammengestellt. In der gleichen Tabelle sind die Schnittkräfte infolge der Erdbebenkräfte angegeben.

$$\sum Q_{ve,acc,i} \cdot h_i = \sum (G_m + \Psi_{acc} \cdot Q_r) \cdot h_i = 53640.7 \ kNm$$

$$Q_{acc,i} = Q_{acc} \cdot \frac{Q_{ve,acci} \cdot h_i}{\sum Q_{ve,acc,i} \cdot h_i}$$

Einfacher Nachweis Gefährdungsbild 1:

Die Schubbeanspruchung mit exzentrischer Normalkraft wird am Knoten 4 nachgewiesen.

$$l_{2,inf} = l_w - 2 \cdot \frac{M_{zd2,inf}}{N_{xd,inf}} = 7.0 - 2 \cdot \frac{2820.9}{1031.8} = 1.532 \ m$$

$$l_{1,inf} = 7.0 - 2 \cdot \frac{1811.7}{1031.8} = 3.488 \ m$$

$$l_{2,sup} = l_w - 2 \cdot \frac{M_{zd2,sup}}{N_{xd,sup}} = 7.0 - 2 \cdot \frac{1811.7}{754.6} = 2.198 \ m$$

$$l_{1,sup} = 7.0 - 2 \cdot \frac{954.6}{754.6} = 4.470 \ m$$

Stabilitätsversagen:

$$4\text{-}5\text{:} \quad B_{yd} = E_{xd} \cdot J_{y,red} \cdot \sqrt{1 - \frac{N_{xd}}{2 \cdot t \cdot f_{xd}}} = 2.3 \cdot 10^3 \cdot \frac{1.532 \cdot 0.18^3}{12} \cdot \sqrt{1 - \frac{1.032}{2 \cdot 1.532 \cdot 0.18 \cdot 4.0}}$$

$$B_{yd} = 1.249 \ MNm^2/m$$

$$h_{ED} = \pi \cdot \sqrt{\frac{B_{yd}}{N_{xd}}} = \pi \cdot \sqrt{\frac{1.249}{1.032}} = 3.46 \ m$$

$$h_w = 3.48 \ m \ > \ 0.5 \ h_{Ed} = 1.73 \ m \qquad\qquad (\textit{Stabilitätsversagen nicht i.O.})$$

Tabelle 3.23 *Schnittkräfte infolge Erdbeben*

	$Q_{ve,acc,i}$ (kN)	h_i (m)	$Q_{acc,i}$ (kN)	$V_{d,i\text{-}j}$ (kN)	$M_{zd,i}$ (kNm)	$N_{xd,i\text{-}j}$ (kN)
1	916	17.40	93.5		0	
				93.5		200.2
2	1070	13.92	87.3		325.4	
				180.8		477.4
3	1070	10.44	65.5		954.6	
				246.3		754.6
4	1070	6.96	43.7		1811.7	
				290.0		1031.8
5	1204	3.48	24.5		2820.9	–
Check	5330	52.20	314.5	314.5		

Materialversagen:

$$t_{red} = 0.25 \cdot t = 0.045 \ m \qquad\qquad \tan\alpha = \frac{V_{d,inf}}{N_{xd,inf}} = \frac{290}{1031.8} = 0.28 \ < \ 0.6$$

$$N_{xRd} = f_{yd} \cdot t_{red} \cdot l_{2,inf} \cdot \cos^2\alpha = 2 \cdot 0.045 \cdot 1.532 \cdot 0.927 = 127.8 \ kN \ < \ 1031.8 \ kN$$

Erweiterter Nachweis Gefährdungsbild 1:

Weder das Stabilitätsversagen noch das Materialversagen sind ausgeschlossen. Ein erweiterter Nachweis ist erforderlich.

$$l_{w,red} = \frac{l_{1,inf} + l_w}{2} = \frac{1.532 + 7.0}{2} = 4.27 \ m$$

Stabilitätsversagen 4-5 und 3-4:

$$4\text{-}5: \quad B_{yd} = E_{xd} \cdot J_{y,red} \cdot \sqrt{1 - \frac{N_{xd}}{2 \cdot t \cdot f_{xd}}} = 2.3 \cdot 10^3 \cdot \frac{4.27 \cdot 0.18^3}{12} \cdot \sqrt{1 - \frac{1.032}{2 \cdot 4.27 \cdot 0.18 \cdot 4.0}}$$

$$B_{yd} = 4.354 \ MNm^2/m$$

$$h_{ED} = \pi \cdot \sqrt{\frac{B_{yd}}{N_{xd}}} = \pi \cdot \sqrt{\frac{4.354}{1.032}} = 6.45 \ m$$

$$h_w = 3.48 \ m \ \approx \ 0.5 \cdot h_{Ed} = 3.23 \ m \qquad\qquad (Stabilit\ddot{a}tsversagen \ knapp \ i.O.)$$

3-4: $\quad B_{yd} = 2.3 \cdot 10^3 \cdot \dfrac{4.27 \cdot 0.18^3}{12} \cdot \sqrt{1 - \dfrac{0.755}{2 \cdot 4.27 \cdot 0.18 \cdot 4.0}} = 4.47 \ MNm^2/m$

$$h_{ED} = \pi \cdot \sqrt{\frac{B_{yd}}{N_{xd}}} = \pi \cdot \sqrt{\frac{4.47}{0.755}} = 7.64 \ m$$

$$h_{ef,sup} = 0.5 \ h = 1.74 \ m \ < \ 0.3 \ h_{Ed} = 2.29 \ m \qquad\qquad (Stabilit\ddot{a}tsversagen \ i.O.)$$

Zuerst wird mit dem Rechenprogramm [28] ein Nachweis für die exzentrische Normalkraft ohne die Schubbeanspruchnung erbracht. Die Normalkräfte pro Laufmeter für das Programm werden mit den Kontaktlängen im Knoten 4 gerechnet. Die Deckenkurve ist ebenfalls bekannt. Mit den in den Resultaten ausgedruckten Momenten der Wandanschlüsse werden die Exzentrizitäten der Normalkräfte bestimmt.

$$Fall \ V2, \ h_{ef} = 1.74 \ m: \quad n_{xd,sup} = \frac{N_{xd,sup}}{l_{2,sup}} = \frac{755}{2.20} = 343 \ kN/m$$

$$Fall \ V3, \ h_{ef} = 3.48 \ m: \quad n_{xd,inf} = \frac{N_{xd,inf}}{l_{1,inf}} = \frac{1032}{3.49} = 296 \ kN/m$$

Deckencharakteristik:

$$m_{d,De}(\vartheta_d = 0) = 53.6 \ kNm/m \qquad\qquad \vartheta_d(m_{d,De} = 0) = 0.010 \ rad$$

Resultate aus Rechenprogramm [28]:

$$m_{yd,w,sup} = 9.51 \ kNm/m \qquad\qquad e_{z,sup} = \frac{m_{yd,w,sup}}{n_{xd,sup}} = \frac{9.51}{343} = 0.028 \ m$$

$$m_{yd,w,inf} = 6.43 \ kNm/m \qquad\qquad e_{z,inf} = \frac{m_{yd,w,inf}}{n_{xd,inf}} = \frac{6.43}{296} = 0.022 \ m$$

Reduzierte Wandstärken:

$$t_{red,3-4} = t - 2 \cdot e_{z,sup} = 0.18 - 2 \cdot 0.028 = 0.124 \ m$$

$$t_{red,4-5} = t - 2 \cdot e_{z,inf} = 0.18 - 2 \cdot 0.022 = 0.136 \ m$$

Mit den reduzierten Wandstärken wird ein erweiterter Nachweis der Tragsicherheit geführt. Dabei wird für das diagonale Spannungsfeld der Grenzwinkel ausgenützt.

$$V_{d,3\text{-}4} = 246.3\ kN \qquad V_{d,4\text{-}5} = 290\ kN$$

$$N_{xd,3\text{-}4} = 754.6\ kN \qquad N_{xd,4\text{-}5} = 1031.8\ kN$$

$$M_{zd,4} = 1811.7\ kNm \qquad M_{zd,5} = 2820.9\ kNm$$

$$N_{xd,v,3\text{-}4} = \frac{V_{d,3\text{-}4}}{(\tan\varphi)_d} = \frac{246.3}{0.6} = 410.5\ kN$$

$$N_{xd,v,4\text{-}5} = \frac{V_{d,4\text{-}5}}{(\tan\varphi)_d} = \frac{290}{0.6} = 483.3\ kN$$

$$N_{xd,v,3\text{-}4} = f_{yd} \cdot t_{red} \cdot l_{2v} \cdot (\cos^2\varphi)_d = 0.4892 = 2.0 \cdot 0.124 \cdot l_{2v} \cdot 0.735 \quad l_{2v,3\text{-}4} = 2.68\ m$$

$$N_{xd,m,3\text{-}4} = N_{xd,inf} - N_{xd,v,inf} = 754.6 - 410.5 = 344.1\ kN$$

$$N_{xd,v,4\text{-}5} = f_{yd} \cdot t_{red} \cdot l_{2v} \cdot (\cos^2\varphi)_d = 0.4833 = 2.0 \cdot 0.136 \cdot l_{2v} \cdot 0.735 \quad l_{2v,4\text{-}5} = 2.42\ m$$

$$N_{xd,m,4\text{-}5} = N_{xd,4\text{-}5} - N_{xd,v,4\text{-}5} = 1031.8 - 483.3 = 548.5\ kN$$

$$M_{zd2,4} = N_{xd,v,3\text{-}4} \cdot 0.5 \cdot (l_w - l_{2v,3\text{-}4}) + N_{xd,m,3\text{-}4} \cdot 0.5 \cdot (l_w - l_{2m,3\text{-}4})$$

$$1811.7\ kNm = 489.2 \cdot 0.5 \cdot (7 - 2.68) + 344.1 \cdot 0.5 \cdot (7 - l_{2m,3\text{-}4}) \qquad l_{2m,3\text{-}4} = 2.61\ m$$

$$N_{xRd,m,3\text{-}4} = (f_{xd} - f_{yd}) \cdot l_{2m,inf} \cdot t_{red,3\text{-}4} = 2000 \cdot 2.61 \cdot 0.124 = 647.3\ kN \ > \ 489.2\ kN$$

$$M_{zd2,5} = N_{xd,v,4\text{-}5} \cdot 0.5 \cdot (l_w - l_{2v,4\text{-}5}) + N_{xd,m,4\text{-}5} \cdot 0.5 \cdot (l_w - l_{2m,4\text{-}5})$$

$$2820.9\ kNm = 483.3 \cdot 0.5 \cdot (7 - 2.42) + 548.5 \cdot 0.5 \cdot (7 - l_{2m,4\text{-}5}) \qquad l_{2m,4\text{-}5} = 0.75\ m$$

$$N_{xRd,m,4\text{-}5} = (f_{xd} - f_{yd}) \cdot l_{2m,inf} \cdot t_{red,4\text{-}5} = 2000 \cdot 0.75 \cdot 0.136 = 204\ kN \ < \ 548.5\ kN$$

Für den Wandbereich 4-5 ist die Tragsicherheit nicht erfüllt. Es besteht die Möglichkeit, ein Mauerwerk mit erhöhten Festigkeitswerten zu wählen oder die Wand zu bewehren.

$$f_{xd} = 7.0\ N/mm^2 \qquad E_{xd} = 3.8\ kN/mm^2 \qquad f_{yd} = 3.5\ N/mm^2$$

$$f_x = 14.0\ N/mm^2 \qquad E_x = 7.6\ kN/mm^2 \qquad G = 2.5\ kN/mm^2$$

Resultate aus Rechenprogramm [28]:

$$m_{yd,w,sup} = 13.0\ kNm/m \qquad e_{z,sup} = \frac{m_{yd,w,sup}}{n_{xd,sup}} = \frac{13.0}{343} = 0.038\ m$$

$$m_{yd,w,inf} = 9.2\ kNm/m \qquad e_{z,inf} = \frac{m_{yd,w,inf}}{n_{xd,inf}} = \frac{9.2}{296} = 0.031\ m$$

Reduzierte Wandstärken:

$$t_{red,3\text{-}4} = t - 2 \cdot e_{z,sup} = 0.18 - 2 \cdot 0.038 = 0.104\ m$$

$$t_{red,4\text{-}5} = t - 2 \cdot e_{z,inf} = 0.18 - 2 \cdot 0.031 = 0.118\ m$$

Mit den reduzierten Wandstärken wird der erweiterte Nachweis der Tragsicherheit geführt. Dabei wird für das diagonale Spannungsfeld wieder der Grenzwinkel ausgenützt.

$$N_{xd,v,3\text{-}4} = \frac{V_{d,3\text{-}4}}{(\tan\varphi)_d} = \frac{246.3}{0.6} = 410.5\ kN$$

$$N_{xd,v,4\text{-}5} = \frac{V_{d,4\text{-}5}}{(\tan\varphi)_d} = \frac{290}{0.6} = 483.3\ kN$$

$$N_{xd,v,3\text{-}4} = f_{yd} \cdot t \cdot l_{2v} \cdot (\cos^2\varphi)_d = 0.4105 = 3.5 \cdot 0.104 \cdot l_{2v} \cdot 0.735 \qquad l_{2v,3\text{-}4} = 1.53\ m$$

$$N_{xd,m,3\text{-}4} = N_{xd,inf} - N_{xd,v,inf} = 754.6 - 410.5 = 344.1\ kN$$

$$N_{xd,v,4\text{-}5} = f_{yd} \cdot t \cdot l_{2v} \cdot (\cos^2\varphi)_d = 0.4833 = 3.5 \cdot 0.118 \cdot l_{2v} \cdot 0.735 \qquad l_{2v,4\text{-}5} = 1.59\ m$$

$$N_{xd,m,4\text{-}5} = N_{xd,4\text{-}5} - N_{xd,v,4\text{-}5} = 1031.8 - 483.3 = 548.5\ kN$$

$$M_{zd2,4} = N_{xd,v,3\text{-}4} \cdot 0.5 \cdot (l_w - l_{2v,3\text{-}4}) + N_{xd,m,3\text{-}4} \cdot 0.5 \cdot (l_w - l_{2m,3\text{-}4})$$

$$1811.7\ kNm = 410.5 \cdot 0.5 \cdot (7 - 1.53) + 344.1 \cdot 0.5 \cdot (7 - l_{2m,3\text{-}4}) \qquad l_{2m,3\text{-}4} = 3.0\ m$$

$$N_{xRd,m,3\text{-}4} = (f_{xd} - f_{yd}) \cdot l_{2m,inf} \cdot t_{red,3\text{-}4} = 3500 \cdot 3.0 \cdot 0.104 = 1092\ kN\ >\ 489.2\ kN$$

$$M_{zd2,5} = N_{xd,v,4\text{-}5} \cdot 0.5 \cdot (l_w - l_{2v,4\text{-}5}) + N_{xd,m,4\text{-}5} \cdot 0.5 \cdot (l_w - l_{2m,4\text{-}5})$$

$$2820.9\ kNm = 483.3 \cdot 0.5 \cdot (7 - 1.59) + 548.5 \cdot 0.5 \cdot (7 - l_{2m,4\text{-}5}) \qquad l_{2m,4\text{-}5} = 1.48\ m$$

$$N_{xRd,m,4\text{-}5} = (f_{xd} - f_{yd}) \cdot l_{2m,inf} \cdot t_{red,4\text{-}5} = 3500 \cdot 1.48 \cdot 0.118 = 611.2\ kN\ >\ 548.5\ kN$$

Einfacher Nachweis, Gefährdungsbild 2:

Im Gefährdungsbild 2 wirkt nur die exzentrische Normalkraft, für die zuerst ein einfacher Nachweis erbracht wird. Die Normalkräfte werden der Tabelle 3.24 entnommen. Überprüft wird das Materialversagen mit einem Viertel der Wandstärke im Geschoss 4-5.

Tabelle 3.24 *Normalkräfte Wand 4 für Gefährdungsbild 2*

Geschoss	1-2	2-3	3-4	4-5
N_{xd} in kN	331.2	762.4	1193.6	1624.8
n_{xd} in kN/m	47.3	108.9	170.5	232.1

$$n_{xd,4\text{-}5} = 232.1 \ kN/m$$

$$n_{xRd} = 0.25 \cdot 0.18 \cdot 1.0 \cdot 3500 = 157.5 \ kN/m \ < \ n_{xd,4\text{-}5} = 232.1 \ kN/m$$

Erweiterter Nachweis, Gefährdungsbild 2:

Der einfache Nachweis ist nicht erfüllt. Der erweiterte Nachweis wird mit dem Programm [28] geführt. Die Situation im Knoten 4 entspricht im Geschoss 4-5 dem Fall V3 und im Geschoss 3-4 dem Fall V2.

Normalkräfte:

$$n_{xd,4\text{-}5} = 232.1 \ kN/m \qquad\qquad n_{xd,3\text{-}4} = 170.5 \ kN/m$$

Deckencharakteristik:

$$m_{d,De}(\vartheta_d = 0) = 103.3 \ kNm/m \qquad \vartheta_d(m_{d,De} = 0) = 0.021 \ rad$$

Resultate Programm [28]:

$$n_{xRd,4\text{-}5} = 393.4 \ kN/m \qquad\qquad n_{xRd,3\text{-}4} = 315.0 \ kN/m \qquad\qquad (i.O.)$$

$$m_{yd,w,inf} = 14.4 \ kNm/m \qquad\qquad m_{yd,w,sup} = 11.5 \ kNm/m$$

Der Biegewiderstand der Decke ist nicht maßgebend.

$$m_{Rd} = \frac{m_{R,min}}{\gamma_R} = \frac{63}{1.2} = 52.5 \ kNm/m \ > \ m_{d,De,vorh} = m_{yd,w,inf} + m_{yd,w,sup} = 25.9 \ kNm/m$$

Die Tragsicherheit ist nach den Berechnungen mit dem Programm [28] erfüllt.

Gebrauchstauglichkeit:

Der Nachweis der Gebrauchstauglichkeit wird ebenfalls mit dem Mauerwerksprogramm [28] geführt. Es wirken nur Normalkräfte (Tabelle 3.25).

Deckencharakteristik:

$$m_{De}(\vartheta = 0) = 63.1 \ kNm/m \qquad \vartheta(m_{De} = 0) = 0.013 \ rad$$

Das Risskriterium ist aufgrund der Tabelle 3.25, nach der schon im untersten Geschoss zu große Risse entstehen, nicht erfüllt. Die Rissöffnungen sind, wie erwartet, bedeutend.

Tabelle 3.25 *Normalkräfte und Rissbreiten*

Geschoss	$N_{xser,lang}$ (kN)	$n_{xser,lang}$ (kN/m)	r_{tot} (mm)	r_{pl} (mm)
Knoten 3,sup	*481.8*	*68.8*	*1.7*	*1.6*
Knoten 3,inf	*761.2*	*108.7*	*1.59*	*1.42*
Knoten 4,sup	*761.2*	*108.7*	*1.39*	*1.22*
Knoten 4,inf	*1040.6*	*148.7*	*0.97*	*0.74*

Bemerkungen

Für die Wand 4 ist die Gebrauchstauglichkeit in keinem Geschoss erfüllt. Gegenmaßnahmen sind im Abschnitt 3.2.3 behandelt worden. Wenn es sich um ein Sichtmauerwerk handelt, lässt sich das Problem mit vorgespannten Decken umgehen. Mit der Vorspannung wird die Langzeitverformung praktisch in allen Geschossen eliminiert. Hochbaulager sorgen dafür, dass die Exzentrizität möglichst klein ist und die Rissbreite entsprechend verkleinert jedoch nicht eliminiert wird. Lager eignen sich meistens nur in den obersten Geschossen. Der Putz wird erst aufgebracht, wenn sich ein Teil der Verformungen schon eingestellt hat. Ist die Decke gerissen, ist der Einfluss der noch zu erwartenden Kriechverformungen kleiner als bei der ungerissenen Decke. Wenn in den Lagerfugen schon Risse entstanden sind, zeichnen sich diese mit großer Wahrscheinlichkeit im Putz ab.

Bei einem Mauerwerk mit Aussenisolation oder einer nicht tragenden, außenliegenden Schale (Zweischalenmauerwerk) sind die Rissgrößen der tragenden Aussenwand auf der Aussenseite nicht sichtbar. Auf der Innenseite (Risse am Fuß der Wand oder in der ersten Lagerfuge) kommt es auf den Zeitpunkt und die Art des Innenausbaus an. Wenn der Riss abhängig vom Normalkraftniveau mit einfachen konstruktiven Maßnahmen in die Lagerfuge zwischen Boden und Wand gezwungen wird, ist er im allgemeinen wegen der Höhe des Bodenbelags nicht sichtbar. Bei Innenwänden sind Risse infolge Deckenverdrehung nur bei angrenzenden Deckenfeldern mit sehr unterschiedlichen Spannweiten zu erwarten.

Anhang

Bemessungsdiagramme für Normalkraftbeanspruchung

Die Diagramme sind von J. Schwartz [18] entwickelt worden. Die behandelten Fälle sind in der Reihenfolge der Diagramme angegeben.

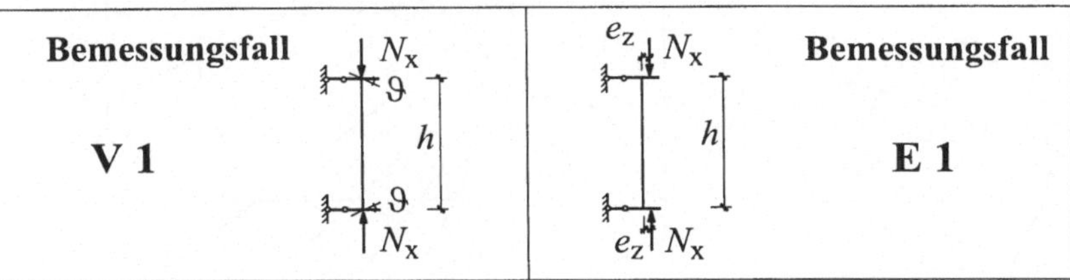

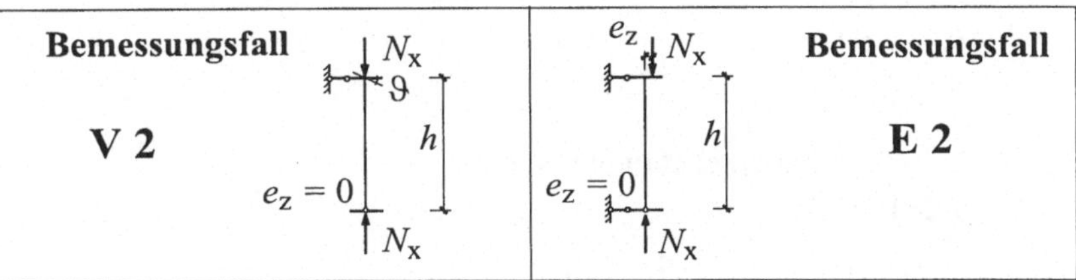

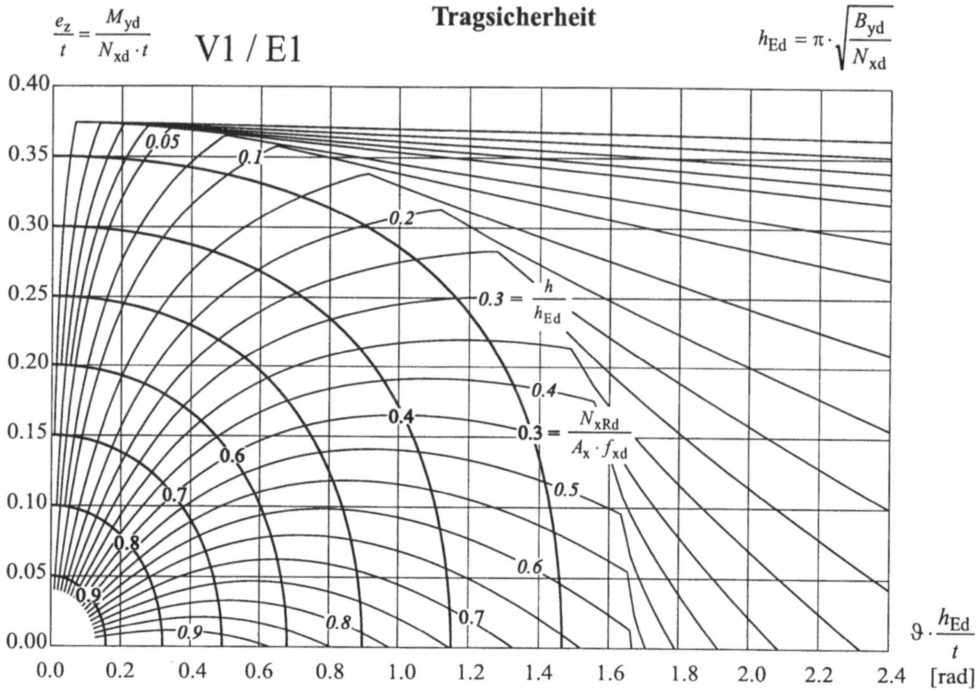

Tragsicherheit
V1 / E1
$\frac{e_z}{t} = \frac{M_{yd}}{N_{xd} \cdot t}$
$h_{Ed} = \pi \cdot \sqrt{\frac{B_{yd}}{N_{xd}}}$
$0.3 = \frac{h}{h_{Ed}}$
$0.3 = \frac{N_{xRd}}{A_x \cdot f_{xd}}$
0.05
0.1
0.2
0.4
0.5
0.6
0.7
0.8
0.9
$\vartheta \cdot \frac{h_{Ed}}{t}$ [rad]
0.00
0.05
0.10
0.15
0.20
0.25
0.30
0.35
0.40
0.0
0.2
0.4
0.6
0.8
1.0
1.2
1.4
1.6
1.8
2.0
2.2
2.4

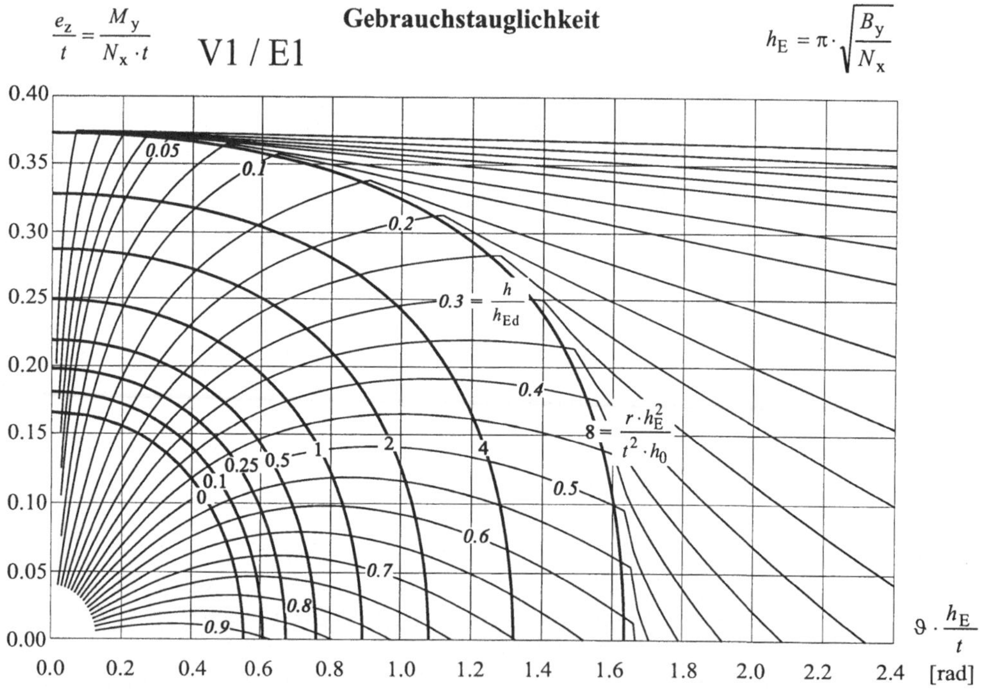

Gebrauchstauglichkeit
V1 / E1
$\frac{e_z}{t} = \frac{M_y}{N_x \cdot t}$
$h_E = \pi \cdot \sqrt{\frac{B_y}{N_x}}$
$0.3 = \frac{h}{h_{Ed}}$
$8 = \frac{r \cdot h_E^2}{t^2 \cdot h_0}$
0.05
0.1
0.2
0.4
0.5
0.6
0.7
0.8
0.9
0
0.1
0.25
0.5
1
2
4
$\vartheta \cdot \frac{h_E}{t}$ [rad]
0.00
0.05
0.10
0.15
0.20
0.25
0.30
0.35
0.40
0.0
0.2
0.4
0.6
0.8
1.0
1.2
1.4
1.6
1.8
2.0
2.2
2.4

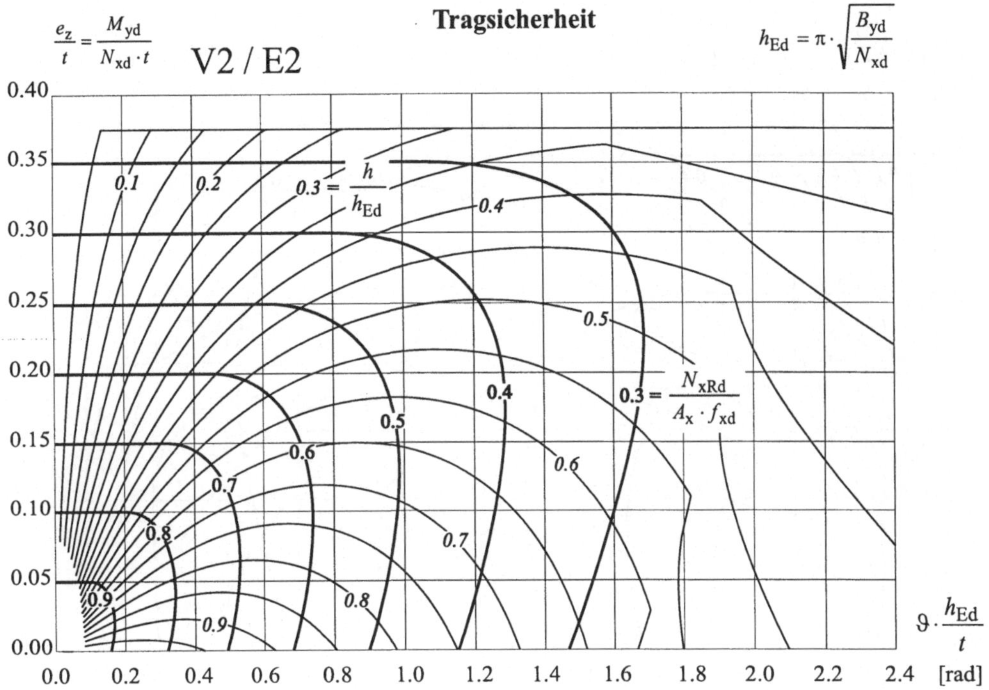
Tragsicherheit
$\frac{e_z}{t} = \frac{M_{yd}}{N_{xd} \cdot t}$
V2 / E2
$h_{Ed} = \pi \cdot \sqrt{\frac{B_{yd}}{N_{xd}}}$
$0.3 = \frac{h}{h_{Ed}}$
$0.3 = \frac{N_{xRd}}{A_x \cdot f_{xd}}$
$\vartheta \cdot \frac{h_{Ed}}{t}$
[rad]

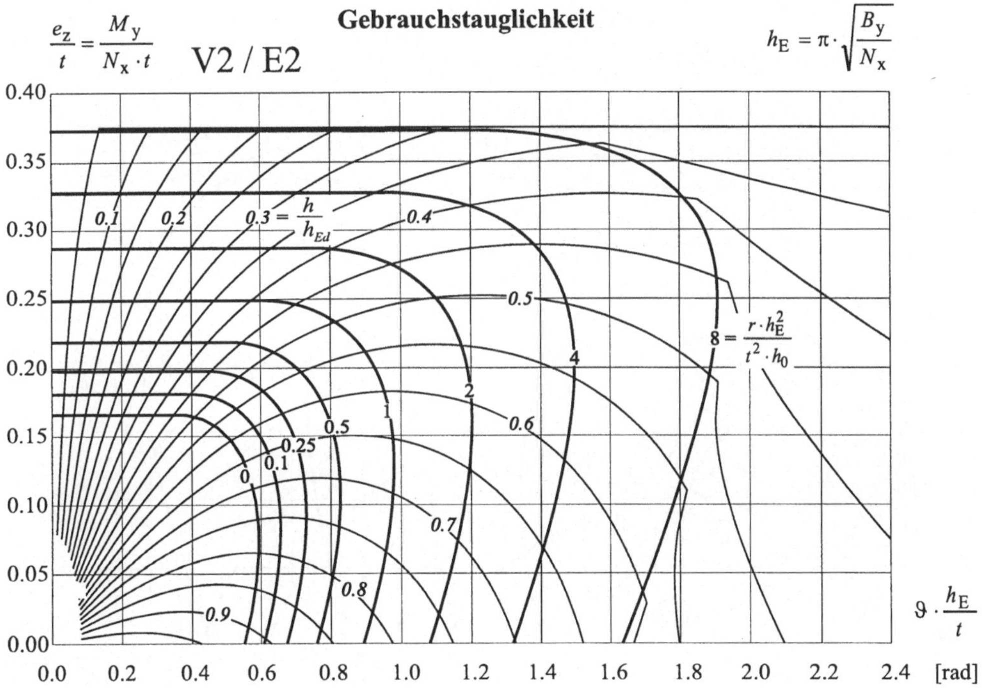
Gebrauchstauglichkeit
$\frac{e_z}{t} = \frac{M_y}{N_x \cdot t}$
V2 / E2
$h_E = \pi \cdot \sqrt{\frac{B_y}{N_x}}$
$0.3 = \frac{h}{h_{Ed}}$
$8 = \frac{r \cdot h_E^2}{t^2 \cdot h_0}$
$\vartheta \cdot \frac{h_E}{t}$
[rad]

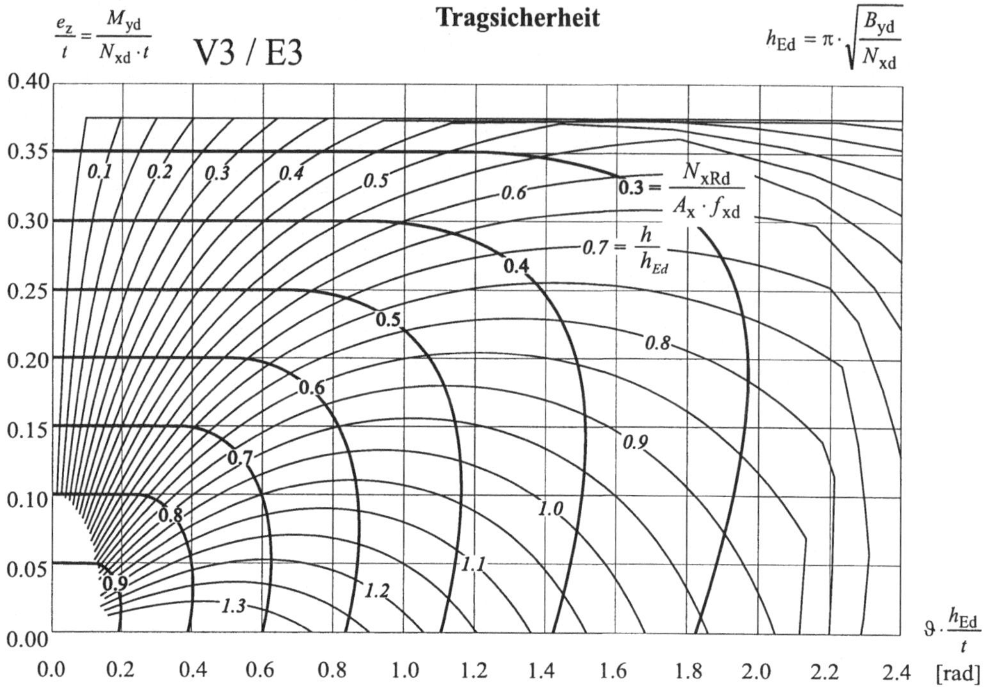

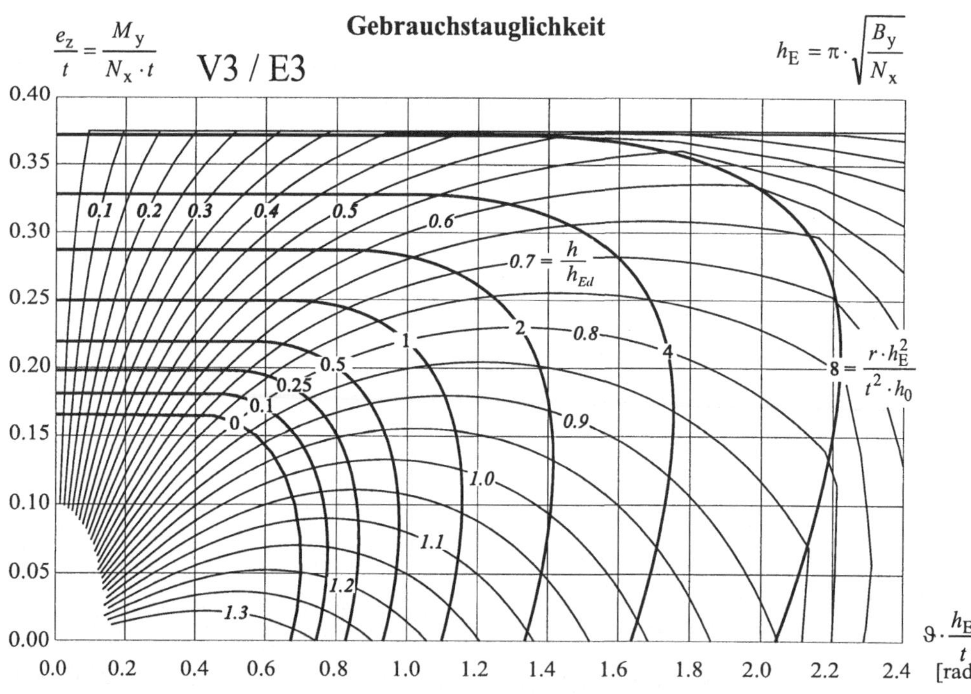

e_z/t = M_yd/(N_xd·t)
V3 / E3
Tragsicherheit
h_Ed = π·√(B_yd/N_xd)
0.40
0.35
0.30
0.25
0.20
0.15
0.10
0.05
0.00
0.1
0.2
0.3
0.4
0.5
0.6
0.3 = N_xRd/(A_x·f_xd)
0.7 = h/h_Ed
0.4
0.5
0.6
0.7
0.8
0.8
0.9
0.9
1.0
1.1
1.2
1.3
ϑ·h_Ed/t
0.0 0.2 0.4 0.6 0.8 1.0 1.2 1.4 1.6 1.8 2.0 2.2 2.4 [rad]

e_z/t = M_y/(N_x·t)
V3 / E3
Gebrauchstauglichkeit
h_E = π·√(B_y/N_x)
0.40
0.35
0.30
0.25
0.20
0.15
0.10
0.05
0.00
0.1
0.2
0.3
0.4
0.5
0.6
0.7 = h/h_Ed
0.5
0.25
0.1
0
1
2
0.8
4
8 = r·h_E²/(t²·h_0)
0.9
1.0
1.1
1.2
1.3
ϑ·h_E/t
0.0 0.2 0.4 0.6 0.8 1.0 1.2 1.4 1.6 1.8 2.0 2.2 2.4 [rad]

Literatur

[1]   Bachmann H.
      Hochbau für Ingenieure, Eine Einführung, Verlag der Fachvereine, 1997

[2]   CUBUS-Software
      CEDRUS-3 (Plattenprogramm), STATIK-3 (Stabprogramm), FAGUS-3 (Querschnittspro-
      gramm), PYRUS (Stützenprogramm), Zürich, 1996

[3]   Norm SIA 160, Ausgabe 1989, Einwirkungen auf Tragwerke, Schweizerischer Ingenieur- und
      Architekten-Verein, Zürich

[4]   Eurocode 1, Grundlagen der Tragwerksplanung und Einwirkungen auf Tragwerke, Teil 2-4
      Windlasten, ENV 1991-2-4, ENV 1995

[5]   Favre R., Jaccoud J.P., Koprna M., Radojicic A.
      Dimensionnement des structures en béton, presses polytechniques et universitaires romandes,
      1990

[6]   Norm SIA 162, Ausgabe 1989, Teilrevision 1993, Betonbauten, Schweizerischer Ingenieur-
      und Architekten-Verein, Zürich

[7]   Empfehlung SIA V 177, Ausgabe 1995, Mauerwerk, Schweizerischer Ingenieur- und Archi-
      tekten-Verein, Zürich

[8]   Eurocode 6, Bemessung und Konstruktion von Mauerwerksbauten, Teil 1-1, ENV 1996

[9]   Mauerwerk-Kalender, Taschenbuch für Mauerwerk, Wandbaustoffe, Brand-, Schall-, Wärme-
      und Feuchtigkeitsschutz, Ernst & Sohn, 1996

[10] Murfor (rund), Mauerwerksarmierung, Zürcher Ziegeleien, Ausgabe 1984

[11] Murfor RE, das Mauerwerk mit Rückgrat, Zürcher Ziegeleien, Ausgabe 1996

[12] ARMO, Bewehrungssystem für Backsteinmauerwerk, Schweizerische Ziegelindustrie, Ausga-
      be 1995

[13] Premur, Vorgespanntes Mauerwerk, VSL und Zürcher Ziegeleien, Ausgabe 1989

[14] Meier U.
      Carbon Fiber-Reinforced Polymers, Modern Materials in Bridge Engineering, Structural Engi-
      neering International, No. 1, 1992

[15] Deuring M.
      Verstärken von Stahlbeton mit gespannten Faserverbundwerkstoffen, EMPA, Dissertation
      ETHZ Nr. 10199, 1993

[16] Furler R.
      Tragverhalten von Mauerwerkswänden unter Druck und Biegung, Institut für Baustatik und
      Konstruktion, ETH Zürich, Bericht Nr. 109, Birkhäuser Verlag Basel, 1981

[17] Ganz H.R.
Mauerwerksscheiben unter Normalkraft und Schub, Institut für Baustatik und Konstruktion, ETH Zürich, Bericht Nr. 148, Birkhäuser Verlag Basel, 1985

[18] Schwartz J.
Bemesssung von Mauerwerkswänden und Stahlbetonstützen unter Normalkraft, Institut für Baustatik und Konstruktion, ETH Zürich, Bericht Nr. 174, Birkhäuser Verlag Basel, 1989

[19] Mojsilovic N.
Zum Tragverhalten von kombiniert beanspruchtem Mauerwerk, Institut für Baustatik und Konstruktion, ETH Zürich, Bericht Nr. 216, Birkhäuser Verlag Basel, 1995

[20] Norm SIA 177/1, Ausgabe 1983, Bemessung von Mauerwerkswänden unter Druckbeanspruchung, Schweizerischer Ingenieur- und Architekten-Verein, Zürich

[21] Norm SIA 177/2, Ausgabe 1992, Bemessung von Mauerwerkswänden, Schweizerischer Ingenieur- und Architekten-Verein, Zürich

[22] Schwegler G.
Verstärken von Mauerwerk mit Faserverbundwerkstoffen in seismisch gefährdeten Zonen, Eidgenössische Materialprüfungs- und Forschungsanstalt Dübendorf, Bericht Nr. 229, 1994

[23] Guggisberg R.
Versuche zum Tragverhalten querbelasteter Mauerwerkswände, Institut für Baustatik und Konstruktion, ETH Zürich, Bericht Nr. 8402-1, Birkhäuser Verlag Basel, 1990

[24] SIA D 053, Bemessung von Mauerwerkswänden, Einführung in die SIA V 177/2, Schweizerischer Ingenieur- und Architekten-Verein, Zürich, 1990

[25] Untersuchungsberichte des Prüf- und Forschungsinstituts der Schweizerischen Ziegelindustrie Sursee, Biegeversuche an bewehrtem Backsteinmauerwerk, 1992 – 1995

[26] Paulay T., Bachmann H., Moser K.
Erdbebenbemessung von Stahlbetonhochbauten, Birkhäuser Verlag Basel, 1990

[27] Bachmann H.
Erdbebensicherung von Bauwerken, Birkhäuser Verlag Basel, 1995

[28] Programm MW177, Bemessung von Mauerwerk, Schweizerische Ziegelindustrie, Zürich, 1992

[29] Falkner H., Gunkler E.
Vorgespanntes Mauerwerk, Bauingenieur, Springer Verlag, 1994

[30] Muttoni A., Schwartz J., Thürlimann B.
Bemessung von Betontragwerken mit Spannungsfeldern, Birkhäuser Verlag, 1997

[31] Norm SIA 177, Ausgabe 1980, Mauerwerk, Schweizerischer Ingenieur- und Architekten-Verein, Zürich

[32] Mojsilovic N., Marti P.
Load tests on post-tensioned masonry walls, Institut für Baustatik und Konstruktion, ETH Zürich, Sonderdruck Nr. 0011, Birkhäuser Verlag Basel, 1996

[33] Salzmann D., Mojsilovic N., Marti P.
Load Tests on Reinforced Masonry, 11th International Brick/Block Masonry Conference, Tongji University Shanghai, 1997

[34] Cook N.
The designers guide to wind loading of building structures, Part 2, Static Structures, 1990

[35] das Mauerwerk, Zeitschrift für Technik und Architektur, Ernst & Sohn, Heft 2, 1997

[36] SIA D 054 A, Bemessung von Mauerwerk, Praktische Übungen, Schweizerischer Ingenieur- und Architekten-Verein, Zürich, 1991

[37] SIA D 0128, Nachträgliche Verstärkung von Bauwerken mit CFK-Lamellen, Schweizerischer Ingenieur- und Architekten-Verein, Zürich, 1995

[38] Buss H.
Mauerwerksbau im Detail, Praxishandbuch für Planung, Konstruktion und Sanierung, WEKA Baufachverlage GmbH, Verlag für Architektur, 1996

[39] Keller AG, Ziegeleien, MURINOX Mauerwerksbewehrungen, 1997

[40] Schwegler G.
Verstärkung von Mauerwerksbauten mit CFK-Lamellen, Schweizer Ingenieur und Architekt, Nr. 44, 1996

[41] Schneider K.J., Schubert P., Wormuth R.
Mauerwerksbau, 5. Auflage, Werner-Verlag, 1996

Sachwortverzeichnis